聚合物的裂解气相色谱-质谱图集
——裂解色谱图、热分析图与裂解产物的质谱图

柘植新（Tsuge Shin）

大谷肇（Ohtani Hajime）　著

渡边忠一（Watanabe Chuichi）

金熹高　史　燚　译

化学工业出版社

·北京·

本书介绍了高分子裂解气相色谱分析方法，汇总了163种具有代表性的合成及天然高分子的标准裂解色谱图和热分析图，并针对每种物质的特征裂解产物给出相应的质谱图，读者可通过与这些质谱图的直接对照，方便地确认特征裂解产物的结构，由此推断复杂聚合物体系（如共聚物、多组分共混物）的组成和结构。书中给出了33种缩聚高分子在标准条件下的热分析图及主要特征反应产物的质谱图，亦具有很好的实用性。

本书适合从事高分子及固体有机材料相关研究领域的科研工作者以及气相色谱研究的科研人员参考。

图书在版编目（CIP）数据

聚合物的裂解气相色谱-质谱图集——裂解色谱图、热分析图与裂解产物的质谱图/（日）柘植新，（日）大谷肇，（日）渡边忠一著；金熹高，史燚译.— 北京：化学工业出版社，2015.10
书名原文：Pyrolysis-GC/MS Data Book of Synthetic Polymers
ISBN 978-7-122-25216-6

Ⅰ.①聚… Ⅱ.①柘…②大…③渡…④金…⑤史… Ⅲ.①聚合物-裂解-气相色谱-图集②聚合物-裂解-质谱法-图集 Ⅳ.①TQ31-64

中国版本图书馆CIP数据核字（2015）第224304号

Pyrolysis-GC/MS Data Book of Synthetic Polymers: Pyrograms, Thermograms and MS of Pyrolyzates, 1st edition, by Tsuge Shin, Ohtani Hajime, Watanabe Chuichi
ISBN 978-0-444-53892-5
Copyright©2011 by Elsevier B.V. All rights reserved.
This edition of *Pyrolysis-GC/MS Data Book of Synthetic Polymers* by Shin Tsuge, Hajime Ohtani, Chuichi Watanabe is published by arrangement with ELSEVIER BV of Radarweg 29, 1043 NX Amsterdam, Netherlands
本书中文简体字版由Elsevier授权化学工业出版社独家出版发行。
未经许可，不得以任何方式复制或抄袭本书的任何部分，违者必究。
北京市版权局著作权合同登记号：01-2015-6897

责任编辑：李晓红　　　　　　　　　　　装帧设计：王晓宇

出版发行：化学工业出版社（北京市东城区青年湖南街13号　邮政编码100011）
印　　装：北京虎彩文化传播有限公司
720mm×1000mm　1/16　印张25¼　字数500千字　2016年11月北京第1版第1次印刷

购书咨询：010-64518888　　　　　　售后服务：010-64518899
网　　址：http://www.cip.com.cn
凡购买本书，如有缺损质量问题，本社销售中心负责调换。

定　　价：168.00元　　　　　　　　　　　　　版权所有　违者必究

中译本序

　　日文版《高分辨裂解气相色谱原理与高分子裂解谱图集》（柘植新，大谷肇著．东京：Techno-System 出版社，1989）一书由金熹高教授、罗远芳教授译成中文于1992 年出版后，迄今已有二十多年。此书编集了 136 种典型聚合物样品在相同条件下得到的标准裂解色谱图及其主要峰鉴定表。

　　此后，作者经常被要求出版此书的英文版。2011 年，《聚合物裂解气相色谱 - 质谱图集——裂解色谱图、热分析图与裂解产物的质谱图》（柘植新，大谷肇，渡边忠一著．阿姆斯特丹：Elsevier 出版社）一书出版。与日文前版相比，此英文版图书有重要的修改和增订，包括用常规裂解气相色谱 - 质谱法得到的 163 种标准聚合物的裂解色谱图，以及 33 种缩聚物与四甲基氢氧化铵（TMAH）共存时的反应裂解（RP）色谱图。对每份裂解色谱图，书中列表给出了主要裂解产物的组成鉴定以及 10 个关键裂解峰的质谱图。此外，此书还包括每个样品在 100 ～ 700℃ 程序升温时由质谱检测的挥发气体分析（EGA）热分析谱，它提供了在 EGA 过程中未经柱分离的平均化质谱，借此可方便地了解聚合物的整个热分解行为。

　　裂解气相色谱 - 质谱作为聚合物材料的基础研究方法，可广泛应用于聚合物制备过程、聚合物回收、交联聚合物结构形成、聚合物变质与老化的评估等。此外，这一技术亦可应用于许多其它领域，如刑侦调研、木材和木浆、生物质的转化、食品和药物研究、微生物鉴别、环境研究特别是有关燃烧过程的分析。如果此书中文版的发行对在中国提升上述分析和研究水平有所贡献，作者将感到极大的欣慰。

柘植新　　名古屋大学
大谷肇　　名古屋理工大学
渡边忠一　Frontier Lab

2015 年 8 月 18 日

译者的话

裂解气相色谱-质谱（Py-GC-MS）是热裂解技术与 GC-MS 相结合的方法，它将 GC-MS 的应用扩展到非挥发性有机固体材料，通过一系列特征裂解产物的质谱鉴定来推断原始样品的组成和结构，在高分子科学、生物大分子、医药、能源和环境、司法化学等领域有广泛的应用。本书作者长期从事 Py-GC-MS 研究，特别致力于谱图的标准化工作。1989 年出版了《高分辨裂解气相色谱原理与高分子裂解谱图集》一书（日文版；中译本：中国科学技术出版社，1992），该书除了介绍 Py-GC-MS 基本原理和方法外，集 136 种高分子在标准条件下的裂解色谱图，是国际上第一本 Py-GC-MS 标准谱图集，具有较高的实用价值和参考意义。

之后，作者于 2011 年出版了新著《聚合物的裂解气相色谱-质谱图集》（英文版），此书与 1989 年版相比有以下特点：

（1）在近年仪器技术进步的基础上，对以前发表的方法及谱图进一步规范化和标准化，并增添了约 30 种合成和天然高分子的标准裂解色谱图。

（2）除了每种高分子的裂解色谱图外，分别给出了图上各特征裂解产物的质谱图和逸出气体分析/质谱图。读者可通过与这些谱图的直接对照，方便地确认特征裂解产物的结构，由此推断复杂聚合物体系（如共聚物、多组分共混物）的组成和结构，而无需繁复的质谱查索。

（3）将化学反应与 Py-GC-MS 相结合，是近年来本领域的重要进展（通常称为"裂解同时衍生化（SPD）-GC-MS"或"反应裂解（RP）-GC-MS"技术），扩展了 Py-GC-MS 的解析能力，书中增加了一章叙述相关的方法，给出了 33 种缩聚高分子在标准条件下的 RP-GC-MS 谱及主要特征反应产物的质谱图，亦具有很好的实用性。

应作者推荐，我们将此书译成中文，奉献给国内同仁。在此我们要感谢 Frontier Lab 对本书在中国的出版提供的大力支持。

译者　谨识
2015 年 7 月

前　言

作为一个快速发展的学科，裂解气相色谱 - 质谱（Py-GC-MS）的出版物数量在许多领域不断增长，特别在聚合物表征方面，目前被认为是最具前景和实用性的技术之一。下列发展是导致现代分析裂解技术快速进步的重要因素。

（1）各种特征性裂解器，如电阻加热型自感铂丝裂解器、居里点裂解器与功能型微管炉裂解器。

（2）高效和高性能毛细色谱柱，如熔融毛细柱、惰性化不锈钢毛细柱，可实现直至高沸点极性化合物的良好分离，从而获得样品的特征性高分辨裂解色谱图。

（3）裂解色谱图上被分离的特征产物之在线鉴定技术，如色谱 - 质谱（GC-MS）联用、色谱 - 原子发射检测器（GC-AED）联用、色谱 - 红外光谱（GC-IR）联用等，其中 GC-MS 是最重要的方法。

（4）对于缩聚物，在裂解室热分解同时进行化学反应的技术，特别是在一种有机碱，如四甲基氢氧化铵（TMAH）存在时热分解产物的在线衍生化。

（5）在大存储量和高处理速度的现代计算机辅助下，高级数据检索和处理系统的应用。

由于若干学者曾在一定程度上怀疑现代分析裂解数据的报道，特别是考虑到存在实验室之间数据的专一性和重复性问题，因此长期以来迫切需要用标准分析方法，汇总一系列很好表征的标准样品图谱数据。20 世纪 80 年代末，作者出版了在相同裂解色谱条件下，以火焰电离检测器得到的 136 种典型合成聚合物样品的试验性裂解色谱图标准数据库（柘植新，大谷肇.《高分辨裂解气相色谱原理与高分子裂解谱图集》. 东京：Techno-System 出版社，1989）。2006 年，我们编集并校订了 165 种典型聚合物标准样品的裂解色谱图，以及 33 种缩聚高分子与四甲基氢氧化铵共存时的反应裂解（RP）色谱图数据库（其中均以质谱总离子流代替火焰电离检测器），再版了《高分辨裂解气相色谱原理与高分子裂解谱图集》（第二版）一书（柘植新，大谷肇，渡边忠一. 东京：Techno-System 出版社，2006），上述两书均以日文撰写。

此后，作者经常被要求出版此书的英文版。在这本英文版新书中，作者编集了具有代表性的合成聚合物以及若干天然聚合物综合的裂解数据。它不仅包括典型合成聚合物以及若干天然聚合物常规裂解和反应裂解的气相色谱 - 质谱图，而且为了使用方便和提升实验之间的重复性与可靠性，本书还包括每个样品在程序升温裂解时释出气体的热分析图（EGA），并给出每份裂解谱图上最多 10 个主要裂解产物的质谱图，以及它们的保留指数。如果这本数据集可为提升裂解色谱 - 质谱在聚合物表征中的地位，为克服可能对它的怀疑做出贡献，作者将感到极大的欣慰。

作者感谢为本书数据测量提供聚合物标样的许多朋友；我们也诚挚地感谢 Frontier Lab Ltd（FLL）和名古屋理工大学（NIT）在仪器设备和学术上的贡献；特别要感谢 FLL 的松井女士、保坂先生和国井女士，NIT 的青井女士和加藤女士，感谢他们在大量裂解数据的收集、解释和编纂中所表现出的严格和耐心。

柘植新　　名古屋大学
大谷肇　　名古屋理工大学
渡边忠一　Frontier Lab

2010 年 10 月 1 日

目　录

第 1 章

绪论

本书汇集了两类裂解气相色谱 - 质谱（Py-GC-MS）数据。一类为常规热裂解，即聚合物仅发生分子热断裂；另一类为缩聚高分子在有机碱存在时进行反应裂解（RP）。在详细描述分析数据前，需要适当地介绍 Py-GC-MS 的概况，以便对它有确切的理解，从而更好地利用各种聚合物样品的裂解数据。

1.1　分析裂解的历史和范畴

图 1.1 为气相色谱 - 电子轰击电离源（EI）有机质谱联用出现后，现代分析裂解发展的简明示意图。图上还包括各种相关技术及国际会议的信息 [1～3]。1948 年 Madorsky, Straus 和 Wall 首次发表了聚合物的裂解 - 离线质谱（Py-MS）研究，1953 年 Bradt 等报道了聚合物样品在真空中的裂解 - 在线质谱（Py-MS）分析，得到了很有价值的样品结构信息。

1952 年，James 和 Martin 推出了气相色谱技术，两年后 Davison 等首次发表了聚合物裂解 - 离线气相色谱（Py-GC）研究，他们的工作显示 Py-GC 对聚合物材料表征是十分有效的。1959 年，Lehrle 和 Robb，Redell 和 Stratz，以及 Martin 三个研究组分别独立报道了在线 Py-GC 系统及其在聚合物分析方面的应用，这些进展对 Py-GC 技术产生了轰动效果。此外，1965 年以后，GC-MS 的普及又大大促进了 Py-GC 的发展。1966 年，Simon 及其同事首次报道了快扫描质谱直接与裂解联用的 Py-GC-MS 系统。

1958 年，Golay 引入了高分辨毛细色谱柱，它对 Py-GC 产生了强烈的影响，但因为早期的金属毛细柱不适宜分离极性和高沸点化合物，其有效性对其常规应用有一定影响。直到 1979 年出现化学惰性的熔融石英毛细柱，这种情况才有所改变。由于聚合物的裂解产物通常含较宽沸点范围和高极性的化合物如羧酸、胺类、腈类和环氧化合物等组分，化学惰性和耐热的毛细柱成为聚合物高分辨 Py-GC-MS 进展的最重要因素。由此看出，现代熔融石英毛细柱和最近开发的内壁去活的金属毛细柱极大地推动了 Py-GC-MS 的发展。

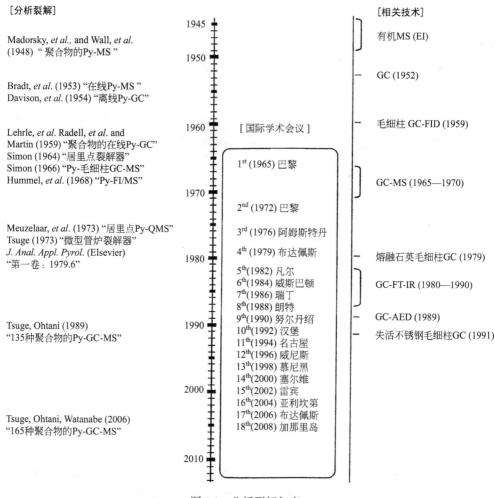

图 1.1 分析裂解年表

在上述分析裂解进展期间，已有许多专著和评论发表（其中大部分列入本书末的附录中）。近年由 Moldoveanu 撰写的有关分析裂解综合性专著亦已出版，他的著作涉及天然聚合物[4]和合成聚合物[5]。这些专著系统讨论了分析裂解在理论和技术上的最新研究动向以及典型的应用实例。另一方面，在 Py-GC 的诸多要素中，如何改进实验室间数据的可比性，即对各种标准样品，一个标准化和可靠的数据库的编集往往被忽略了。

在 Py-GC 早期研究中，报道的裂解数据（裂解色谱图）对同类聚合物往往显示实验室间的不一致性，这主要因为裂解装置的多样性以及操作条件差异所致。由于裂解装置的不断改进及操作条件控制等基础研究不断进展，目前用大部分商品裂解装置（热丝型、管炉型和居里点型）对所研究的材料已可得到重复和特征性的裂解结果，实验室间结果的不一致性已不是太大的问题。在这种情况下，作者尝试编集了 136 种典型合成聚合物在相同和精确控制实验条件下得到的 Py-GC 标准数据库，并在 1989 年出版 [6]（原版为日文，中译本于 1992 年出版——译者注），此后又在 2006 年修订再版 [7]。为了应对国际需求，现又编集了此书的英文版，它涵盖了大部分典型合成聚合物的 Py-GC-MS 数据。

1.2　与裂解联用对 GC-MS 应用领域的扩展

　　基于 MS 对质量解析和测量能力，它与高分辨 GC 联用，即现代 GC-MS 已确认为对有适当挥发性复杂混合物样品最有效的分析方法之一。尽管如此，我们必须认识到 GC-MS 本身的局限性在于受样品的挥发性的限制。通常所说注入 GC-MS 分析的样品，在最高 GC 柱温 300℃左右至少应有几个毫米汞柱数级的蒸气压（挥发性）。这里应注意到通常的聚合物样品是一类非挥发物质，因此它并不在 GC-MS 的应用范围之内。

　　图 1.2 举例说明 Py-GC（Py-GC-MS）与常规 GC（GC-MS）及 LC（LC-MS）作为样品挥发性 [分子量（MW）或极性] 函数的情况。如图中上部所示，我们周围的物质在常温下可为气体、液体或固体，这主要决定于分子量。图中 A—B 区间的"分子"可以用 GC 或者 LC 分析，取决于其挥发性或在给定溶剂中的溶解性。

　　粗略地说，在所有的分子（100%）中，约有 30% 可用 GC 处理，包括可通过衍生化增加挥发性和热稳定性的分子。而 LC 可应用的分子占 85%，包括可溶于适当溶剂的化合物和聚合物。但在图中 B 区以上的不溶物，包括三维交联结构聚合物、煤炭、木质素、土壤和大部分生物物质，都不能用任何色谱方法处理。

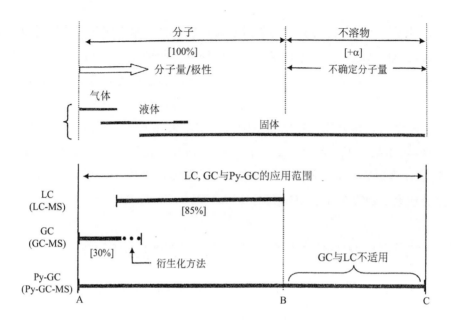

图 1.2 "裂解"如何扩展了 GC-MS 对材料表征的应用

　　然而，GC（GC-MS）与裂解技术联用，即 Py-GC（Py-GC-MS）的应用范围可延伸到全部有机质，如果它们可由热能形成碎片或热化学降解。因此，现代 Py-GC（Py-GC-MS）使聚合物表征（包括用通常方法难以处理的材料）达到了新的水平。

1.3 Py-GC-MS 表征聚合物的测量过程

　　作为聚合物表征，图 1.3 说明了 Py-GC-MS 及作为补充的逸出气体分析（EGA-MS）流程。在 Py-GC-MS 测量时，样品用量通常为 10 ~ 100μg。在有或无催化剂，或反应试剂的情况下，样品在 400 ~ 600℃瞬间裂解并导入分离柱，裂解产物经分离后记录其裂解色谱图。一个给定聚合物的裂解产物通常包含非常复杂的组分，它们可反映样品的原始结构。在这样的条件下用化学惰性的毛细柱通常可获得高效的分离，裂解谱图上各种化合物可连续地用所得质谱作鉴定。此外，总离子检测（TIM）和选择性离子检测（SIM）常常能提供裂解谱图补充的或完整的鉴定信息。

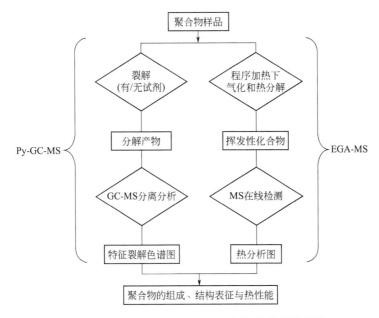

图 1.3 Py-GC-MS 和 EGA-MS 表征聚合物的流程图

另一方面，在 EGA-MS 系统中，程序升温加热下样品生成的挥发性气体被直接转移到 MS，并进行组分的在线检测。EGA-MS 测量时，Py-GC-MS 系统中的分离柱以失活的双通连接管取代，它直接连在可程序升温的裂解器和 MS 离子源之间。样品在程序升温下得到的热分析谱由 MS 检测，它对应于样品可挥发气体作为温度函数的关系。用上述方法得到的特征裂解谱图和 / 或热分析谱图常能提供原始样品组成和化学结构，以及热分解机理和相应动力学有价值的信息。

参考文献

1. Tsuge S. *J Anal Appl Pyrol* 1995;**32**:1–6.
2. Tsuge S, Ohtani H. *Polym Degrad Stab* 1997;**58**:109–30.
3. Tsuge S, Ohtani H. Pyrolysis-gas chromatography/mass spectrometry (Py-GC/MS). In: Montaudo G, Lattimer RP, editors. *Mass spectrometry of polymers*. Boca Raton: CRC Press; 2002.
4. Moldoveanu SC. *Analytical pyrolysis of natural organic polymers*. Amsterdam: Elsevier; 1998.
5. Moldoveanu SC. *Analytical pyrolysis of synthetic organic polymers*. Amsterdam: Elsevier; 2005.
6. Tsuge S, Ohtani H. *Pyrolysis-gas chromatography of polymers - fundamentals and data compilations*. Tokyo: Techno System Co; 1989.
7. Tsuge S, Ohtani H, Watanabe C. *Pyrolysis-GC/MS of high polymers - fundamentals and pyrogram compilations*. Tokyo: Techno System Co; 2006.

第2章

163 种聚合物的裂解色谱图、热分析图及主要裂解产物的质谱数据

2.1 实验测量条件及说明

2.1.1 聚合物样品

本书选取了 163 种在各领域广泛应用的标准聚合物样品，它们包括：（1）聚烯烃（均聚物，001 ～ 007）；（2）含乙烯单元的烯类聚合物（共聚物，008 ～ 015）；（3）含苯乙烯单元的烯类聚合物（016 ～ 028）；（4）含苯乙烯衍生物的烯类聚合物（029 ～ 035）；（5）丙烯酸酯类聚合物（036 ～ 049）；（6）含氯的烯类聚合物（050 ～ 059）；（7）含氟的烯类聚合物（060 ～ 066）；（8）其它烯类聚合物（067 ～ 070）；（9）双烯类弹性体（071 ～ 081）；（10）聚酰胺（082 ～ 090）；（11）聚缩醛和聚醚（091 ～ 095）；（12）热固性聚合物（096 ～ 106）；（13）聚酰亚胺和聚酰胺类工程塑料（107 ～ 114）；（14）聚酯（115 ～ 126）；（15）以亚苯基为骨架的其它工程塑料（127 ～ 138）；（16）有机硅聚合物（139 ～ 143）；（17）聚氨酯（144 ～ 147）。除此之外，还有若干天然聚合物，如：（18）纤维素类聚合物（148 ～ 155）；（19）其它天然聚合物（156 ～ 163）。

2.1.2 测量条件

（1）测量系统

图 2.1 和图 2.2 分别为 Py-GC-MS 和挥发气体 EGA-MS 测量系统的流程示意图。两者都使用 Frontier Lab 的 PY-2020 iD 直立微管型裂解器，它与 Shimadzu QP2010 色谱 - 质谱仪联用，或与 Agilent 6890GC-5975MS 联用，载气为氦气。裂解产物色谱峰的质谱鉴定以及保留指数用 Frontier Lab 的 F- 检索系统（裂解产物 MS08）和 NIST/

EPA/N1H（2.0f 版）数据库检索。当然，还有其它任何 GC-MS 系统与任何类型裂解器，如电阻加热型热丝裂解器。电磁感应型裂解器也可得到基本上与本书相似的数据。

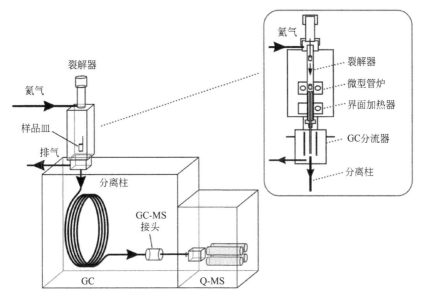

图 2.1　Py-GC-MS 系统流程示意图

从上到下：（a）载气氦在裂解器的流量 100 ml/min，通过 1 ：100 的分流器后在分离柱中流量为 1ml/min；
（b）裂解器：Frontier Lab，PY-2020 iD 型微型管炉裂解器，600℃；（c）裂解器 /GC 界面温度：320℃；（d）
GC 进样口温度 320℃；（e）样品量：约 0.2mg，ECO-L 型样品皿：外径 4.2mm× 内径 4mm× 高 8mm，
材质为失活不锈钢；（f）GC 分离柱：Ultra-ALLOY-5 型（0.25mm×30m；内涂 0.25 mm 厚 5% 二苯基
聚硅氧烷 -95% 二甲基聚硅氧烷）；（g）GC 保温箱温度：从 40℃（保持 2min）到 320℃（保持 13min），
程序升温速度为 20℃ /min；（h）GC-MS 接头（Frontier Lab）；（i）GC/MS 界面温度：320℃；（j）EI 源：
70eV，230℃；（k）MS 扫描范围 29 ～ 600（m/z），扫描速度 2000u/s

（2）裂解色谱图和质谱测量

163 种聚合物样品的裂解色谱图用图 2.1 所示的 Py-GC-MS 系统测量。通过仪器的数据输入系统设定裂解温度为 600℃，聚合物样品约 0.2mg，分离裂解产物的色谱柱为涂 5% 二苯基聚硅氧烷 -95% 二甲基聚硅氧烷固定相的不锈钢毛细色谱柱（Frontier Lab Ultra ALLOY-5）。色谱柱在 40℃保温 2min，然后以 20℃ /min 进行程序升温，到 320℃后再保温 13min，其它实验条件补充在图 2.1 注释中。

裂解色谱图上所有峰的质谱数据以总离子流色谱图（TIC）表示，其中 10 个主要峰的质谱选编在书中，并在每个裂解产物后附上峰的保留指数（RI），这里每个化

合物的 RI 数据以在相同条件下聚乙烯裂解谱图中一系列已知碳原子数烃类峰的保留值相比而确定。

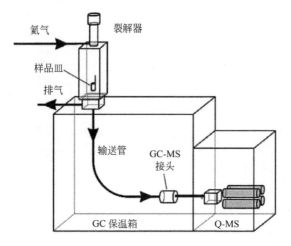

图 2.2　EGA-MS 系统流程图

从上到下：（a）载气在裂解器中为 50ml/min，通过 1/50 的分流器后界面流速降为 1ml/min；（b）裂解器：同图 2.1，其温度从 100℃程序升温（20℃ /min）至 700℃；（c）样品量：0.2mg 经称重后放入同图 2.1 的样品皿中；（d）失活和无涂渍不锈钢输送管（0.15mm×2m）；（e）GC-MS 接头 /MS 界面温度：300℃；（f）MS 扫描范围 29 ～ 600（m/z），扫描速度 2000u/s

如图 2.2 所示，EGA-MS 热分析用图约 0.2mg 聚合物样品测得。将 GC 中的分离柱换成内径 0.15mm、长 2m 的失活和无涂层的不锈钢输送管，并恒温 300℃，以防止低挥发裂解产物在此管中冷凝。裂解器从 100℃ 到 700℃ 以 20℃/min 速度程序升温，在 Py-GC-MS 模式就变为 EGA-MS 模式时，GC-MS 之间的无孔接头（Frontier Lab）起了关键作用，它可迅速将分离柱切换为连接管，而不影响真空状态下四极杆质谱（Q-MS）的运行。

这样，从检测 MS 总离子流得到的聚合物样品的 100℃→ 700℃程序升温热分析图编辑在每一种聚合物平均化质谱图的右上角。

2.1.3　谱图说明

第 2 章 2.2 节中，每个聚合物样品的数据占 2 面。例如第 10 页和第 11 页两面为聚乙烯，从左边页（p.10）上部可看到如下标题：

001　聚乙烯（高密度）；PE（HDPE）

$$\text{---}(\text{CH}_2\text{CH}_2)_n\text{---}$$

　　其中，001 为样品编号，后面是样品的全称和缩写，下方为化学结构式。

　　标题下方是在 600℃裂解下，经毛细色谱柱分离，并用 TIC（详见 2.1.2 节）检测得到的裂解色谱图。图中例如 C_{10} 表示含 10 个碳原子的烃。由于已知分离柱的程序升温参数（40℃保温 2min 后，以 20℃/min 速度升温至 320℃，再保温 13min），由裂解色谱图的保留时间横坐标很容易换算成温度坐标。图下为裂解谱图中峰的鉴定数据表，包括分子量、峰的相对强度和保留指数，表的下方附有相关参考文献，可获得其裂解方面的信息。

　　右边页（p.11）上方为质量数 29 ～ 600(m/z) 的 TIC，右上角为 100℃→ 700℃（程序升温速率 20℃/min）的 EGA 热分析图。从热分析图可很方便了解整个热分解过程，对高密度聚乙烯（HDPE），热分解自 400℃开始，480℃达到峰值，530℃完全分解，这对确定裂解操作温度提供了有用的信息。此外，从平均化质量谱数据对上述裂解产物的检索，可快速进行聚合物的鉴定。

　　右边页下方为选出的 10 种主要裂解产物峰的质谱图（有时聚合物解聚时只出现少量特征裂解产物，此时质谱图将少于 10 幅）。

2.2   163 种典型聚合物样品的裂解色谱图、热分析图及主要裂解产物质谱数据集

2.2.1   聚烯烃（均聚物）

001   聚乙烯（高密度）; PE（HDPE）

$$\text{--}(\text{CH}_2\text{CH}_2)_n\text{--}$$

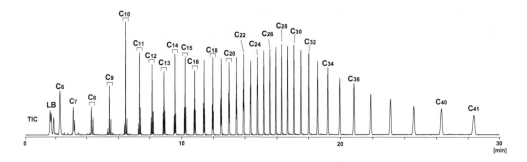

峰标记	主要峰的归属	分子量	保留指数	相对强度
LB	丙烯+丙烷	42; 44	300	43.7
C6	CH2=CH(CH2)3CH3	84	583	91.8
C7	CH2=CH(CH2)4CH3	98	689	42.4
	CH3(CH2)5CH3	100	700	19.3
C8	CH2=CH(CH2)4CH=CH2	110	782	2.1
	CH2=CH(CH2)5CH3	112	791	25.1
	CH3(CH2)6CH3	114	800	14.3
C9	CH2=CH(CH2)5CH=CH2	124	883	5.8
	CH2=CH(CH2)6CH3	126	892	30.4
	CH3(CH2)7CH3	128	900	10.3
C10	CH2=CH(CH2)6CH=CH2	138	983	6.6
	CH2=CH(CH2)7CH3	140	991	64.2
	CH3(CH2)8CH3	142	1000	10.4
C11	CH2=CH(CH2)7CH=CH2	152	1083	7.1
	CH2=CH(CH2)8CH3	154	1092	49.8
	CH3(CH2)9CH3	156	1100	16.1
C14	CH2=CH(CH2)10CH=CH2	194	1385	12.3
	CH2=CH(CH2)11CH3	196	1392	49.2
	CH3(CH2)12CH3	198	1400	13.5
C20	CH2=CH(CH2)16CH=CH2	278	1985	25.3
	CH2=CH(CH2)17CH3	280	1993	38.0
	CH3(CH2)18CH7	282	2000	16.2
C30	CH2=CH(CH2)27CH3	420	2993	100.0
C40	CH2=CH(CH2)37CH3	560	3997	94.1
C41	CH2=CH(CH2)38CH3	574	4096	82.8

［相关文献］

  1) Michajlov, L.; Zugenmaier, P.; Cantow, H.-J. *Polymer* 1968, **9**, 325.

  2) Sugimura, Y.; Tsuge, S. *Anal. Chem.* 1978, **50**, 1968.

  3) Sugimura, Y.; Tsuge, S. *Macromolecules* 1979, **12**, 512.

  4) Ohtani, H.; Tsuge, S.; Usami, T. *Macromolecules* 1984, **17**, 2557.

  5) Duc, S.; Lopez, N. *Polymer* 1999, **40**, 6723.

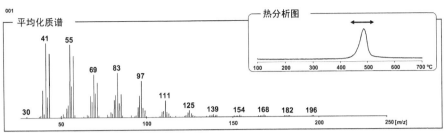

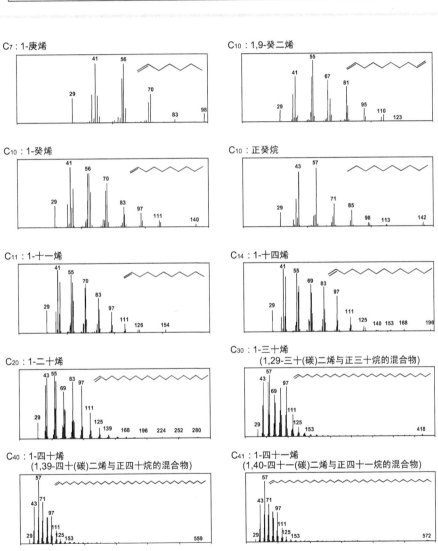

002 聚丙烯（全同立构）; *iso*-PP

$$\text{--}\!\!-\!\!\text{[CH}_2\text{CH(CH}_3\text{)]}_n\text{--}\!\!-$$

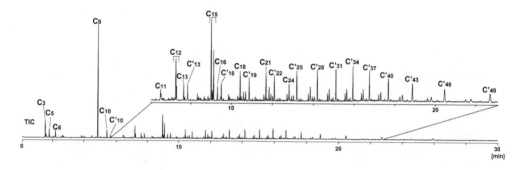

峰标记	主要峰的归属	分子量	保留指数	相对强度
C₃	丙烯	42	295	14.6
C₅	正戊烷	72	500	10.0
C₆	2-甲基-1-戊烯	84	584	8.1
C₉	2,4-二甲基-1-庚烯	126	844	100.0
C₁₀	2,4,6-三甲基-1-庚烯	140	895	6.8
C₁₀'	2,4,6-三甲基-1,6-庚二烯	138	916	2.6
C₁₁	4,6-二甲基-2-壬烯(内消旋)	154	996	2.9
C₁₂	2,4,6-三甲基-1-壬烯(内消旋)	168	1083	9.5
	2,4,6-三甲基-1-壬烯(外消旋)	168	1087	3.3
C₁₃	2,4,6,8-四甲基-1-壬烯(内消旋)	182	1132	4.0
C₁₃'	2,4,6,8-四甲基-1,8-壬二烯(内消旋)	180	1156	4.1
C₁₅	2,4,6,8-四甲基-1-十一烯(全同立构)	210	1312	18.5
	2,4,6,8-四甲基-1-十一烯(杂同立构)	210	1320	2.6
	2,4,6,8-四甲基-1-十一烯(间同立构)	210	1329	10.6
C₁₆	2,4,6,8,10-五甲基-1-十一烯(全同立构)	224	1356	3.4
C₁₆'	2,4,6,8,10-五甲基-1,10-十一(碳)二烯(全同立构)	222	1385	3.9
C₁₈	2,4,6,8,10-五甲基-1-十三烯(全同立构)	252	1531	6.4
C₁₉'	2,4,6,8,10,12-六甲基-1,12-十三(碳)二烯(全同立构)	264	1605	5.4
C₃₄'	2,4,6,8,10,12,14,16,18,20,22-十一甲基-1,22-二十三(碳)二烯(全同立构)	476	3397	9.7

[相关文献]
1) Michajlov, L.; Zugenmaier, P.; Cantow, H.-J. *Polymer* 1968, **9**, 325.
2) Tsuchiya, Y.; Sumi, K. *J. Polym. Sci., Part-A1* 1969, **7**, 1599.
3) Seeger, M.; Cantow, H.-J. *Makromol. Chem.* 1975, **176**, 2059.
4) Kiran, E.; Gillham, J. K. *J. Appl. Polym. Sci.* 1976, **20**, 2045.
5) Kiang, J. K. Y.; Uden, P. C.; Chien, J. C. W. *Polym. Degrad. Stab.* 1980, **2**, 113.
6) Sugimura, Y.; Nagaya, T.; Tsuge, S.; Murata, T.; Takeda, T. *Macromolecules* 1980, **2**, 113.
7) de Amorim, M. T. S. P.; Comel, C.; Vermande, P. *J. Anal. Appl. Pyrolysis* 1982, **4**, 73.
8) Ishiwatari, M. *J. Polym. Sci., Polym. Lett. Ed.* 1984, **22**, 83.
9) Ohtani, H.; Tsuge, S.; Ogawa, T.; Elias, H. -G. *Macromolecules* 1984, **17**, 465.

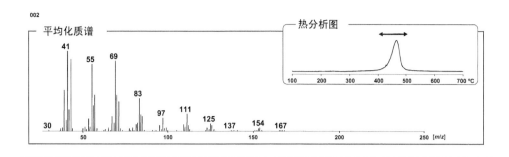

C_5：正戊烷

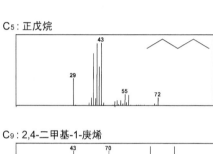

C_6：1,9-癸二烯

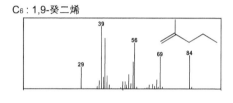

C_9：2,4-二甲基-1-庚烯

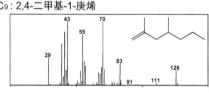

C_{10}：2,4,6-三甲基-1-庚烯

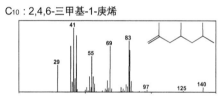

C_{12}：2,4,6-三甲基-1-壬烯(内消旋)

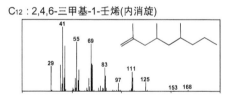

C_{12}：2,4,6-三甲基-1-壬烯(外消旋)

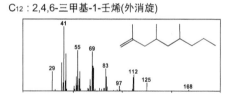

C_{15}：2,4,6,8-四甲基-1-十一烯(全同立构)

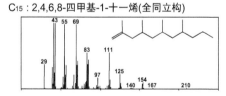

C_{15}：2,4,6,8-四甲基-1-十一烯(杂同立构)

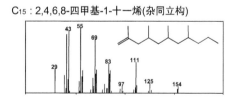

C_{15}：2,4,6,8-四甲基-1-十一烯(间同立构)

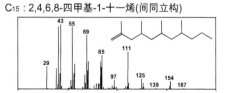

C_{34}'：2,4,6,8,10,12,14,16,18,20,22-十一甲基
-1,22-二十三(碳)二烯(全同立构)

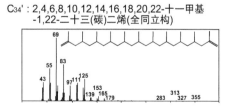

003   聚丙烯（无规立构）; *at*-PP

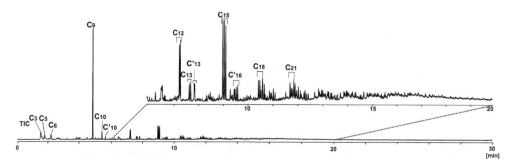

$$\text{---}\!\left[\!\text{CH}_2\text{CH}(\text{CH}_3)\!\right]\!\text{---}_n$$

峰标记	主要峰的归属	分子量	保留指数	相对强度
C3	丙烯	42	295	19.5
C5	正戊烷	72	500	13.7
C6	2-甲基-1-戊烯	84	584	11.6
C9	2,4-二甲基-1-庚烯	126	845	100.0
C10	2,4,6-三甲基-1-庚烯	140	896	7.2
C10'	2,4,6-三甲基-1,6-庚二烯	138	916	2.7
C12	2,4,6-三甲基-1-壬烯(内消旋)	168	1083	7.3
	2,4,6-三甲基-1-壬烯(外消旋)	168	1087	7.6
C13	2,4,6,8-四甲基-1-壬烯(内消旋)	182	1132	2.1
	2,4,6,8-四甲基-1-壬烯(外消旋)	182	1138	2.6
C13'	2,4,6,8-四甲基-1,8-壬二烯(内消旋)	180	1156	2.3
	2,4,6,8-四甲基-1,8-壬二烯(外消旋)	180	1159	1.9
C15	2,4,6,8-四甲基-1-十一烯(全同立构)	210	1311	11.0
	2,4,6,8-四甲基-1-十一烯(杂同立构)	210	1320	11.1
	2,4,6,8-四甲基-1-十一烯(间同立构)	210	1329	8.8
C16'	2,4,6,8,10-五甲基-1,10-十一(碳)二烯(全同立构)	222	1385	1.5
	2,4,6,8,10-五甲基-1,10-十一(碳)二烯(杂同立构)	222	1392	1.7
	2,4,6,8,10-五甲基-1,10-十一(碳)二烯(间同立构)	222	1401	1.8

[相关文献]

1) Seeger, M.; Cantow, H. -J. *Makromol. Chem.* 1975, **176**, 2059.

2) Sugimura, Y.; Nagaya, T.; Tsuge, S.; Murata, T.; Takeda, T. *Macromolecules* 1980, **13**, 928.

3) de Amorim, M. T. S. P.; Comel, C.; Vermande, P. *J. Anal. Appl. Pyrolysis* 1982, **4**, 73.

4) Ishiwatari, M. *J. Polym. Sci., Polym. Lett. Ed.* 1984, **22**, 83.

5) Ohtani, H.; Tsuge, S.; Ogawa, T.; Elias, H. -G. *Macromolecules* 1984, **17**, 465.

003

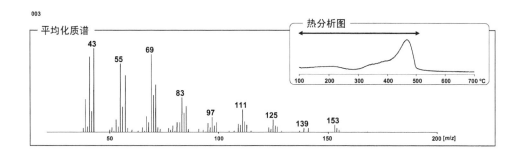

平均化质谱　　　　　　　　　　　　热分析图

C₃：丙烯

C₅：正戊烷

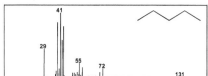

C₆：2-甲基-1-戊烯

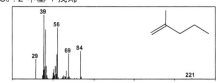

C₉：2,4-二甲基-1-庚烯

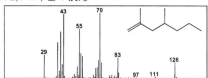

C₁₀：2,4,6-三甲基-1-庚烯

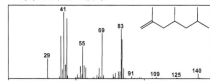

C₁₂：2,4,6-三甲基-1-壬烯(内消旋)

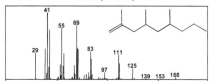

C₁₂：2,4,6-三甲基-1-壬烯(外消旋)

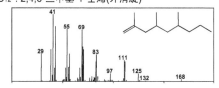

C₁₅：2,4,6,8-四甲基-1-十一烯(全同立构)

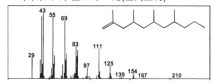

C₁₅：2,4,6,8-四甲基-1-十一烯(杂同立构)

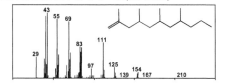

C₁₅：2,4,6,8-四甲基-1-十一烯(间同立构)

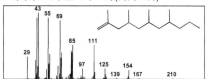

004　聚丙烯（间同立构）; *syn*-PP

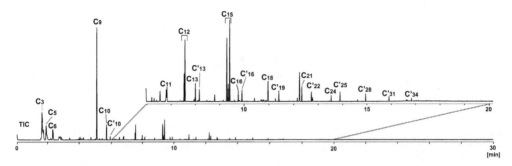

峰标记	主要峰的归属	分子量	保留指数	相对强度
C3	丙烯	42	295	59.5
C5	正戊烷	72	500	32.5
C6	2-甲基-1-戊烯	84	586	18.5
C9	2,4-二甲基-1-庚烯	126	844	100.0
C10	2,4,6-三甲基-1-庚烯	140	895	10.0
C10'	2,4,6-三甲基-1,6-庚二烯	138	916	1.9
C11	4,6-二甲基-2-壬烯(外消旋)	154	1000	1.8
C12	2,4,6-三甲基-1-壬烯(内消旋)	168	1081	3.3
	2,4,6-三甲基-1-壬烯(外消旋)	168	1086	8.7
C13	2,4,6,8-四甲基-1-壬烯(外消旋)	182	1138	2.0
C13'	2,4,6,8-四甲基-1,8-壬二烯(外消旋)	180	1159	1.5
C15	2,4,6,8-四甲基-1-十一烯(全同立构)	210	1312	9.0
	2,4,6,8-四甲基-1-十一烯(杂同立构)	210	1318	2.1
	2,4,6,8-四甲基-1-十一烯(间同立构)	210	1327	11.4
C16	2,4,6,8,10-五甲基-1-十一烯(间同立构)	224	1377	1.0
C16'	2,4,6,8,10-五甲基-1,10-十一(碳)二烯(间同立构)	222	1399	1.2
C18	2,4,6,8,10-五甲基-1-十三烯(间同立构)	252	1568	2.6
C19'	2,4,6,8,10,12-六甲基-1,12-十三(碳)二烯(间同立构)	264	1641	1.1

[相关文献]

1) Seeger, M.; Cantow, H. -J. *Makromol. Chem*. 1975, **176**, 2059.

2) Sugimura, Y.; Nagaya, T.; Tsuge, S.; Murata, T.; Takeda, T. *Macromolecules* 1980, **13**, 928.

3) Ohtani, H.; Tsuge, S.; Ogawa, T.; Elias, H. -G. *Macromolecules* 1984, **17**, 465.

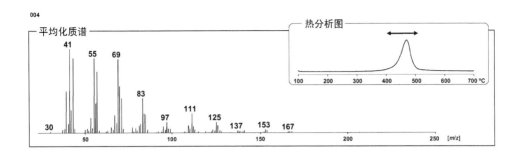

C₃：丙烯

C₅：正戊烷

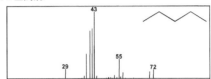

C₆：2-甲基-1-戊烯

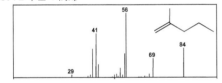

C₉：2,4-二甲基-1-庚烯

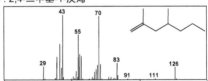

C₁₀：2,4,6-三甲基-1-庚烯

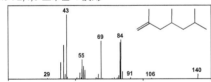

C₁₂：2,4,6-三甲基-1-壬烯(内消旋)

C₁₂：2,4,6-三甲基-1-壬烯(外消旋)

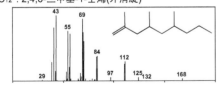

C₁₅：2,4,6,8-四甲基-1-十一烯(全同立构)

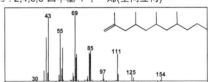

C₁₅：2,4,6,8-四甲基-1-十一烯(杂同立构)

C₁₅：2,4,6,8-四甲基-1-十一烯(间同立构)

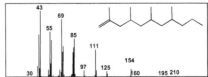

005　聚 1- 丁烯（全同立构）

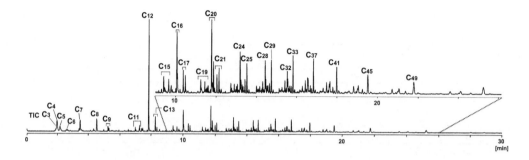

$$-\!\!\left[\!CH_2CH(CH_2CH_3)\!\right]_{\!n}$$

峰标记	主要峰的归属	分子量	保留指数	相对强度
C3	丙烷 + 丙烯	44; 42	300	0.9
C4	1-丁烯(单体)	56	385	36.0
C5	2-甲基-1-丁烯	70	480	15.5
C6	1-己烯	84	585	3.2
C7	正庚烷	100	700	21.3
C8	2-乙基-1-己烯(二聚体)	112	790	19.4
C9	2-乙基-4-甲基-1-己烯	126	853	5.9
	2,4-二乙基-1,4-戊二烯	124	858	3.7
C11	5-乙基壬烯	154	1024	3.3
	5-乙基壬烷	156	1056	4.5
C12	2,4-二乙基-1-辛烯(三聚体)	168	1124	100.0
C13	2,4-二乙基-6-甲基-1-辛烯	182	1176	14.9
	2,4,6-三乙基-1,6-庚二烯	180	1190	3.7
C16	2,4,6-三乙基-1-癸烯(内消旋)	224	1424	17.7
	2,4,6-三乙基-1-癸烯(外消旋)	224	1428	5.5
C20	2,4,6,8-四乙基-1-十二烯(全同立构)	280	1707	21.4
	2,4,6,8-四乙基-1-十二烯(间同立构)	280	1725	16.1
C24	2,4,6,8,10-五乙基-1-十四烯(全同立构)	336	1983	22.4
C25	2,4,6,8,10,12-六乙基-1,12-十三(碳)二烯(全同立构)	348	2053	15.7

[相关文献]

1) Seeger, M.; Cantow, H. -J. *Makromol. Chem.* 1975, **176**, 2059.

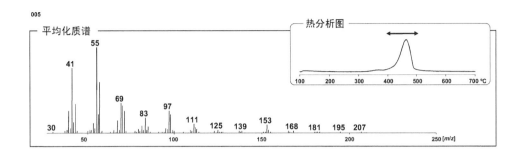

C4：1-丁烯(单体)

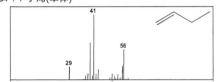

C7：正戊烷

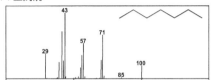

C8：2-乙基-1-己烯(二聚体)

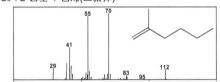

C12：2,4-二乙基-1-辛烯(三聚体)

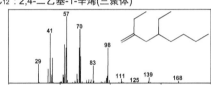

C13：2,4, -二乙基-6-甲基-1-辛烯

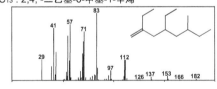

C13：2,4,6-三乙基-1,6-庚二烯

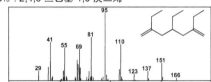

C16：2,4,6-三乙基-1-癸烯(内消旋)

C16：2,4,6-三乙基-1-癸烯(外消旋)

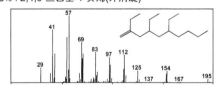

C20：2,4,6,8-四乙基-1-十二烯(全同立构)

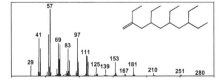

C20：2,4,6,8-四乙基-1-十二烯(间同立构)

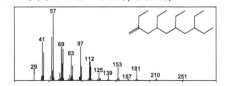

006　聚（4-甲基-1-戊烯）; PMP

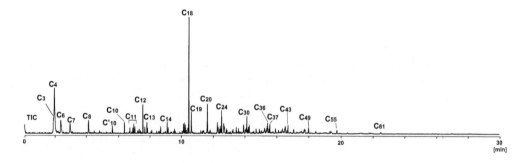

$$-\!\!\!\!-\!\!\!\!-CH_2CH(CH_2CH(CH_3)CH_3)\!\!\!-\!\!\!\!-_n$$

峰标记	主要峰的归属	分子量	保留指数	相对强度
C₃	丙烷 + 丙烯	44; 42	300	20.0
C₄	1-丁烯	56	388	100.0
C₆	4-甲基-1-戊烯	84	548	29.5
C₇	2,4-二甲基-1-戊烯	98	638	19.6
C₈	6-甲基-1-戊烯	112	756	15.4
C₁₀'	2-异丁基-4-甲基-1-戊烯？	140？	886	6.6
C₁₀	8-甲基-1-壬烯？	140？	960	6.3
C₁₁	2,8-二甲基-4-壬烯？	154？	1016	3.3
	2,8-二甲基-3-壬烯？	154？	1023	5.9
	2,8-二甲基壬烯	156	1031	4.7
C₁₂	2-异丁基-6-甲基-1-庚烯(二聚体)	168	1088	18.4
C₁₃	2-异丁基-4,6-二甲基-1-庚烯	182	1119	6.7
C₁₄	2-异丁基-8-甲基-1-壬烯？	194？	1288	5.3
C₁₈	2,4-二异丁基-8-甲基-1-壬烯(三聚体)	252	1497	79.8
C₁₉	2,4-二异丁基-6,8-二甲基-1-壬烯	266	1523	13.7
C₂₀	C₂₀H₄₀	280	1693	21.4
C₂₄	2,4,6-三异丁基-10-甲基-1-十一烯	336	1861	15.1
C₃₀	2,4,6,8-四异丁基-12-甲基-1-十三烯	420	2194	10.8

[相关文献]

1) Shimono, T.; Tanaka, M.; Shono, T. *J. Anal. Apply. Pyrolysis* 1980, **1**, 189.

006

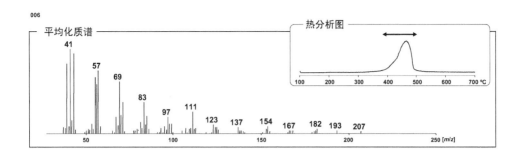

平均化质谱 — 热分析图

C₄：1-丁烯(单体)

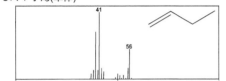

C₆：4-甲基-1-戊烯

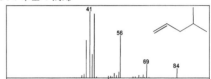

C₇：2,4-二甲基-1-戊烯

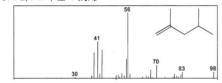

C₈：6-甲基-1-庚烯

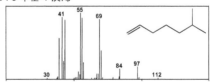

C₁₂：2-异丁基-6-甲基-1-庚烯(二聚体)

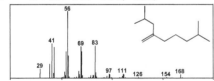

C₁₈：2,4-二异丁基-8-甲基-1-壬烯(三聚体)

C₁₉：2,4-三异丁基-8-甲基-1-壬烯

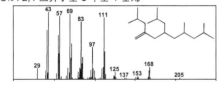

C₂₀：C₂₀H₄₀

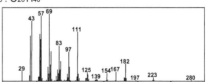

C₂₄：2,4,6-三异丁基-10-甲基-1-十一烯

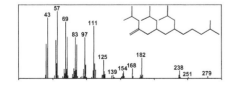

C₃₀：2,4,6,8-四异丁基-12-甲基-1-十三烯

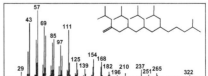

007   异丁烯 - 异戊烯橡胶；IIR

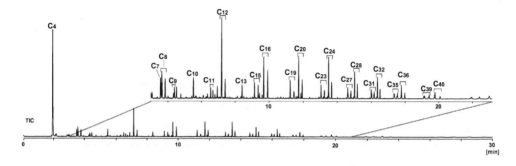

$$-\!\!\left[\,CH_2C(CH_3)_2 -/- CH_2C(CH_3)=CHCH_2\,\right]_n$$

峰标记	主要峰的归属		分子量	保留指数	相对强度
C4	1-丁烯		56	398	100.0
C7	2,4-二甲基-1,3-戊二烯		96	702	5.9
C8	2,4,4-三甲基-1-戊烯	二聚体	112	710	8.5
	2,4,4-三甲基-2-戊烯		112	726	6.1
C9	2,2,4,4-四甲基戊烷		128	769	1.7
	2,2,4,4-四甲基-1-戊烯		126	774	3.1
C10	2,4,6-三甲基-1,3-庚二烯		138	873	4.7
C11	2,4,4,6-四甲基-1-庚烯		154	970	2.3
	2,4,6-四甲基-2-庚烯		154	984	1.8
C12	2,4,4,6,6-五甲基-1-庚烯	三聚体	168	1040	18.9
	2,4,4,6,6-五甲基-2-庚烯		168	1065	4.2
C13	$C_{13}H_{24}$?		180？	1190	3.2
C15	2,4,4,6,6,8-六甲基-1-壬烯		210	1289	3.6
	2,4,4,6,6,8-六甲基-2-壬烯		210	1320	3.0
C16	2,4,4,6,6,8,8-七甲基-1-壬烯	四聚体	224	1368	9.2
	2,4,4,6,6,8,8-七甲基-2-壬烯		224	1403	5.8
C20	2,4,4,6,6,8,8,10,10-九甲基-1-十一烯		280	1703	8.2
	2,4,4,6,6,8,8,10,10-九甲基-2-十一烯		280	1741	3.8

[相关文献]
1) Tsuchiya, Y.; Sumi, K. *J. Polym. Sci., Part A1* 1969, **7**, 813.
2) Warren, D.; Gates, S.; Driscoll, L. *J. Polym. Sci., Part A1* 1971, **9**, 717.
3) Seeger, M.; Cantow, H. -J. *Makromol. Chem.* 1975, **176**, 2059.
4) Kiran, E.; Gillham, J. K. *J. Appl. Polym. Sci.* 1976, **20**, 2045.
5) Smith, D. A.; Youren, J. W. *Br. Polym. J.* 1976, **8**, 101.
6) Grimbley, M. R.; Lehrle, R. S. *Polym. Degrad. Stab.* 1995, **49**, 223.
7) Grimbley, M. R.; Lehrle, R. S. *Polym. Degrad. Stab.* 1995, **48**, 441.

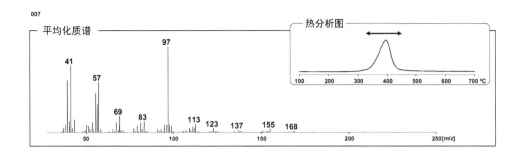

C₄：1-丁烯(单体)

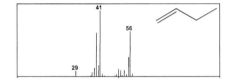

C₈：2,4,4-三甲基-2-戊烯

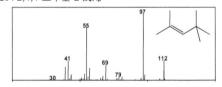

C₁₂：2,4,4,6,6-五甲基-1-庚烯(三聚体)

C₁₆：2,4,4,6,6,8,8-七甲基-1-壬烯(四聚体)

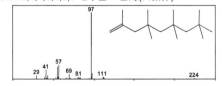

C₂₀：2,4,4,6,6,8,8,10,10-九甲基-1-十一烯

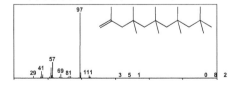

C₈：2,4,4-三甲基-1-戊烯

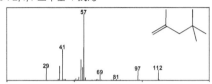

C₁₀：2,4,6-三甲基-1,3-庚二烯

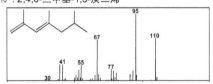

C₁₂：2,4,4,6,6-五甲基-2-庚烯(三聚体)

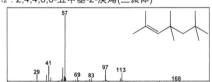

C₁₆：2,4,4,6,6,8,8-七甲基-2-壬烯(四聚体)

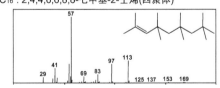

C₂₀：2,4,4,6,6,8,8,10,10-九甲基-2-十一烯

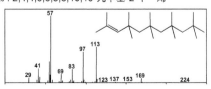

2.2.2　含乙烯单元的烯类聚合物（共聚物）

008　乙烯 - 丙烯共聚物；P（E-P）

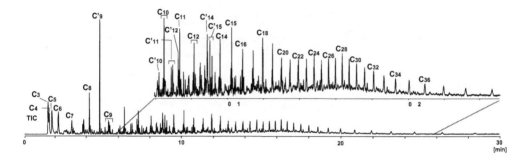

峰标记	主要峰的归属	分子量	保留指数	相对强度
C₃	丙烯	42	295	100.0
C₄	1-丁烯	56	385	
C₅	1-戊烯	70	492	60.3
C₆	1-己烯	84	585	43.6
C₇	1-庚烯	98	690	25.5
C₈	2-甲基庚烯	112	787	39.9
C₉'	2,4-二甲基-1-庚烯(丙烯的三聚体)	126	844	90.7
C₉	1-壬烯	126	893	9.8
	2,4,6-三甲基-1-己烯	126	896	8.6
	正壬烷	128	900	6.3
C₁₀'	4-甲基壬烷	142	964	5.9
C₁₀	2-甲基-1-壬烯	140	987	3.7
	1-癸烯	140	992	17.3
C₁₁'	二甲基壬烯	154	1037	7.0
	二甲基壬烯	154	1047	7.3
C₁₂'	2,4,6-三甲基-1-壬烯(丙烯的四聚体，内消旋)	168	1083	11.9
C₁₁	1-十一烯	154	1092	14.9
C₁₂	2-甲基-1-十一烯	168	1186	7.1
	1-十二烯	168	1192	10.7
	正十二烯	170	1200	8.7
C₁₄'	2,6,8-三甲基-1-十一烯	196	1290	15.0
C₁₅'	2,4,6,8-四甲基-1-十一烯(丙烯的五聚体，全同立构)	210	1311	13.4
	2,4,6,8-四甲基-1-十一烯(全同立构)	210	1329	5.2
C₁₄	1-十四烯	196	1394	11.8

[相关文献]
1) Michajlov, L.; Zugenmaier, P.; Cantow, H.-J. *Polymer* 1968, **9**, 325.
2) Michajlov, L.; Cantow, H. -J.; Zugenmaier, P. *Polymer*, 1971, **12**, 70.
3) Tsuge, S.; Sugimura, Y.; Nagaya, T. *J. Anal. Appl. Pyrolysis* 1980, **1**, 221.
4) Wampler, T.; Zawodny, C.; Mancini, L.; Wampler, J. *J. Anal. Appl. Pyrolysis* 2003, **68-69**, 25

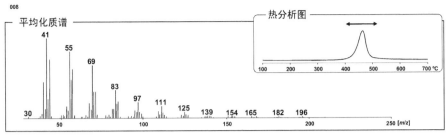

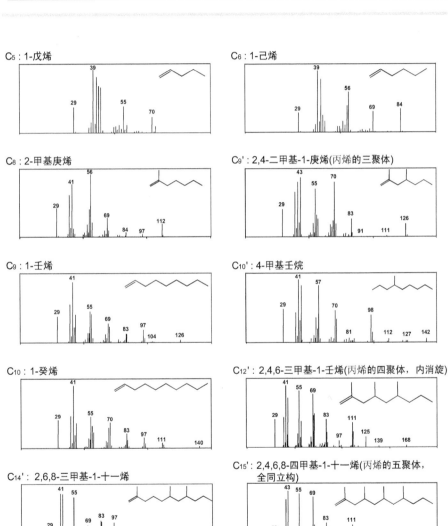

009　乙烯 - 丙烯 - 双烯橡胶；EPDM

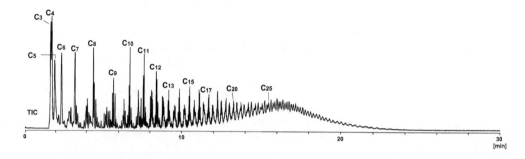

峰标记	主要峰的归属	分子量	保留指数	相对强度
C3	丙烯	42	295	100.0
C4	1-丁烯	56	382	
C5	1-戊烯	70	492	41.1
C6	1-己烯	84	592	32.8
C7	1-庚烯	98	693	34.4
C8	2-甲基-1-庚烯	112	788	17.3
C9	1-壬烯	126	892	7.7
C10	1-癸烯	140	992	11.1
C11	1-十一烯	154	1091	8.8
C12	2-甲基-1-十一烯	168	1186	7.7
C13	1-十三烯	182	1292	4.2

[相关文献]

1) Smith, D. A.; Youren, J. W. *Br. Polym. J.* 1976, **8**, 101.

2) Tsuge, S.; Sugimura, Y.; Nagaya, T. *J. Anal. Appl. Pyrolysis* 1980, **1**, 221.

3) Kretzschmar, H. -J.; Tobisch, K.; Gross, D. *Kautsch. Gummi Kunstst.* 1987, **40**, 447.

4) Yamada, T.; Okumoto, T.; Ohtani, H.; Tsuge, S. *Rubber Chem. Technol.* 1990, **63**, 191.

5) Yamada, T.; Okumoto, T.; Ohtani, H.; Tsuge, S. *Rubber Chem. Technol.* 1991, **64**, 708.

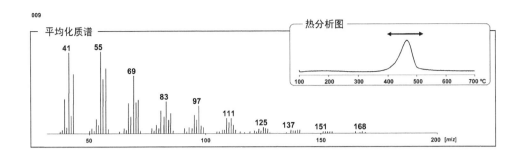

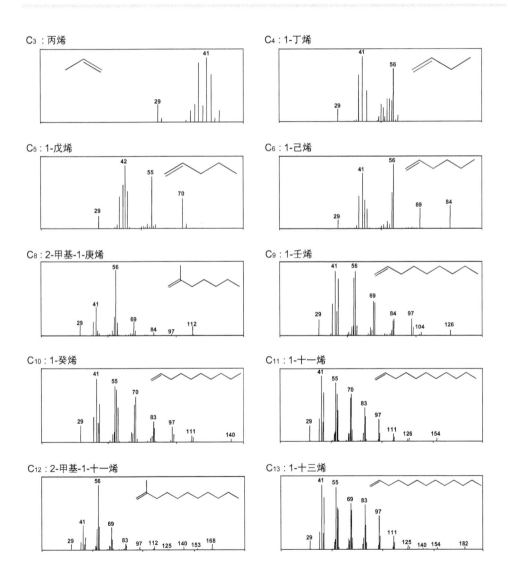

010　乙烯-甲基丙烯酸甲酯共聚物；P（E-MMA）

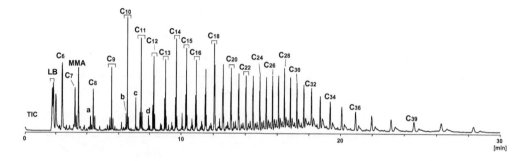

$$\text{+CH}_2\text{CH}_2\text{−/−CH}_2\text{C(CH}_3)\text{(COOCH}_3)\text{+}_n$$

峰标记	主要峰的归属	分子量	保留指数	相对强度
LB	丙烯，异丁烯	42, 56	298	100.0
	1-丁烯	56	385	
C6	CH₂=CH(CH₂)₃CH₃	84	591	76.1
C7	CH₂=CH(CH₂)₄CH₃	98	693	35.6
	CH₃(CH₂)₅CH₃	100	700	8.2
MMA	CH₂=C(CH₃)COOCH₃	100	710	45.8
a	未鉴定①	−	777	8.1
C8	CH₂=CH(CH₂)₅CH₃	112	790	26.5
	CH₃(CH₂)₆CH₃	114	800	8.3
C9	CH₂=CH(CH₂)₅CH=CH₂	124	882	4.9
	CH₂=CH(CH₂)₆CH₃	126	895	25.4
	CH₃(CH₂)₇CH₃	128	900	4.7
b	未鉴定①	−	982	7.5
C10	CH₂=CH(CH₂)₇CH₃	140	991	47.6
	CH₃(CH₂)₈CH₃	142	1000	5.1
c	2-甲基辛酸甲酯	172	1054	13.9
C11	CH₂=CH(CH₂)₇CH=CH₂	152	1085	7.9
	CH₂=CH(CH₂)₈CH₃	154	1092	35.7
	CH₃(CH₂)₉CH₃	156	1100	7.0
d	未鉴定①	−	1151	6.5
C14	CH₂=CH(CH₂)₁₀CH=CH₂	194	1385	12.2
	CH₂=CH(CH₂)₁₁CH₃	196	1392	31.9
	CH₃(CH₂)₁₂CH₃	198	1400	5.4
C20	CH₂=CH(CH₂)₁₇CH₃	280	1993	16.9
C30	CH₂=CH(CH₂)₂₇CH₃	420	2995	33.1
C39	CH₂=CH(CH₂)₃₆CH₃	546	3895	18.6

① MMA和C₁~C₅烷基的键合物。

[相关文献]

1) Sugimura, Y.; Tsuge, S.; Takeuchi, T. *Anal. Chem.* 1978, **50**, 1173.

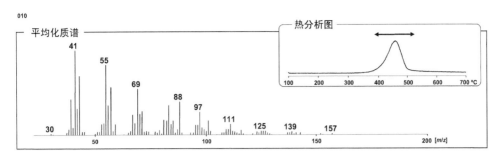

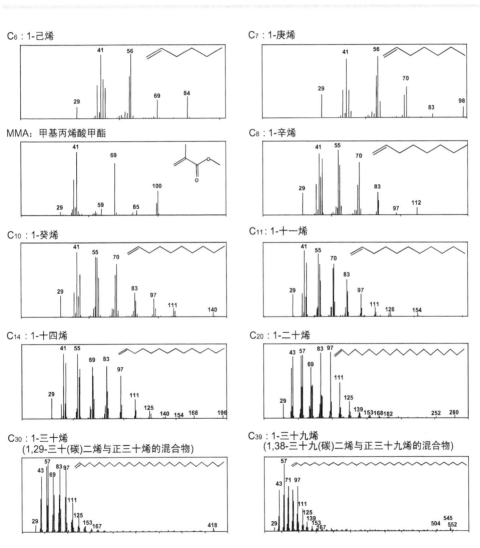

011 乙烯 - 丙烯酸共聚物；P（E-AA）

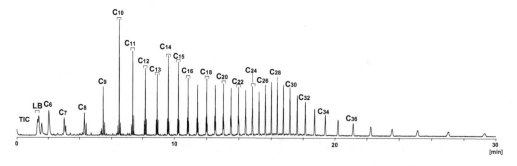

峰标记	主要峰的归属	分子量	保留指数	相对强度
LB	丙烯 + 丙烷	42; 44	300	100.0
	1-丁烯	56	385	
C6	CH2=CH(CH2)3CH3	84	597	84.5
C7	CH2=CH(CH2)4CH3	98	694	38.3
	CH3(CH2)5CH3	100	700	16.7
C8	CH2=CH(CH2)5CH3	112	794	36.2
	CH3(CH2)6CH3	114	800	13.4
C9	CH2=CH(CH2)5CH=CH2	124	882	5.2
	CH2=CH(CH2)6CH3	126	893	36.7
	CH3(CH2)7CH3	128	900	9.5
C10	CH2=CH(CH2)6CH=CH2	138	984	8.2
	CH2=CH(CH2)7CH3	140	993	68.8
	CH3(CH2)8CH3	142	1000	8.1
C11	CH2=CH(CH2)7CH=CH2	152	1084	8.4
	CH2=CH(CH2)8CH3	154	1093	50.5
	CH3(CH2)9CH3	156	1100	10.8
C13	CH2=CH(CH2)9CH=CH2	180	1285	10.8
	CH2=CH(CH2)10CH3	182	1293	35.9
	CH3(CH2)11CH3	184	1300	8.5
C14	CH2=CH(CH2)10CH=CH2	194	1386	10.5
	CH2=CH(CH2)11CH3	196	1393	47.6
	CH3(CH2)12CH3	198	1400	8.3
C18	CH2=CH(CH2)14CH=CH2	250	1787	14.7
	CH2=CH(CH2)15CH3	252	1794	34.4
	CH3(CH2)16CH3	254	1800	8.4
C34	CH2=CH(CH2)31CH3	476	3398	41.1

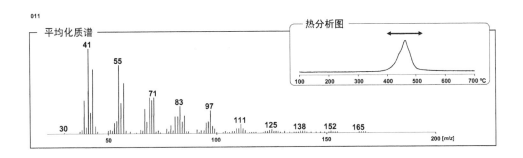

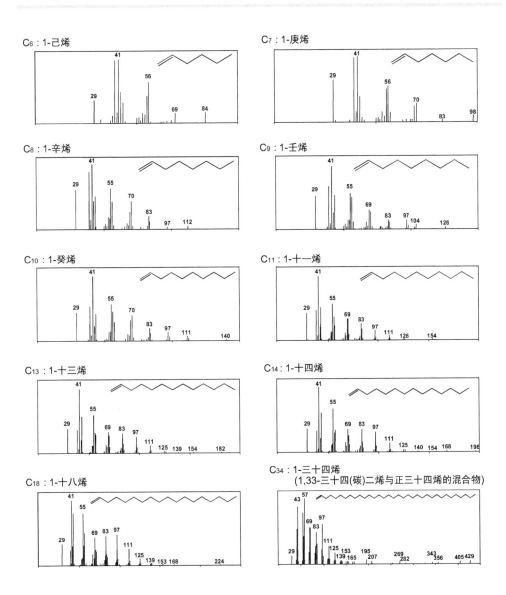

012 乙烯 - 乙酸乙烯酯共聚物；EVA

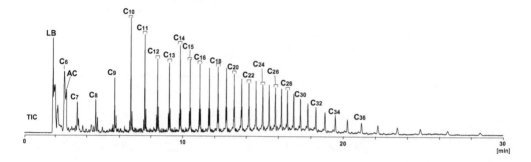

峰标记	主要峰的归属	分子量	保留指数	相对强度
LB	丙烯，丁烷等	42, 58	298	81.8
C6	CH2=CH(CH2)3CH3	84	595	51.4
AC	CH3COOH	60	606	100.0
C7	CH2=CH(CH2)4CH3	98	689	27.7
	CH3(CH2)5CH3	100	700	8.9
C8	CH2=C(CH2)4CH=CH2	110	782	4.0
	CH2=CH(CH2)5CH3	112	792	23.5
	CH3(CH2)6CH3	114	800	10.7
C9	CH2=CH(CH2)6CH3	126	894	25.2
	CH3(CH2)7CH3	128	900	7.6
C10	CH2=CH(CH2)6CH=CH2	138	986	6.5
	CH2=CH(CH2)7CH3	140	994	44.8
	CH3(CH2)8CH3	142	1000	8.3
C11	CH2=CH(CH2)7CH=CH2	152	1087	7.1
	CH2=CH(CH2)8CH3	154	1095	33.9
	CH3(CH2)9CH3	156	1100	8.3
C12	CH2=CH(CH2)8CH=CH2	166	1188	6.1
	CH2=CH(CH2)9CH3	168	1195	24.4
	CH3(CH2)10CH3	170	1200	9.7
C14	CH2=CH(CH2)10CH=CH2	194	1388	5.8
	CH2=CH(CH2)11CH3	196	1396	27.7
	CH3(CH2)12CH3	198	1400	7.7
C16	CH2=CH(CH2)12CH=CH2	222	1590	6.4
	CH2=CH(CH2)13CH3	224	1593	21.6
	CH3(CH2)14CH3	226	1600	10.3
C19	CH2=CH(CH2)15CH=CH2	264	1892	7.7
	CH2=CH(CH2)16CH3	266	1898	21.3
	CH3(CH2)17CH3	268	1900	9.8
C21	CH2=CH(CH2)19CH3	294	2094	35.7

［相关文献］

1) Haeussler, L.; Pompe, G.; Albrecht, V.; Voigt, D. *J. Thermal Anal.* 1998, **52**, 131.

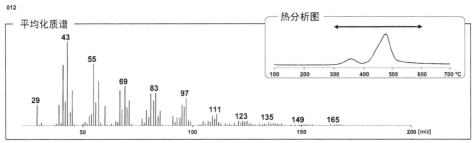

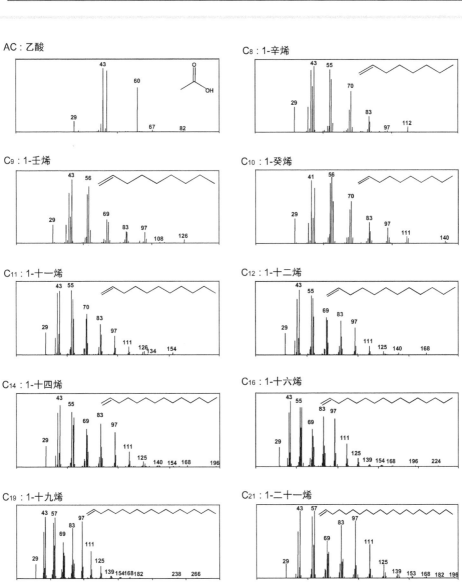

013 乙烯 - 丙烯酸乙酯共聚物；P（E-EA）

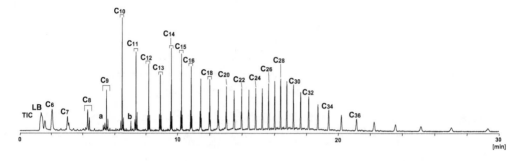

峰标记	主要峰的归属	分子量	保留指数	相对强度
LB	丙烯，1-丁烯	42, 56	300	100.0
C6	CH2=CH(CH2)3CH3	84	593	74.9
C7	CH2=CH(CH2)4CH3	98	694	33.6
	CH3(CH2)5CH3	100	700	14.9
C8	CH2=CH(CH2)4CH=CH2	110	782	5.4
	CH2=CH(CH2)5CH3	112	794	32.4
	CH3(CH2)6CH3	114	800	16.0
a	2-甲基-2-丁烯酸乙酯	128	876	5.1
C9	CH2=CH(CH2)4CH=CH2	124	885	5.0
	CH2=CH(CH2)6CH3	126	893	30.7
	CH3(CH2)7CH3	128	900	10.7
C10	CH2=CH(CH2)6CH=CH2	138	984	5.6
	CH2=CH(CH2)7CH3	140	993	61.4
	CH3(CH2)8CH3	142	1000	7.5
b	未鉴定[①]	–	1056	6.7
C11	CH2=CH(CH2)7CH=CH2	152	1084	11.7
	CH2=CH(CH2)8CH3	154	1093	48.2
	CH3(CH2)9CH3	156	1100	9.6
C12	CH2=CH(CH2)8CH=CH2	166	1185	10.1
	CH2=CH(CH2)9CH3	168	1193	38.0
	CH3(CH2)10CH3	170	1200	9.7
C13	CH2=CH(CH2)9CH=CH2	180	1286	11.8
	CH2=CH(CH2)10CH3	182	1294	35.3
	CH3(CH2)11CH3	184	1300	8.0
C15	CH2=CH(CH2)11CH=CH2	208	1486	12.9
	CH2=CH(CH2)12CH3	210	1494	40.3
	CH3(CH2)13CH3	212	1500	9.3

①丙烯酸乙酯与烷基的键合物。

[相关文献]

1) McNeil, I. C.; Mohammed, M. H. *Polym. Degrad. Stab.* 1995, **48**, 175.

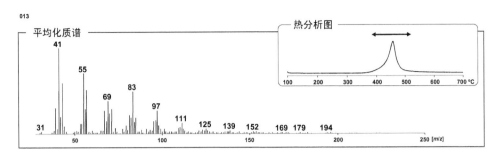

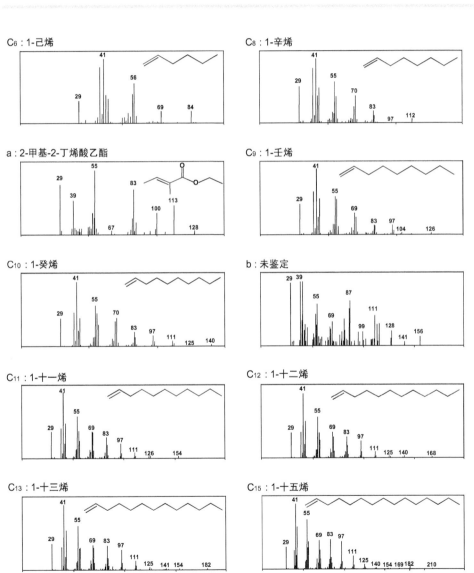

014 乙烯 - 乙烯醇共聚物；P（E-VA）

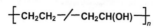

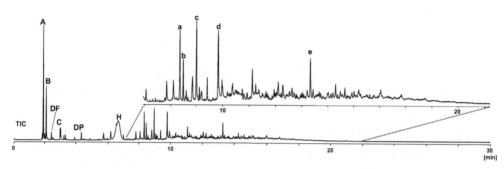

峰标记	主要峰的归属	分子量	保留指数	相对强度
A	乙醛	44	408	39.6
B	丙酮	58	465	20.6
DF	2,5-二氢呋喃	70	571	2.6
C	丁烯醛	70	637	4.6
DP	6-甲基-3,4-二氢吡喃	98	772	2.9
H	3-己烯-2,5-二醇	116	997	100.0
a		–	1183	10.9
b		–	1200	5.3
c	醛类化合物？	–	1269	11.5
d		–	1388	15.8
e		–	2010	7.3

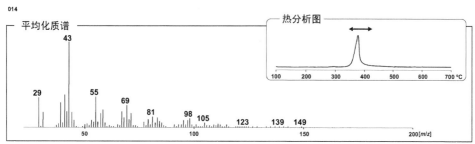

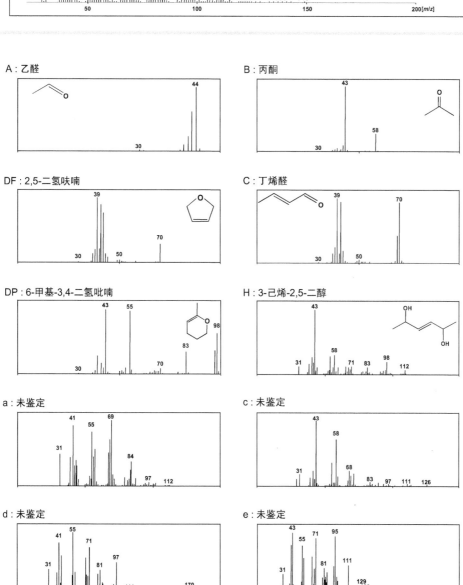

015　乙烯离聚物；IO

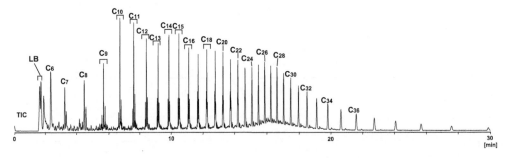

峰标记	主要峰的归属	分子量	保留指数	相对强度
LB	⌈ 丙烯，1-丁烯	42, 56	300 ⌉	100.0
	⌊ 2-丁烯	56	385 ⌋	
C$_6$	CH$_2$=CH(CH$_2$)$_3$CH$_3$	84	593	60.5
C$_7$	⌈ CH$_2$=CH(CH$_2$)$_4$CH$_3$	98	693	29.4
	⌊ CH$_3$(CH$_2$)$_5$CH$_3$	100	700	18.0
C$_8$	⌈ CH$_2$=CH(CH$_2$)$_4$CH=CH$_2$	110	783	4.7
	CH$_2$=CH(CH$_2$)$_5$CH$_3$	112	792	26.5
	⌊ CH$_3$(CH$_2$)$_6$CH$_3$	114	800	12.3
C$_9$	⌈ CH$_2$=CH(CH$_2$)$_5$CH=CH$_2$	124	884	4.2
	CH$_2$=CH(CH$_2$)$_6$CH$_3$	126	892	22.0
	⌊ CH$_3$(CH$_2$)$_7$CH$_3$	128	900	7.9
C$_{10}$	⌈ CH$_2$=CH(CH$_2$)$_6$CH=CH$_2$	138	983	8.0
	CH$_2$=CH(CH$_2$)$_7$CH$_3$	140	992	36.3
	⌊ CH$_3$(CH$_2$)$_8$CH$_3$	142	1000	8.9
C$_{11}$	⌈ CH$_2$=CH(CH$_2$)$_7$CH=CH$_2$	152	1083	9.0
	CH$_2$=CH(CH$_2$)$_8$CH$_3$	154	1091	30.7
	⌊ CH$_3$(CH$_2$)$_9$CH$_3$	156	1100	10.0
C$_{12}$	⌈ CH$_2$=CH(CH$_2$)$_8$CH=CH$_2$	166	1184	8.6
	CH$_2$=CH(CH$_2$)$_9$CH$_3$	168	1192	25.8
	⌊ CH$_3$(CH$_2$)$_{10}$CH$_3$	170	1200	12.4
C$_{13}$	⌈ CH$_2$=CH(CH$_2$)$_9$CH=CH$_2$	180	1284	10.3
	CH$_2$=CH(CH$_2$)$_{10}$CH$_3$	182	1292	25.9
	⌊ CH$_3$(CH$_2$)$_{11}$CH$_3$	184	1300	7.2
C$_{14}$	⌈ CH$_2$=CH(CH$_2$)$_{10}$CH=CH$_2$	194	1384	10.0
	CH$_2$=CH(CH$_2$)$_{11}$CH$_3$	196	1392	30.8
	⌊ CH$_3$(CH$_2$)$_{12}$CH$_3$	198	1400	10.7
C$_{18}$	⌈ CH$_2$=CH(CH$_2$)$_{14}$CH=CH$_2$	250	1786	13.5
	CH$_2$=CH(CH$_2$)$_{15}$CH$_3$	252	1793	25.5
	⌊ CH$_3$(CH$_2$)$_{16}$CH$_3$	254	1800	7.9
C$_{22}$	CH$_2$=CH(CH$_2$)$_{19}$CH$_3$	308	2194	40.1

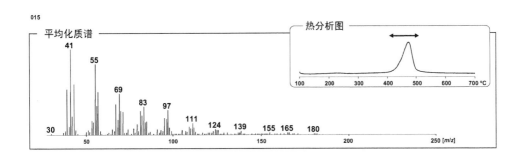

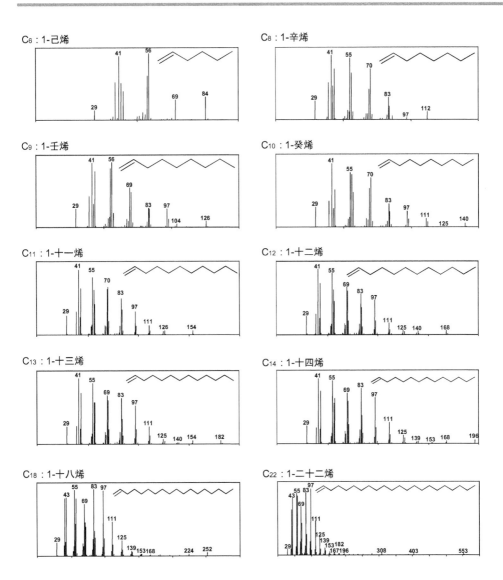

2.2.3　含苯乙烯单元的烯类聚合物

016　聚苯乙烯；PS

$$\text{+CH}_2\text{CH(C}_6\text{H}_5)\text{+}_n$$

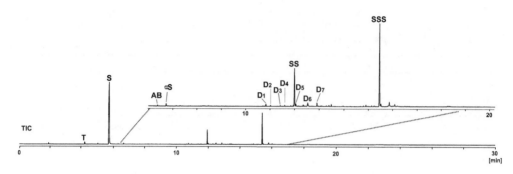

峰标记	主要峰的归属	分子量	保留指数	相对强度
T	甲苯	92	765	1.9
S	苯乙烯	104	898	100.0
AB	烯丙基苯	118	952	0.3
αS	α-甲基苯乙烯	118	988	0.7
D$_1$	C(Ph)-C-Ph	182	1542	0.6
D$_2$	C-C(Ph)-C-Ph	196	1579	0.3
D$_3$	C=C-C(Ph)-C-Ph	208	1647	0.2
D$_4$	C(Ph)-C-C-Ph	196	1678	0.3
SS	C=C(Ph)-C-C-Ph (二聚体)	208	1749	10.2
D$_5$	C=C(Ph)-C-C(Ph)-C	222	1759	0.9
D$_6$	C(Ph)=C-C-C-Ph	208	1851	1.2
D$_7$	C=C(Ph)-C-C-C(Ph)=C	234	1924	1.0
SSS	C=C(Ph)-C-C(Ph)-C-C-Ph (三聚体)	312	2488	26.7

注：键合氢省略；Ph代表C$_6$H$_5$(苯基)。

[相关文献]

1) Tsuge, S.; Okumoto, T.; Takeuchi, T. *J. Chromatogr. Sci.* 1969, **7**, 250.

2) Sugimura, Y.; Tsuge, S. *Anal. Chem.* 1978, **50**, 1968.

3) de Amorim, M. T. S. P.; Bouster, C.; Vermande, P.; Veron, J. *J. Anal. Appl. Pyrolysis* 1981, **3**, 19.

4) Sugimura, Y.; Nagaya, T.; Tsuge, S. *Macromolecules* 1981, **14**, 520.

5) Schroeder, U. K. O.; Ebert, K. H. *Makromol. Chem.* 1984, **185**, 991.

6) Dean, L.; Groves, S.; Hancox, R.; Lamb, G.; Lehrle, R. S. *Polym. Degrad. Stab.* 1989, **25**, 143.

7) Ohtani, H.; Yuyama, T.; Tsuge, S.; Plage, B.; Schulten, R. -H. *Eur. Polym. J.* 1990, **26**, 893.

8) Atkinson, D. J.; Lehrle, R. S. *J. Anal. Appl. Pyrolysis* 1991, **19**, 319.

9) Gardner, P.; Lehrle, R. S. *Eur. Polym. J.* 1993, **29**, 425.

10) Ito, Y.; Ohtani, H.; Ueda, S.; Nakashima, Y.; Tsuge, S. *J. Polym. Sci., Part A* 1994, **32**, 383.

11) Nonobe, T.; Ohtani, H.; Usami, T.; Mori, T.; Fukumori, H.; Hirata, Y.; Tsuge, S. *J. Anal. Appl. Pyrolysis* 1995, **33**, 121.

12) Yang, M.; Shibasaki, Y. *J. Polym. Sci. A, Polym. Chem.* 1998, **36**, 2315.

13) Liu, Y.; Guo, S.; Qian, J. *Petrol. Sci. Technol.* 1999, **17**, 1089.

016

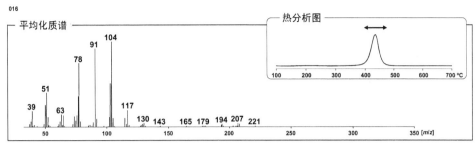

T：甲苯

S：苯乙烯

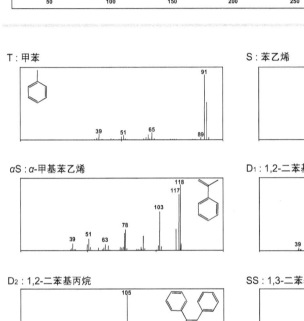

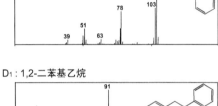

αS：α-甲基苯乙烯

D₁：1,2-二苯基乙烷

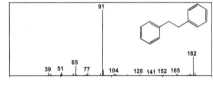

D₂：1,2-二苯基丙烷

SS：1,3-二苯基-3-丁烯(苯乙烯二聚体)

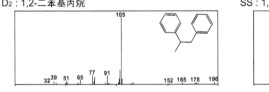

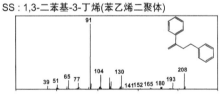

D₅：2,4-二苯基-1-戊烯

D₆：1,4-二苯基-1-丁烯

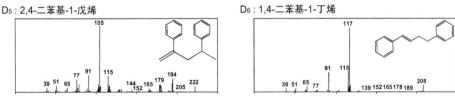

D₇：2,5-二苯基-1,5-己二烯

SSS：1,3,5-三苯基-5-己烯(苯乙烯三聚体)

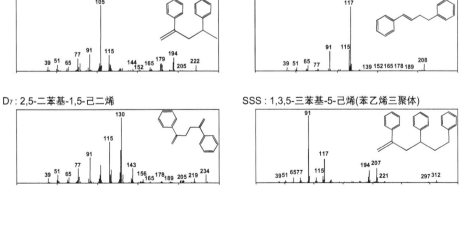

017   苯乙烯 - 丙烯酸甲酯共聚物；P(S-MA)

$$-[CH_2CH(C_6H_5)-]/-CH_2CH(COOCH_3)-]_n$$

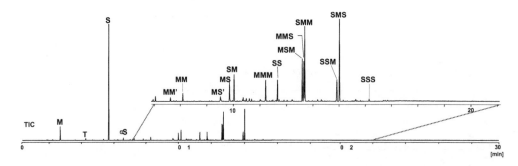

峰标记	主要峰的归属	分子量	保留指数	相对强度
M	丙烯酸甲酯	86	610	12.6
T	甲苯	92	766	1.6
S	苯乙烯	104	892	100.0
αS	α-甲基苯乙烯	118	987	1.7
MM'	C(COOC)-C-C-COOC	160	1118	1.1
MM	C=C(COOC)-C-C-COOC (M二聚体)	172	1189	2.1
MS'	C(COOC)-C-C-Ph	178	1386	2.0
MS	C=C(COOC)-C-C-Ph (混杂二聚体)	190	1438	5.4
SM	C=C(Ph)-C-C-COOC	190	1465	7.4
MMM	C=C(COOC)-C-C(COOC)-C-C-COOC (M三聚体)	258	1659	6.1
SS	C=C(Ph)-C-C-Ph (S二聚体)	208	1737	0.5
MSM	C=C(COOC)-C-C(Ph)-C-C(COOC)	276	1913	11.5
MMS	C=C(COOC)-C-C(COOC)-C-C-Ph	276	1925	10.8
SMM	C=C(Ph)-C-C(COOC)-C-C-COOC (混杂三聚体)	276	1932	20.1
SSM	C=C(Ph)-C-C(Ph)-C-C-COOC + C=C(COOC)-C-C(Ph)-C-C-Ph	294	2191	8.1
SMS	C=C(Ph)-C-C(COOC)-C-C-Ph	294	2213	25.1
SSS	C=C(Ph)-C-C(Ph)-C-C-Ph (S三聚体)	312	2482	0.7

注：键合氢省略；Ph代表C_6H_5(苯基)。

[相关文献]
1) Tsuge, S.; Hiramitsu, S.; Horibe, T.; Yamaoka, M.; Takeuchi, T. *Macromolecules* 1975, **8**, 721.
2) Blazso, M.; Varhegyi, G. *Eur. Polym. J.* 1978, **14**, 625.
3) Tsuge, S.; Kobayashi, T.; Sugimura, Y.; Nagaya, T.; Takeuchi, T. *Macromolecules* 1979, **12**, 988.
4) Blazso, M.; Ujszaszi, K.; Jakab, E. *Chromatographia* 1980, **13**, 151.

017

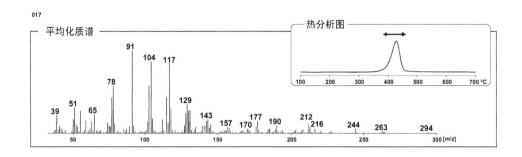

平均化质谱　　　　　　　　热分析图

M：丙烯酸甲酯

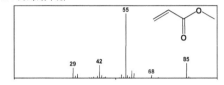

S：苯乙烯

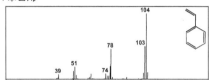

SM：4-苯基-4-戊烯酸甲酯

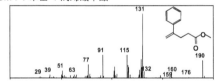

MMM：5-己烯-1,3,5-三羧酸三甲酯(M的三聚体)

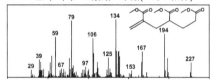

SS：1,3-二苯基-3-丁烯(苯乙烯二聚体)

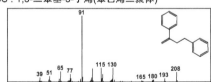

MSM：2-亚甲基-4-苯基庚二酸二甲酯

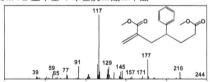

MMS：2-亚甲基-4-苯乙基戊二酸二甲酯

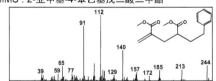

SMM：2-(2-苯丙基)戊二酸二甲酯

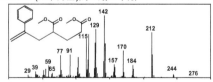

SSM：4,6-二苯基-6-庚烯酸甲酯
　　　+ 2-亚甲基-4,6-二苯基己酸甲酯

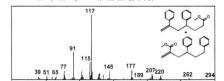

SMS：2-苯乙基-4-苯基-4-戊烯酸甲酯

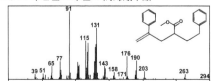

018　苯乙烯 - 丙烯酸甲酯交替共聚物

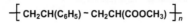

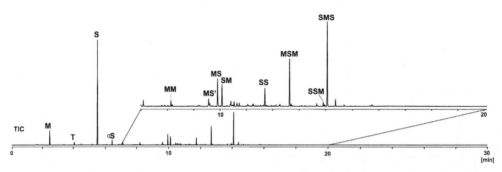

峰标记	主要峰的归属	分子量	保留指数	相对强度
M	丙烯酸甲酯	86	615	15.9
T	甲苯	92	766	3.0
S	苯乙烯	104	892	100.0
αS	α-甲基苯乙烯	118	983	4.2
MM	C=C(COOC)-C-C-COOC (M二聚体)	172	1189	1.7
MS'	C(COOC)-C-C-Ph	178	1385	3.1
MS	C=C(COOC)-C-C-Ph （混杂二聚体）	190	1438	8.9
SM	C=C(Ph)-C-C-COOC	190	1465	7.2
SS	C=C(Ph)-C-C-Ph (S二聚体)	208	1737	5.6
MSM	C=C(COOC)-C-C(Ph)-C-C-COOC	276	1913	14.4
SSM	C=C(Ph)-C-C(Ph)-C-C-COOC + C=C(COOC)-C-C(Ph)-C-C-Ph （混杂三聚体）	294	2191	0.7
SMS	C=C(Ph)-C-C(COOC)-C-C-Ph	294	2212	27.8

注：键合氢省略；Ph代表C₆H₅(苯基)。

[相关文献]

1) Tsuge, S.; Kobayashi, T.; Sugimura, Y.; Nagaya, T.; Takeuchi, T. *Macromolecules* 1979, **12**, 988.

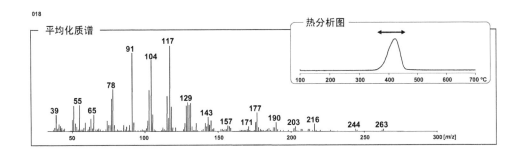

018

平均化质谱 ── 热分析图

M：丙烯酸甲酯

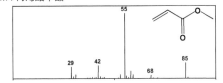

T：甲苯

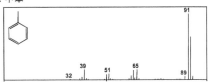

S：苯乙烯

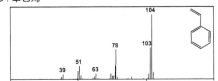

αS：α-甲基苯乙烯

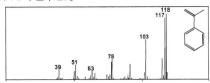

MS'：4-苯基丁酸甲酯

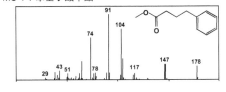

MS：2-亚甲基-4-苯基丁酸甲酯

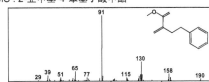

SM：4-苯基-4-戊烯酸甲酯

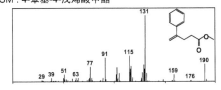

SS：1,3-二苯基-3-丁烯(苯乙烯二聚体)

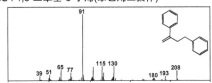

MSM：2-亚甲基-4-苯基庚二酸二甲酯

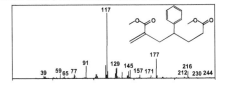

SMS：2-苯乙基-4-苯基-4-戊烯酸甲酯

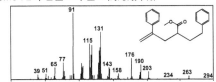

019   苯乙烯 - 甲基丙烯酸甲酯共聚物；P（S-MMA）

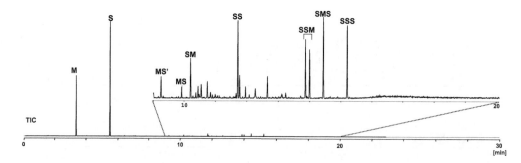

$$\left[CH_2CH(C_6H_5) -\!/\!- CH_2C(CH_3)(COOCH_3) \right]_n$$

峰标记	主要峰的归属		分子量	保留指数	相对强度
M	甲基丙烯酸甲酯		100	709	50.1
S	苯乙烯		104	892	100.0
MS'	C(COOC)=C-C-Ph		176	1338	0.5
MS	C=C(COOC)-C-C-Ph	（混杂二聚体）	190	1438	0.3
SM	C=C(Ph)-C-C(COOC)-C		204	1483	0.9
SS	C=C(Ph)-C-C-Ph (S二聚体)		208	1737	1.9
SSM	C=C(Ph)-C-C(Ph)-C-C(COOC)-C ⎤ 非对映异构体		308	2166	1.3
	C=C(Ph)-C-C(Ph)-C-C(COOC)-C ⎦		308	2195	1.1
SMS	C=C(Ph)-C-C(C)(COOC)-C-C-Ph		308	2294	1.9
SSS	C=C(Ph)-C-C(Ph)-C-C-Ph (S三聚体)		312	2482	1.8

注：键合氢省略；Ph代表C₆H₅(苯基)。

[相关文献]

1) Shimono, T.; Tanaka, M.; Shono, T. *J. Anal. Appl. Pyrolysis* 1979, **1**, 77.

2) Tsuge, S.; Kobayashi, T.; Nagaya, T.; Takeuchi, T *J. Anal. Appl. Pyrolysis* 1979, **1**, 133.

3) Tsuge, S.; Kobayashi, T.; Sugimura, Y.; Nagaya, T.; Takeuchi, T. *Macromolecules* 1979, **12**, 988.

4) Shadrina, N. E.; Dmitrenko, A. V.; Pavlova, V. F.; Ivanchev, S. S. *J. Chromatogr.* 1987, **404**, 183.

5) Dean, L.; Groves, S. ; Hancox, R. ; Lamb, G. ; Lehrle, R. S. *Polym. Degrad. Stab.* 1989, **25**, 143.

6) Atkinson, D. J.; Lehrle, R. S. *J. Anal. Appl. Pyrolysis* 1991, **19**, 319.

7) Wang, F. C.-Y. ; Smith, P. B. *Anal. Chem.* 1996, **68**, 3033.

8) Ohtani, H.; Suzuki, A.; Tsuge, S. *J. Polym. Sci., A, Polym. Chem.* 2000, **38**, 1880.

9) Wang, F. C.-Y. *J. Anal. Appl. Pyrolysis* 2004, **71**, 83.

019

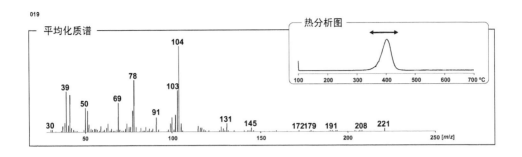

平均化质谱

热分析图

M：甲基丙烯酸甲酯

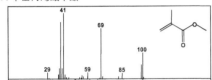

S：苯乙烯

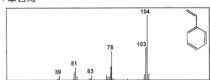

MS'：4-苯基-2-丁烯酸甲酯

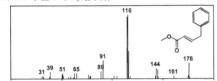

MS：2-亚甲基-4-苯基丁酸甲酯

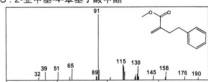

SM：2-甲基-4-苯基-4-戊烯酸甲酯

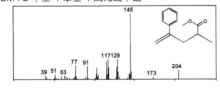

SS：1,3-二苯基-3-丁烯(苯乙烯二聚体)

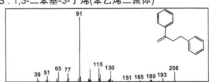

SSM：2-甲基-4,6-二苯基-6-庚烯酸甲酯

SMS：2-甲基-2-苯乙基-4-苯基-4-戊烯酸甲酯

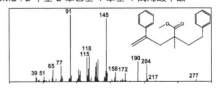

SSS：1,3,5-三苯基-5-己烯(苯乙烯三聚体)

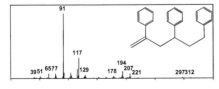

020　苯乙烯 - 甲基丙烯酸甲酯交替共聚物

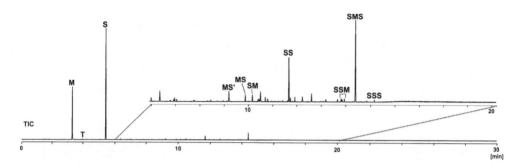

峰标记	主要峰的归属		分子量	保留指数	相对强度
M	甲基丙烯酸甲酯		100	711	47.3
T	甲苯		92	766	0.4
S	苯乙烯		104	892	100.0
MS'	C(COOC)=C-C-Ph		176	1338	0.6
MS	C=C(COOC)-C-C-Ph	(混杂二聚体)	190	1437	0.4
SM	C=C(Ph)-C-C(COOC)-C		204	1482	0.4
SS	C=C(Ph)-C-C-Ph (S二聚体)		208	1736	2.6
SSM	C=C(Ph)-C-C(Ph)-C-C(COOC)-C 非对映异构体		308	2166	0.2
	C=C(Ph)-C-C(Ph)-C-C(COOC)-C		308	2194	0.2
SMS	C=C(Ph)-C-C(C)(COOC)-C-C-Ph		308	2294	4.7
SSS	C=C(Ph)-C-C(Ph)-C-C-Ph (S三聚体)		312	2480	0.1

注：键合氢省略；Ph代表C$_6$H$_5$(苯基)。

[相关文献]

1) Tsuge, S.; Kobayashi, T.; Sugimura, Y.; Nagaya, T.; Takeuchi, T. *Macromolecules* 1979, **12**, 988.

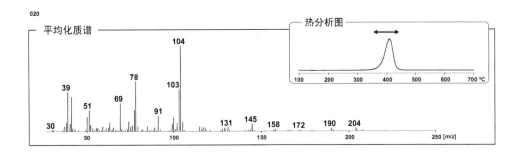

020

M：甲基丙烯酸甲酯

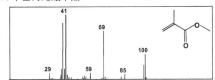

MS'：4-苯基-2-丁烯酸甲酯

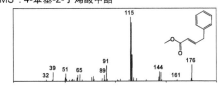

SM：2-甲基-4-苯基-4-戊烯酸甲酯

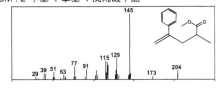

SSM：2-甲基-4,6-二苯基-6-庚烯酸甲酯

SSS：1,3,5-三苯基-5-己烯(苯乙烯三聚体)

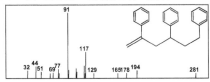

S：苯乙烯

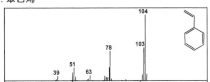

MS：2-亚甲基-4-苯基丁酸甲酯

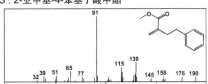

SS：1,3-二苯基-3-丁烯(苯乙烯二聚体)

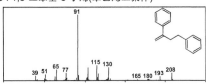

SMS：2-苯乙基-4-苯基-4-戊烯酸甲酯

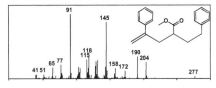

021   甲基丙烯酸甲酯 - 丁二烯 - 苯乙烯共聚物；MBS

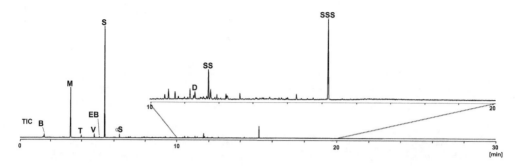

峰标记	主要峰的归属	分子量	保留指数	相对强度
B	1,3-丁二烯	54	395	5.0
M	甲基丙烯酸甲酯	100	710	59.1
T	甲苯	92	766	2.7
V	4-乙烯基环己烯	108	835	3.4
EB	乙基苯	106	866	0.9
S	苯乙烯	104	892	100.0
αS	α-甲基苯乙烯	118	983	2.5
D	C(Ph)-C-C-Ph	196	1668	0.9
SS	C=C(Ph)-C-C-Ph (S二聚体)	208	1736	3.2
SSS	C=C(Ph)-C-C(Ph)-C-C-Ph (S三聚体)	312	2482	9.3

注：键合氢省略；Ph代表C₆H₅(苯基)。

021

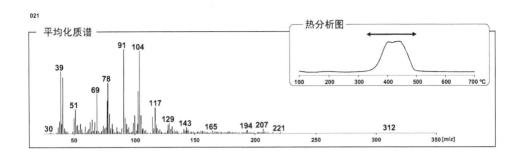

平均化质谱　　　　　　　　　　　　　　热分析图

B：1,3-丁二烯

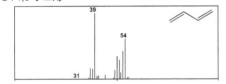

M：甲基丙烯酸甲酯

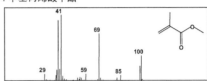

T：甲苯

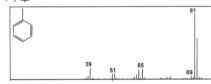

V：4-乙烯基环己烯

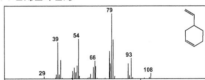

EB：乙基苯

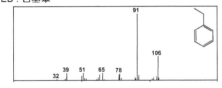

S：苯乙烯

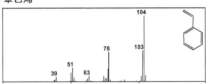

αS：α-甲基苯乙烯

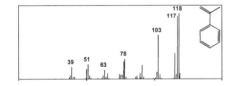

D：1,3-二苯基丙烷

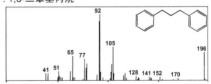

SS：1,3-二苯基-3-丁烯(苯乙烯二聚体)

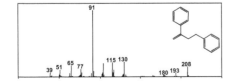

SSS：1,3,5-三苯基-5-己烯(苯乙烯三聚体)

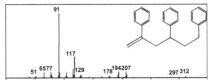

022　丙烯腈 - 苯乙烯共聚物；AS

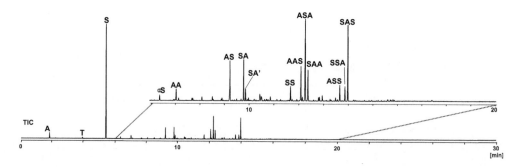

$$\left[CH_2CH(CN) -/- CH_2CH(C_6H_5) \right]_n$$

峰标记	主要峰的归属	分子量	保留指数	相对强度
A	丙烯腈	53	565	5.6
T	甲苯	92	766	1.0
S	苯乙烯	104	892	100.0
αS	α-甲基苯乙烯	118	983	1.2
AA	C=C(CN)-C-C-CN　(A二聚体)	106	1059	2.7
AS	C=C(CN)-C-C-Ph	157	1342	9.3
SA	C=C(Ph)-C-C-CN　(混杂二聚体)	157	1424	8.4
SA'	C-C(Ph)-C-C-CN	159	1435	2.5
SS	C=C(Ph)-C-C-Ph (S二聚体)	208	1737	2.9
AAS	C=C(CN)-C-C(CN)-C-C-Ph	210	1812	7.2
ASA	C=C(CN)-C-C(Ph)-C-C-CN	210	1846	19.1
SAA	C=C(Ph)-C-C(CN)-C-C-CN　(混杂三聚体)	210	1866	7.4
ASS	C=C(CN)-C-C(Ph)-C-C-Ph	261	2129	3.1
SSA	C=C(Ph)-C-C(Ph)-C-C-CN	261	2175	2.9
SAS	C=C(Ph)-C-C(CN)-C-C-Ph	261	2200	15.1

注：键合氢省略；Ph代表C₆H₅(苯基)。

[相关文献]

1) Vukovic, R. ; Gnjatovic, V. *J. Polym. Sci. A-1* 1970, **8**, 139.

2) Tsuge, S.; Kobayashi, T.; Sugimura, Y.; Nagaya, T.; Takeuchi, T. *Macromolecules* 1979, **12**, 988.

3) Blazso, M.; Varhegyi, G.; Jakab, E. *J. Anal. Appl. Pyrolysis* 1980, **2**, 177.

4) Blazso, M.; Ujszaszi, K.; Jakab, E. *Chromatographia* 1980, **13**, 151.

5) Nagaya, T.; Sugimura, Y.; Tsuge, S. *Macromolecules* 1980, **13**, 353.

6) Shadrina, N. E.; Dmitrenko, A. V.; Pavlova, V. F.; Ivanchev, S. S. *J. Chromatogr.* 1987, **404**, 183.

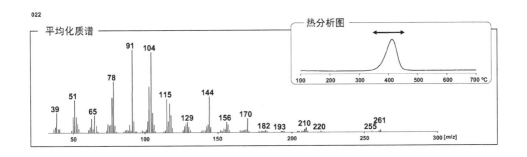

022

A：丙烯腈

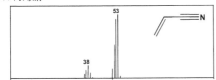

S：苯乙烯

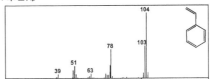

AS：2-亚甲基-4-苯基丁腈

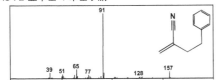

SA：4-苯基-4-戊烯腈

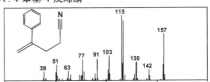

AAS：2-亚甲基-4-苯乙基戊二腈

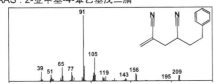

ASA：2-亚甲基-4-苯基庚二腈

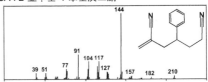

SAA：2-(2-苯基烯丙基)戊二腈

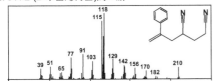

ASS：2-亚甲基-4,6-二苯基己腈

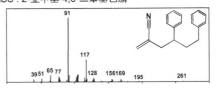

SSA：4,6-二苯基-6-庚烯腈

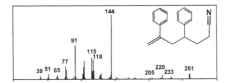

SAS：2-苯乙基-4-苯基-4-戊烯腈

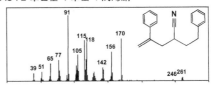

023 丙烯腈 - 苯乙烯交替共聚物

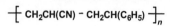

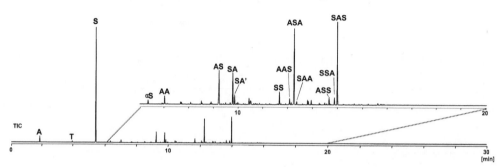

峰标记	主要峰的归属		分子量	保留指数	相对强度
A	丙烯腈		53	566	5.5
T	甲苯		92	765	1.1
S	苯乙烯		104	892	100.0
αS	α-甲基苯乙烯		118	983	0.9
AA	C=C(CN)-C-C-CN (A二聚体)		106	1058	2.0
AS	C=C(CN)-C-C-Ph		157	1341	8.8
SA	C=C(Ph)-C-C-CN	(混杂二聚体)	157	1422	7.4
SA'	C-C(Ph)-C-C-CN		159	1434	2.0
SS	C=C(Ph)-C-C-Ph (S二聚体)		208	1734	2.8
AAS	C=C(CN)-C-C(CN)-C-C-Ph		210	1809	1.2
ASA	C=C(CN)-C-C(Ph)-C-C-CN		210	1844	19.2
SAA	C=C(Ph)-C-C(CN)-C-C-CN	(混杂三聚体)	210	1863	0.9
ASS	C=C(CN)-C-C(Ph)-C-C-Ph		261	2126	1.7
SSA	C=C(Ph)-C-C(Ph)-C-C-CN		261	2172	1.6
SAS	C=C(Ph)-C-C(CN)-C-C-Ph		261	2199	18.2

注：键合氢省略；Ph代表C_6H_5(苯基)。

[相关文献]

1) Tsuge, S.; Kobayashi, T.; Sugimura, Y.; Nagaya, T.; Takeuchi, T. *Macromolecules* 1979, **12**, 988.

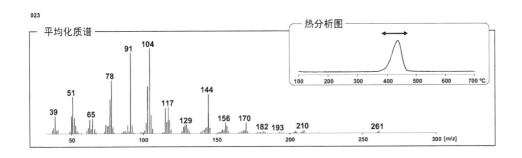

A：丙烯腈

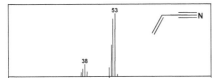

S：苯乙烯

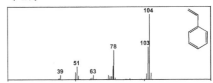

AA：2-亚甲基-戊二腈(A二聚体)

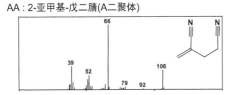

AS：2-亚甲基-4-苯基丁腈

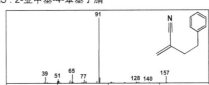

SA：4-苯基-4-戊烯腈

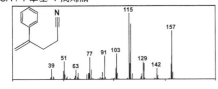

SS：1,3-二苯基-3-丁烯(苯乙烯二聚体)

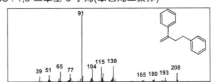

ASA：2-亚甲基-4-苯基庚二腈

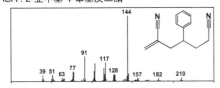

ASS：2-亚甲基-4,6-二苯基己腈

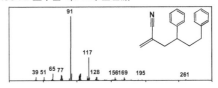

SSA：4,6-二苯基-6-庚烯腈

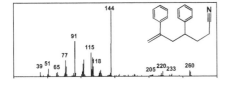

SAS：2-苯乙基-4-苯基-4-戊烯腈

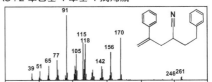

024　丙烯腈 - 丁二烯 - 苯乙烯共聚物；ABS

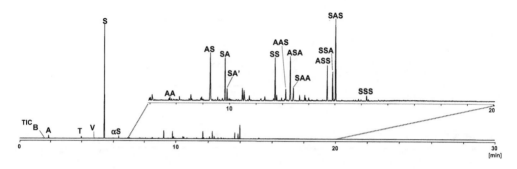

峰标记	主要峰的归属		分子量	保留指数	相对强度
B	1,3-丁二烯		54	395	0.7
A	丙烯腈		53	560	3.4
T	甲苯		92	766	1.9
V	4-乙烯基环己烯		108	835	0.4
S	苯乙烯		104	892	100.0
αS	α-甲基苯乙烯		118	983	1.8
AA	C=C(CN)-C-C-CN (A二聚体)		106	1058	1.0
AS	C=C(CN)-C-C-Ph		157	1342	7.6
SA	C=C(Ph)-C-C-CN	(混杂二聚体)	157	1424.	5.7
SA'	C-C(Ph)-C-C-CN		159	1435	1.5
SS	C=C(Ph)-C-C-Ph (S二聚体)		208	1736	5.1
AAS	C=C(CN)-C-C(CN)-C-C-Ph		210	1811	1.5
ASA	C=C(CN)-C-C(Ph)-C-C-CN		210	1843	6.2
SAA	C=C(Ph)-C-C(CN)-C-C-CN	(混杂二聚体)	210	1865	1.7
ASS	C=C(CN)-C-C(Ph)-C-C-Ph		261	2129	4.3
SSA	C=C(Ph)-C-C(Ph)-C-C-CN		261	2175	3.6
SAS	C=C(Ph)-C-C(CN)-C-C-Ph		261	2200	10.1
SSS	C=C(Ph)-C-C(Ph)-C-C-Ph (S三聚体)		312	2479	0.7

注：键合氢省略；Ph代表C_6H_5(苯基)。

024

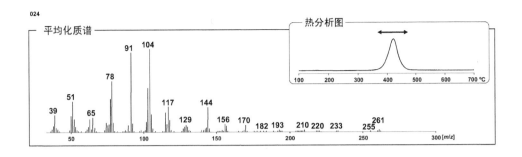

平均化质谱

热分析图

A：丙烯腈

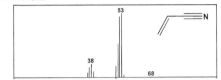

S：苯乙烯

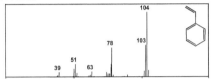

AS：2-亚甲基-4-苯基丁腈

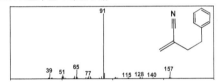

SA：4-苯基-4-戊烯腈

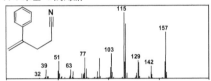

SA'：4-苯基戊烯腈

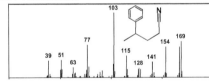

SS：1,3-二苯基-3-丁烯(苯乙烯二聚体)

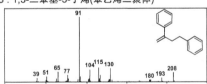

ASA：2-亚甲基-4-苯基庚二腈

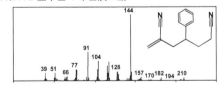

ASS：2-亚甲基-4,6-二苯基己腈

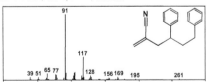

SSA：4,6-二苯基-6-庚烯腈

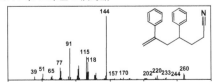

SAS：2-苯乙基-4-苯基-4-戊烯腈

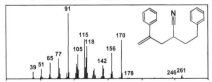

025　丙烯腈 - 丙烯酸酯 - 苯乙烯共聚物；AAS

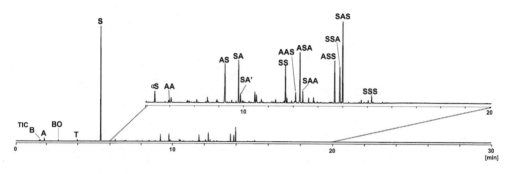

峰标记	主要峰的归属	分子量	保留指数	相对强度
B	1,3-丁二烯	56	383	1.6
A	丙烯腈	53	568	3.3
BO	1-丁醇	74	657	1.1
T	甲苯	92	765	1.6
S	苯乙烯	104	892	100.0
αS	α-甲基苯乙烯	118	982	1.6
AA	C=C(CN)-C-C-CN (A二聚体)	106	1057	0.9
AS	C=C(CN)-C-C-Ph	157	1341	6.4
SA	C=C(Ph)-C-C-CN　(混杂二聚体)	157	1422	5.4
SA'	C-C(Ph)-C-C-CN	159	1434	1.1
SS	C=C(Ph)-C-C-Ph (S二聚体)	208	1734	5.1
AAS	C=C(CN)-C-C(CN)-C-C-Ph	210	1809	1.5
ASA	C=C(CN)-C-C(Ph)-C-C-CN	210	1842	7.0
SAA	C=C(Ph)-C-C(CN)-C-C-CN　(混杂二聚体)	210	1864	1.7
ASS	C=C(CN)-C-C(Ph)-C-C-Ph	261	2128	6.0
SSA	C=C(Ph)-C-C(Ph)-C-C-CN	261	2172	5.1
SAS	C=C(Ph)-C-C(CN)-C-C-Ph	261	2199	11.1
SSS	C=C(Ph)-C-C(Ph)-C-C-Ph (S三聚体)	312	2478	1.0

注：键合氢省略；Ph代表C_6H_5(苯基)。

025

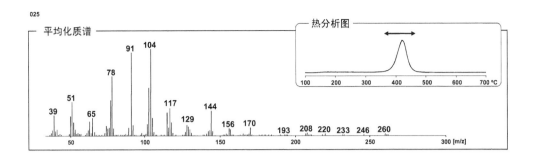

B：1,3-丁二烯

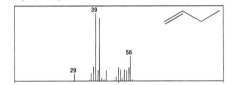

A：丙烯腈

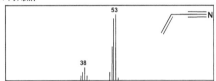

S：苯乙烯

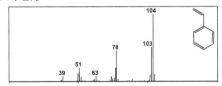

AS：2-亚甲基-4-苯基丁腈

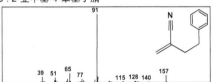

SA：4-苯基-4-戊烯腈

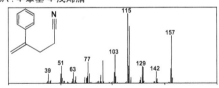

SS：1,3-二苯基-3-丁烯(苯乙烯二聚体)

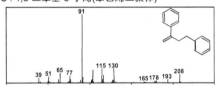

ASA：2-亚甲基-4-苯基庚二腈

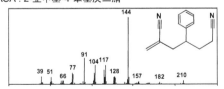

ASS：2-亚甲基-4,6-二苯基己腈

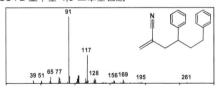

SSA：4,6-二苯基-6-庚烯腈

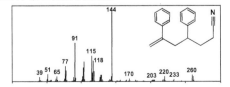

SAS：2-苯乙基-4-苯基-4-戊烯腈

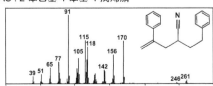

026　丙烯腈 - 乙丙橡胶 - 苯乙烯共聚物；AES

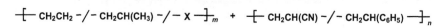

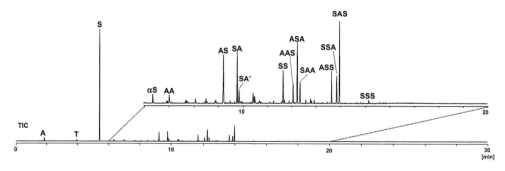

峰标记	主要峰的归属	分子量	保留指数	相对强度
A	丙烯腈	53	563	3.9
T	甲苯	92	766	1.9
S	苯乙烯	104	891	100.0
αS	α-甲基苯乙烯	118	982	1.4
AA	C=C(CN)-C-C-CN (A二聚体)	106	1057	1.7
AS	C=C(CN)-C-C-Ph	157	1341	8.8
SA	C=C(Ph)-C-C-CN （混杂二聚体）	157	1422	7.5
SA'	C-C(Ph)-C-C-CN	159	1434	1.8
SS	C=C(Ph)-C-C-Ph(S二聚体)	208	1734	4.8
AAS	C=C(CN)-C-C(CN)-C-C-Ph	210	1809	2.9
ASA	C=C(CN)-C-C(Ph)-C-C-CN	210	1842	9.3
SAA	C=C(Ph)-C-C(CN)-C-C-CN （混杂二聚体）	210	1864	3.4
ASS	C=C(CN)-C-C(Ph)-C-C-Ph	261	2126	4.6
SSA	C=C(Ph)-C-C(Ph)-C-C-CN	261	2172	4.1
SAS	C=C(Ph)-C-C(CN)-C-C-Ph	261	2197	12.2
SSS	C=C(Ph)-C-C(Ph)-C-C-Ph (S三聚体)	312	2478	0.5

注：键合氢省略；Ph代表C$_6$H$_5$(苯基)。

026

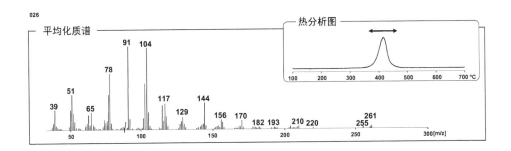

平均化质谱

热分析图

A：丙烯腈

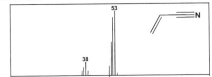

S：苯乙烯

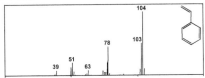

AS：2-亚甲基-4-苯基丁腈

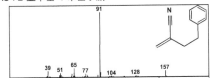

SA：4-苯基-4-戊烯腈

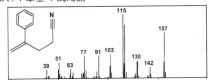

SS：1,3-二苯基-3-丁烯(苯乙烯二聚体)

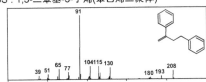

AAS：2-亚甲基-4-乙基苯戊二腈

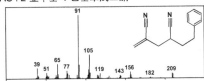

ASA：2-亚甲基-4-苯基庚二腈

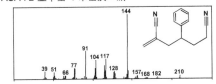

ASS：2-亚甲基-4,6-二苯基己腈

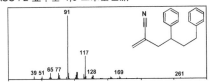

SSA：4,6-二苯基-6-庚烯腈

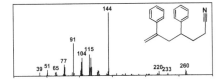

SAS：2-苯乙基-4-苯基-4-戊烯腈

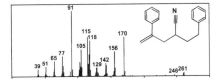

027　苯乙烯 - 马来酸酐共聚物；P（S-Mah）

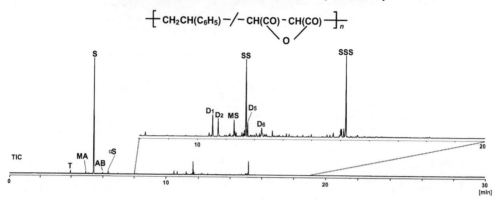

峰标记	主要峰的归属	分子量	保留指数	相对强度
T	甲苯	92	764	2.0
MA	马来酸酐	98	848	1.3
S	苯乙烯	104	892	100.0
AB	丙苯	118	947	0.7
αS	α-甲基苯乙烯	118	982	1.8
D$_1$	C(Ph)-C-Ph	182	1536	2.1
D$_2$	C-C(Ph)-C-Ph	196	1568	1.9
MS	(混杂二聚体)	202	1661	1.5
SS	C=C(Ph)-C-C-Ph (S二聚体)	208	1735	7.1
D$_5$	C=C(Ph)-C-C(Ph)-C	222	1746	1.2
D$_6$	C(Ph)=C-C-C-Ph	208	1837	1.6
SSS	C=C(Ph)-C-C(Ph)-C-C-Ph (S三聚体)	312	2181	8.1

注：键合氢省略；Ph代表C$_6$H$_5$(苯基)。

[相关文献]

1) Yamaguchi, S. ; Hirano, J. ; Isoda, Y. *J. Anal. Appl. Pyrolysis* 1989, **16**, 159.

2) Wang, F. C.-Y. *J. Chromatogr. A* 1997, **765**, 279.

3) Wang, F. C.-Y. *J. Anal. Appl. Pyrolysis* 2004, **71**, 83.

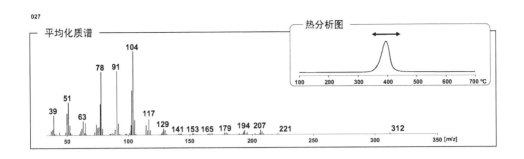

027

平均化质谱

热分析图

MA：马来酸酐

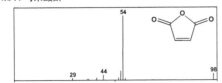

S：苯乙烯

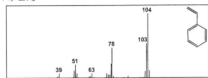

αS：α-甲基苯乙烯

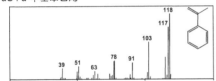

D₁：1,2-二苯基乙烷

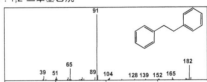

D₂：1,2-二苯基丙烷

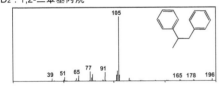

MS：(混杂二聚体)

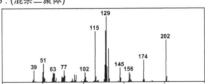

SS：1,3-二苯基-3-丁烯(苯乙烯二聚体)

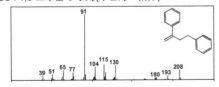

D₅：2,4-二苯基-1-戊烯

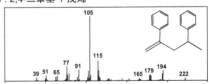

D₆：1,4-二苯基-1-丁烯

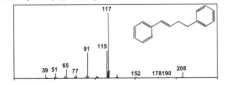

SSS：1,3,5-三苯基-5-己烯(苯乙烯三聚体)

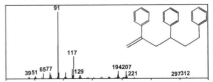

028　苯乙烯 - 二乙烯苯共聚物；P（S-DVB）

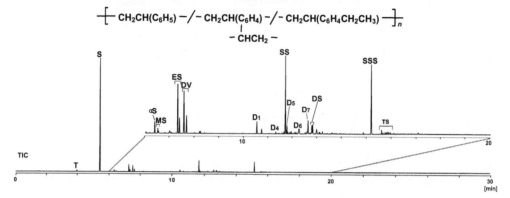

峰标记	主要峰的归属	分子量	保留指数	相对强度
T	甲苯	92	766	1.2
S	苯乙烯	104	892	100.0
αS	α-甲基苯乙烯	118	983	1.1
MS	间甲基苯乙烯	118	944	0.5
	间甲基苯乙烯	118	998	0.1
ES	间甲基苯乙烯	132	1087	4.8
	间甲基苯乙烯	132	1104	1.4
DV	间二乙烯苯	130	1116	4.1
	对二乙烯苯	130	1129	1.6
D₁	C(Ph)-C-Ph	182	1536	1.2
D₄	C(Ph)-C-C-Ph	196	1666	0.2
SS	C=C(Ph)-C-C-Ph (S二聚体)	208	1735	7.1
D₅	C=C(Ph)-C-C(Ph)-C	222	1747	0.7
D₆	C(Ph)=C-C-C-Ph	208	1836	0.5
D₇	C=C(Ph)-C-C-C(Ph)=C	234	1910	1.3
DS	(混杂二聚体)	248	1940	0.8
		234	1947	0.8
SSS	C=C(Ph)-C-C(Ph)-C-C-Ph (S三聚体)	312	2487	6.5
TS	C=C(Ph)-C-C(Ph)-C-C-Ph (混杂三聚体)	312	2582	0.4

注：键合氢省略；Ph代表C₆H₅(苯基)。

[相关文献]

1) Nakagawa, H.; Tsuge, S. *Macromolecules* 1985, **18**, 2068.

2) Nakagawa, H.; Matsushita, Y.; Tsuge, S. *Polymer* 1987, **28**, 1512.

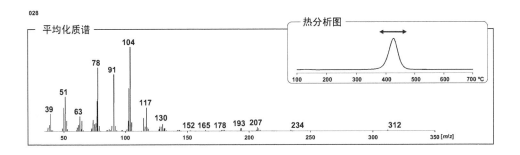

028

平均化质谱

热分析图

S：苯乙烯

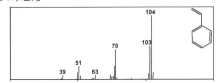

ES：间乙基苯乙烯

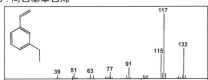

ES：对乙基苯乙烯

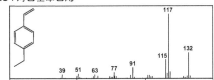

DV：间二乙烯苯

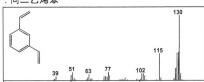

DV：对二乙烯苯

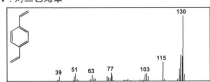

SS：1,3-二苯基-3-丁烯(苯乙烯二聚体)

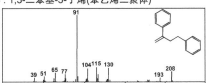

DS：(混杂二聚体)

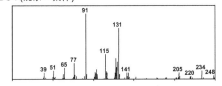

DS：(混杂二聚体)

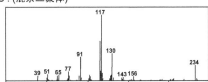

SSS：1,3,5-三苯基-5-己烯(苯乙烯三聚体)

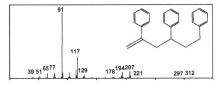

TS：(混杂三聚体)

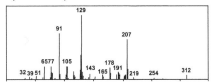

2.2.4 含苯乙烯衍生物的烯类聚合物

029 聚 α- 甲基苯乙烯；P-α-MS

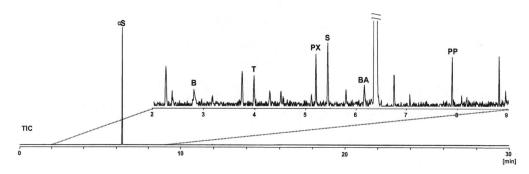

峰标记	主要峰的归属	分子量	保留指数	相对强度
B	苯	78	658	0.02
T	甲苯	92	764	0.02
PX	对二甲苯	106	869	0.03
S	苯乙烯	104	890	0.03
BA	苯甲醛	106	961	0.02
αS	α-甲基苯乙烯	118	985	100.0
PP	2-苯基丙烯醛	132	1158	0.03

[相关文献]

1) Okumoto, T.; Takeuchi, T. *Bull. Chem. Soc. Jpn* 1973, **46**, 1717.

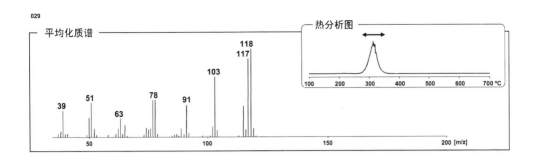

B：苯

T：甲苯

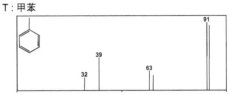

PX：对二甲苯

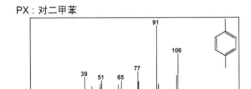

S：苯乙烯

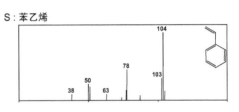

BA：苯甲醛

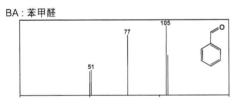

αS：α-甲基苯乙烯

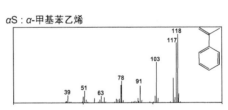

PP：2-苯基丙烯醛

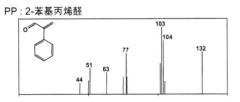

030   聚二乙烯苯；PDVB

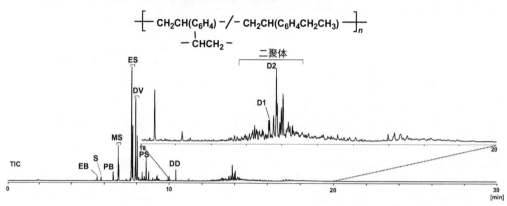

峰标记	主要峰的归属	分子量	保留指数	相对强度
EB	乙基苯	106	866	3.3
S	苯乙烯	104	896	2.8
PB	异丙苯	120	969	7.6
MS	间甲基苯乙烯	118	999	21.6
	对甲基苯乙烯	118	1006	9.5
ES	间乙基苯乙烯	132	1097	100.0
	对乙基苯乙烯	132	1104	36.6
DV	间二乙烯苯	130	1120	61.2
	对二乙烯苯	130	1140	27.4
PS	间异丙烯基苯乙烯	144	1210	12.7
DD	1-十二醇	186	1478	5.8
D1	二聚体(DVB)	264	2083	1.9
D2	二聚体(DVB)	262	2124	9.0

[相关文献]

1) Nakagawa, H.; Tsuge, S. *Macromolecules* 1985, **18**, 2068.

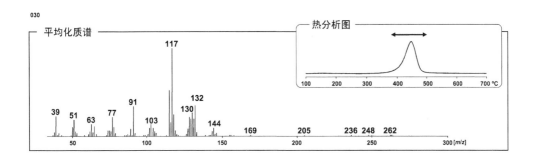

030

EB：乙基苯
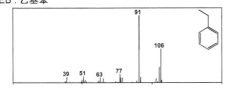

S：苯乙烯
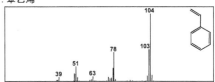

PB：异丙苯
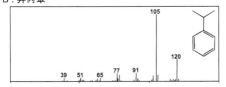

MS：间甲基苯乙烯
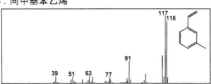

ES：间乙基苯乙烯
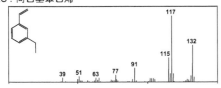

DV：间二乙烯苯
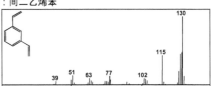

PS：间异丙烯基苯乙烯
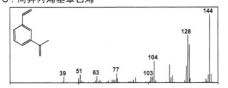

DD：1-十二醇
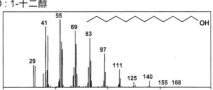

D₁：二聚体(DVB)
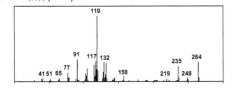

D₂：二聚体(DVB)
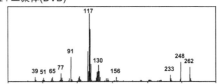

031 聚对氯代苯乙烯

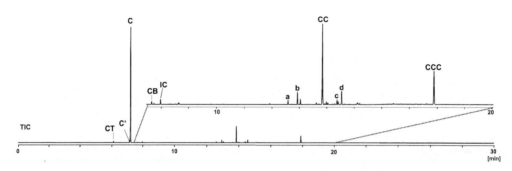

$$-\!\!\!\left[CH_2CH(C_6H_4Cl)\right]_n\!\!\!-$$

峰标记	主要峰的归属	分子量	保留指数	相对强度
CT	对氯代甲苯	126	958	0.8
C'	氯代苯乙烯(间和邻位)	138	1071	1.7
C	对氯代苯乙烯	138	1080	100.0
CB	对氯代苯甲醛	140	1130	0.3
IC	4-氯代异丙烯基苯	152	1170	0.5
a	C(Ph)=C-C-PhCl ?	228 ?	1906	0.4
b	C(PhCl)-C-PhCl	250	1975	1.3
CC	C=C(PhCl)-C-C-PhCl (二聚体)	276	2168	9.4
c	C(PhCl)=C-C-C-PhCl	276	2288	0.6
d	C=C(PhCl)-C-C-C(PhCl)=C	302	2328	1.4
CCC	C=C(PhCl)-C-C(PhCl)-C-C-PhCl (三聚体)	414	3150	5.6

注：键合氢省略；PhCl代表C_6H_4Cl(4-氯代苯基)；Ph代表C_6H_5(苯基)。

[相关文献]

1) Okumoto, T.; Takeuchi, T.; Tsuge, S. *Macromolecules* 1973, **6**. 922.

2) Okumoto, T.; Tsuge, S.; Yamamoto, Y.; Takeuchi, T. *Macromolecules* 1974, **7**, 376.

3) Bertini, F.; Audisio, G.; Kiji, J. *J. Anal. Appl. Pyrolysis* 1994, **28**, 205.

4) Zuev, V. V.; Bertini, F ; Audisio, G. *Polym. Degrad. Stab.* 2001, **71**, 213.

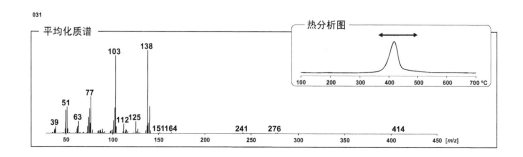

031

平均化质谱　　　　　　　　　　　　　　　　　热分析图

CT：对氯代甲苯

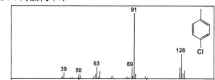

C'：间氯代苯乙烯和邻氯代苯乙烯

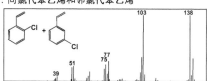

C：对氯代苯乙烯

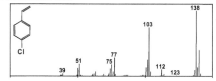

CB：对氯代苯甲醛

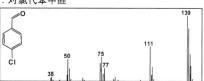

a：1-氯-4-肉桂基苯

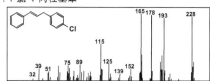

b：1,2-二对氯代苯基乙烷

CC：1,3-二对氯代苯基-3-丁烯

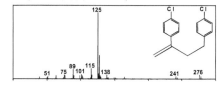

c：1,4-二对氯代苯基-1-丁烯

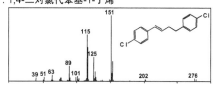

d：2,5-对二氯代苯基-1,5-己二烯

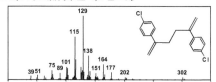

CCC：1,3,5-三对氯代苯基-5-己烯

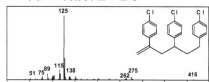

032　聚对甲基苯乙烯；PMS

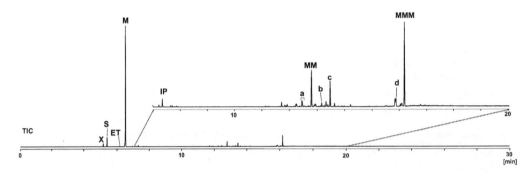

$$-[CH_2CH(C_6H_4CH_3)]_n-$$

峰标记	主要峰的归属	分子量	保留指数	相对强度
X	对二甲苯	106	870	2.1
S	苯乙烯	104	890	6.2
ET	对乙基甲苯	120	964	0.1
M	对甲基苯乙烯	118	1000	100.0
IP	对异丙烯基甲苯	132	1090	0.6
a	⌈ C(PhC)-C-C-PhC	224	1877	0.4
	⌊ C(PhC)=C-C-PhC	222	1882	0.4
MM	C=C(PhC)-C-C-PhC (二聚体)	236	1946	2.8
b	C(PhC)=C-C-C-PhC ?	236	2295	0.3
c	C=C(PhC)-C-C(PhC)=C	248	2084	2.1
d	C=C(Ph)-C-C(PhC)-C-C-PhC	340	2663	0.6
MMM	C=C(PhC)-C-C(PhC)-C-C-PhC (三聚体)	354	2745	6.8

注：键合氢省略；PhC代表$C_6H_4CH_3$(对甲苯基)；Ph代表C_6H_5(苯基)。

[相关文献]

1) Schroeder, U. K. O.; Ederer, H. J.; Ebert, K. H. *Makromol. Chem.* 1987, **188**, 561.

2) Nakagawa, H.; Tsuge, S.; Mohanraj, S.; Ford, W. T. *Macromolecules* 1988, **21**, 930.

3) Luda, M. P.; Guaita, M.; Chiantore, O. *Makromol. Chem., Macromol. Symp.* 1989, **25**, 101.

4) Zuev, V. V. ; Bertini, F. ; Audisio, G. *Polym. Degrad. Stab.* 2001, **71**, 213.

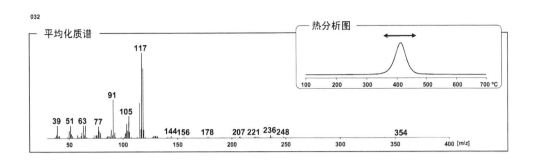

032

平均化质谱

热分析图

X：对二甲苯

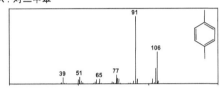

S：苯乙烯

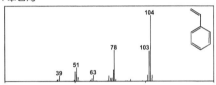

M：对甲基苯乙烯

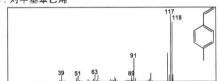

a：1,3-二对甲苯基丙烷

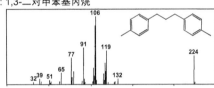

a：1,3-二对甲苯基丙烯

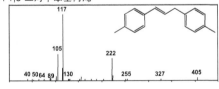

MM：1,3-二对甲苯基-3-丁烯(二聚体)

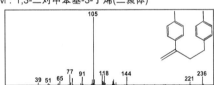

b：1,4-二对甲苯基-1-丁烯

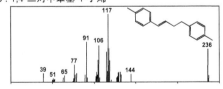

c：2,4-二对甲苯基-1,4-戊二烯

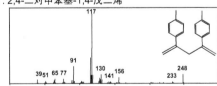

d：1,3-二对甲苯基-5-苯基-5-己烯

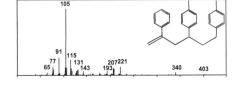

MMM：1,3,5-三对甲苯基-5-己烯(三聚体)

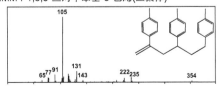

033　聚 2- 乙烯基吡啶

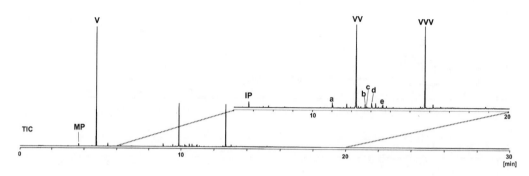

$$-\!\!\left[CH_2CH(C_5H_4N)\right]_{\!n}$$

峰标记	主要峰的归属	分子量	保留指数	相对强度
MP	2-甲基吡啶	93	811	1.9
V	2-乙烯基吡啶	105	933	100.0
IP	2-异丙烯基吡啶	119	1023	1.9
a	C(C₅N)-C-C-C₅N	198	1613	1.8
VV	C=C(C₅N)-C-C-C₅N (二聚体)	210	1832	29.1
b	C=C-C(C₅N)=C-C-C₅N	222	1921	1.2
c	C(C₅N)=C-C-C-C₅N	210	1935	0.6
d	C=C(C₅N)-C=C-C₅N	208	1988	2.4
e	C=C(C₅N)-C-C(C₅N)=C	222	2101	0.7
VVV	C(C₅N)=C-C(C₅N)-C-C-C₅N (三聚体)	301	2619	27.1

注：键合氢省略；C₅N代表2-吡啶基。

[相关文献]

1) Ohtani, H. ; Kotsuji, ; H. Momose, H. ; Matsushita, Y. ; Noda, I. ; Tsuge, S. *Macromolecules* 1999, **32**, 6541.

033

平均化质谱　　　　　　　　　　　　　　热分析图

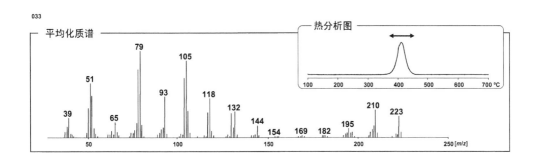

MP：2-甲基吡啶

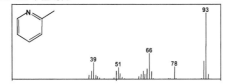

V：2-乙烯基吡啶

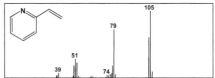

IP：2-异丙烯基吡啶

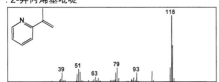

a：1,3-对吡啶基丙烷

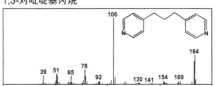

VV：1,3-二对吡啶基-3-丁烯(二聚体)

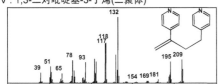

b：1,3-二对吡啶基-2,4-戊二烯

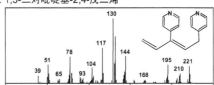

c：1,4-二对吡啶基丁烷

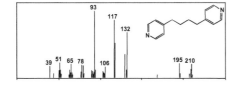

d：1,3-二对吡啶基-1,3-丁二烯

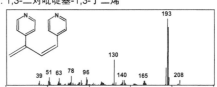

e：2,4-二对吡啶基-1,4-戊二烯

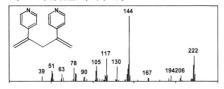

VVV：1,3,5-三对吡啶基-1-戊烯(三聚体)

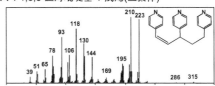

034   丙烯腈 - 对氯代苯乙烯共聚物

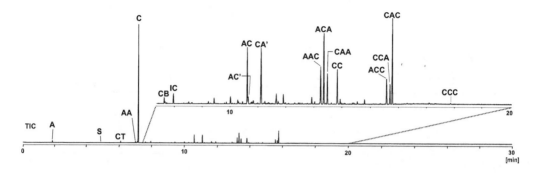

峰标记	主要峰的归属		分子量	保留指数	相对强度
A	丙烯腈		53	570	2.1
S	苯乙烯		104	889	0.1
CT	对氯甲苯		126	957	1.2
AA	C=C(CN)-C-C-CN (A二聚体)		106	1056	1.1
C	对氯代苯乙烯		138	1081	100.0
CB	对氯代苯甲醛		140	1128	0.7
IC	4-氯代异丙烯基苯		152	1168	1.0
AC	C=C(CN)-C-C-PhCl		191	1562	6.3
AC'	C(PhCl)-C-C-CN	(混杂二聚体)	179	1558	0.7
CA'	C=C(PhCl)-C-C-C		205	1644	7.5
AAC	C=C(CN)-C-C(CN)-C-C-PhCl		244	2051	4.1
ACA	C=C(CN)-C-C(PhCl)-C-C-CN	(混杂三聚体)	244	2075	8.2
CAA	C=C(PhCl)-C-C(CN)-C-C-CN		244	2101	3.3
CC	C=C(PhCl)-C-C-PhCl (C二聚体)		276	2179	4.2
ACC	C=C(CN)-C-C(PhCl)-C-C-PhCl		329	2597	2.9
CCA	C=C(PhCl)-C-C(PhCl)-C-C-CN	(混杂三聚体)	329	2629	2.4
CAC	C=C(PhCl)-C-C(CN)-C-C-PhCl		329	2657	9.7
CCC	C=C(PhCl)-C-C(PhCl)-C-C-PhCl (C三聚体)		414	3144	0.4

注：键合氢省略；PhCl代表C_6H_4Cl (4-氯代苯基)。

[相关文献]

1) Okumoto, T.; Tsuge, S.; Yamamoto, Y.; Takeuchi, T. *Macromolecules* 1974, **7**, 376.

034

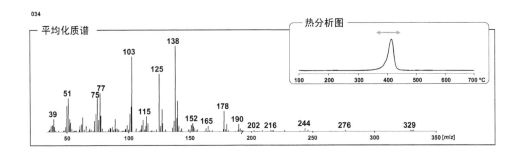

平均化质谱　　热分析图

A：丙烯腈

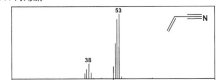

C：对氯代苯乙烯

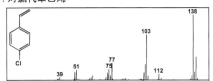

AC：4-对氯苯基-2-亚甲基丁腈

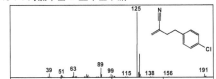

CA'：4-对氯苯-4-亚甲基-2-甲基-4-戊烯腈

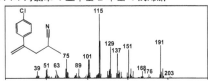

AAC：4-对氯代乙苯基-2-亚甲基戊二腈

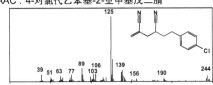

ACA：4-对氯苯-2-亚甲基庚二腈

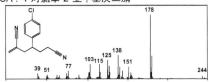

CAA：4-对氯代烯丙苯基戊二腈

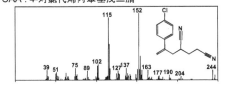

CC：1,3-二对氯苯-3-丁烯(C二聚体)

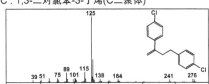

ACC：4,6-二对氯苯基-2-亚甲基己腈

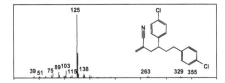

CAC：2-对氯乙基苯-4-对氯苯-1-戊烯

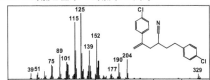

035　氯甲基苯乙烯 - 二乙烯苯共聚物

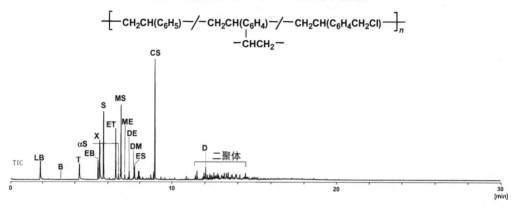

峰标记	主要峰的归属	分子量	保留指数	相对强度
LB	氯化氢等	36	–	43.6
B	苯	78	655	1.7
T	甲苯	92	767	42.9
EB	乙基苯	106	866	30.0
X	对二甲苯	106	875	81.6
S	苯乙烯	104	895	107.7
ET	对乙基甲苯	120	968	78.8
αS	α-甲基苯乙烯	118	989	7.7
MS	对甲基苯乙烯	118	1005	100.0
ME	对异丙基甲苯	134	1033	8.7
DE	对二乙基苯	134	1065	11.2
DM	α-对二甲苯乙烯	132	1098	8.5
ES	对乙基苯乙烯	132	1102	15.9
CS	对氯甲基苯乙烯	152	1265	161.8
D	未鉴定	210	1767	13.0

[相关文献]
1) Nakagawa, H.; Tsuge, S.; Mohanraj, S.; Ford, W. T. *Macromolecules* 1988, **21**, 930.
2) Boinon, B.; Ainad-Tabet, D.; Montheard, J. P. *J. Anal. Appl. Pyrolysis* 1988, **13**, 171.
3) Mao, S.; Tsuge, S.; Ohtani, H ; Uchijima, S.; Kiyokawa, A. *Polymer* 1998, **39**, 143.

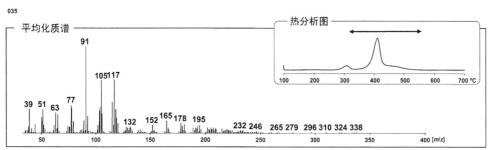

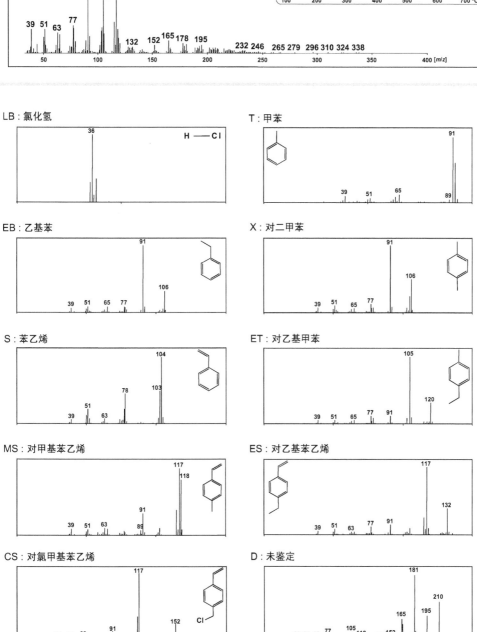

LB：氯化氢

T：甲苯

EB：乙基苯

X：对二甲苯

S：苯乙烯

ET：对乙基甲苯

MS：对甲基苯乙烯

ES：对乙基苯乙烯

CS：对氯甲基苯乙烯

D：未鉴定

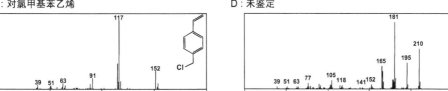

2.2.5   丙烯酸酯类聚合物

036   聚甲基丙烯酸甲酯；PMMA

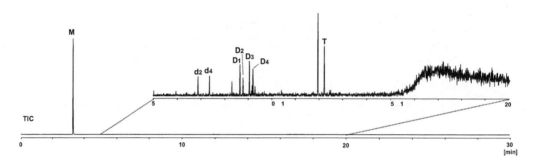

$$\text{——}\!\!\left[\text{CH}_2\text{C(CH}_3\text{)(COOCH}_3\text{)}\right]_n$$

峰标记	主要峰的归属	分子量	保留指数	相对强度
M	甲基丙烯酸甲酯	100	710	100.0
d₂	C=C(C)-C-C(C)(COOC)-C ?	156 ?	1035	<0.1
d₄	C=C(C)-C=C(COOC)-C ?	140 ?	1090	<0.1
D₁	C=C(COOC)-C-C(C)(COOC)-C ?	200 ?	1256	0.1
D₂	C-C(COOC)=C-C(COOC)-C ?	186 ?	1274	<0.1
D₃	C-C(COOC)=C-C(C)(COOC)-C	200 ?	1310	0.1
D₄	C₁₁H₁₈O₄ ?	214 ?	1332	<0.1
T	C-C(COOC)=C-C(C)(COOC)-C-C(C)(COOC)-C	300	1830	0.1

注：键合氢省略。

[相关文献]

1) Haken, J. K.; Mckay, T. R. *Anal. Chem.* 1973, **45**, 1251.

2) Ohtani, H.; Ishiguro, S.; Tanaka, M.; Tsuge, S. *Polym. J.*, 1989, **21**, 41.

3) Ohtani, H.; Tanaka, M.; Tsuge, S. *J. Anal. Appl. Pyrolysis*, 1989, **15**, 167.

4) Ohtani, H.; Tanaka, M.; Tsuge, S. *Bull. Chem, Soc. Jpn.* 1990, **63**, 1196.

5) Ohtani, H.; Luo, Y. F.; Nakashima, Y.; Tsukahara, Y.; Tsuge, S. *Anal. Chem.* 1994, **66**, 1438.

6) Ito, Y.; Tsuge, S.; Ohtani, H.; Wakabayashi, S.; Atarashi, J.; Kawamura, T. *Macromolecules* 1996, **29**, 4516

7) Nonobe, T.; Tsuge, S.; Ohtani, H.; Kitayama, T.; Hatada, K. *Macromolecules* 1997, **30**, 4891.

8) Ohtani, H.; Takehana, Y.; Tsuge, S. *Macromolecules* 1997, **30**, 2542.

036

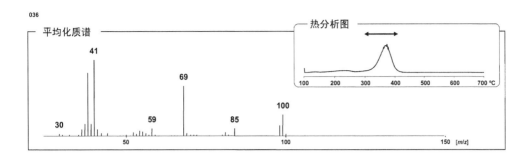

平均化质谱　　　热分析图

M：甲基丙烯酸甲酯

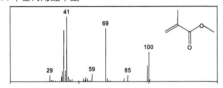

d₂：2,2,4-三甲基-4-戊烯酸甲酯

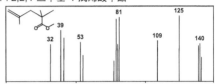

d₄：2,4-二甲基-2,4-戊二烯酸甲酯

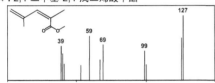

D₁：2,2-二甲基-4-亚甲基戊二酸二甲酯

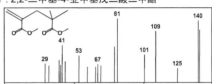

D₂：2-亚甲基-4-甲基-2-戊烯二酸二甲酯

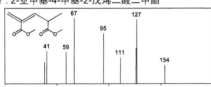

D₃：2,2,4-三甲基-2-戊烯二酸二甲酯

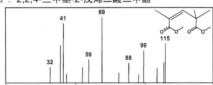

D₄：$C_{11}H_{18}O_4$

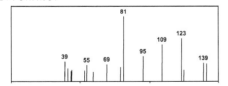

T：4,6-二甲基-2-庚烯三酸三甲酯

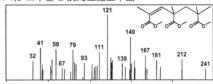

037 聚甲基丙烯酸正丁酯；PBMA

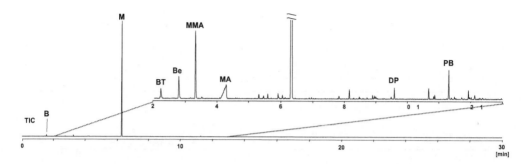

$$-[CH_2C(CH_3)(COOC_4H_9)]_n$$

峰标记	主要峰的归属	分子量	保留指数	相对强度
B	1-丁烯	56	386	1.8
BT	正丁醛	72	600	0.2
Be	苯	78	656	0.5
MMA	甲基丙烯酸甲酯	100	709	1.3
MA	甲基丙烯酸	86	788	1.1
M	甲基丙烯酸正丁酯	142	979	100.0
DP	联苯	154	1390	0.1
PB	苯甲酸苯酯	198	1668	0.4

[相关文献]

1) Haken, J. K.; Mckay, T. R. *Anal. Chem.* 1973, 45, 1251.

2) Mao, S.; Ohtani, H.; Tsuge, S. *J. Anal. Appl. Pyrolysis*, 1995, 33, 181.

3) Bertini, F.; Audisio, G.; Zuev. V. V. *Polym. Degrad. Stab.* 2005, 89, 233.

037

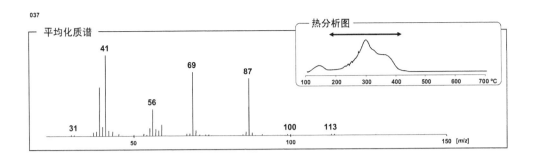

平均化质谱　热分析图

B：1-丁烯

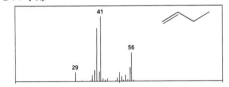

BT：正丁醛

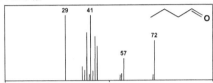

Be：苯

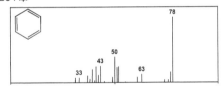

MMA：甲基丙烯酸甲酯

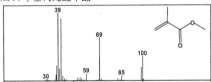

MA：甲基丙烯酸

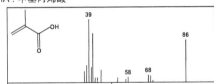

M：甲基丙烯酸正丁酯

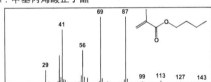

DP：联苯

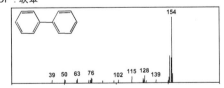

PB：苯甲酸苯酯

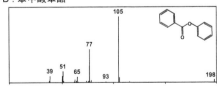

038 聚甲基丙烯酸 -2- 羟乙酯；PHEMA

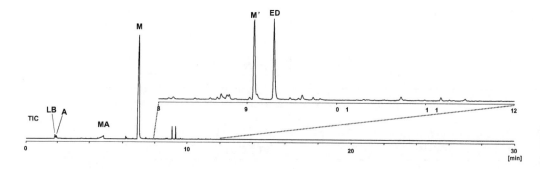

$$-[CH_2C(CH_3)(COOCH_2CH_2OH)]_n$$

峰标记	主要峰的归属	分子量	保留指数	相对强度
LB	CO_2	44	150	2.2
A	乙醛	44	408	1.6
MA	甲基丙烯酸	86	798	5.3
M	甲基丙烯酸羟乙酯	130	1029	100.0
M'	$CH_2=CHCH(CH_3)COOCH_2CH_2OH$	144	1284	2.9
ED	$CH_2=C(CH_3)COOCH_2CH_2OCOC(CH_3)=CH_2$	198	1315	2.6

[相关文献]

1) Razga, J. R.; Petranek, J. *Eur. Polym. J.* 1975, **11**, 805.
2) Choudhary, M. S.; Lederer, K. *Eur. Polym. J.* 1982, **18**, 1021.
3) Braun, D.; Steffan, R. *Polym. Bull.* 1983, **3**, 111.
4) Cascaval, C. N.; Poinescu, Ig. *Polym. Degrad. Stab.* 1995, **48**, 55.

038

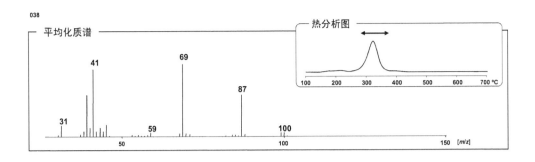

LB：二氧化碳

A：乙醛

MA：甲基丙烯酸

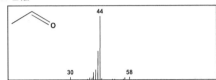

M：甲基丙烯酸羟乙酯

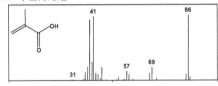

M'：2-甲基-3-丁烯酯-2-羟乙酯

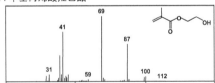

ED：1,2-二甲基丙烯酸乙酯

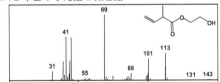

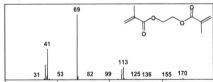

039 聚丙烯酸甲酯；PMA

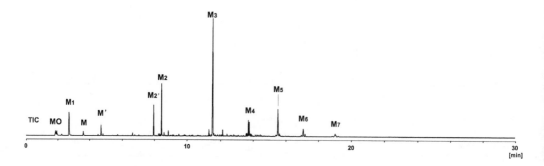

—[CH₂CH(COOCH₃)]—ₙ

峰标记	主要峰的归属	分子量	保留指数	相对强度
MO	甲醇	32	310	5.5
M₁	丙烯酸甲酯	86	607	24.0
M	甲基丙烯酸甲酯	100	711	3.5
M′	C=C-C(COOC)-C	114	804	6.8
M2′	C(COOC)-C-C-COOC	160	1138	15.4
M2	C=C(COOC)-C-C-COOC (二聚体)	172	1198	28.4
M3	C=C(COOC)-C-C(COOC)-C-C-COOC (三聚体)	258	1675	100.0
M4	C=C(COOC)⁅C-C(COOC)⁆₂C-C-COOC (内消旋四聚体)	344	2101	8.0
	C=C(COOC)⁅C-C(COOC)⁆₂C-C-COOC (外消旋四聚体) (四聚体)	344	2111	7.8
M5	C=C(COOC)⁅C-C(COOC)⁆₃C-C-COOC (mm)	430	2521	6.3
	C=C(COOC)⁅C-C(COOC)⁆₃C-C-COOC (mr) 非对映异构 五聚体	430	2526	12.4
	C=C(COOC)⁅C-C(COOC)⁆₃C-C-COOC (rr)	430	2530	4.9
M6	C=C(COOC)⁅C-C(COOC)⁆₄C-C-COOC (六聚体)	516	2932	7.6
M7	C=C(COOC)⁅C-C(COOC)⁆₅C-C-COOC (七聚体)	602	3328	4.0

注：键合氢省略。

[相关文献]

1) Yamamoto, Y.; Tsuge, S.; Takeuchi, T. *Macromolecules* 1972, **5**. 325.

2) Haken, J. K.; Mckay, T. R. *Anal. Chem.* 1973, **45**, 1251.

3) Tsuge, S.; Hiramitsu, S.; Horibe, T.; Yamaoka, M.; Takeuchi. T. *Macromolecules* 1975, **8**, 721.

4) Gunawan, L.; Haken, J. K. *J. Polym. Sci., Polym. Chem. Ed.* 1985, **23**, 2539.

5) Haken, J. K.; Tan, L. *J. Polym. Sci., Part A*, 1988, **26**, 1315.

6) Lehrle, R. S.; Place, E. J. *Polym. Degrad. Stab.* 1997, **56**, 215.

7) Bertini, F.; Audisio, G ; Zuev. V. V. *Polym. Degrad. Stab.* 2005, **89**, 233.

039

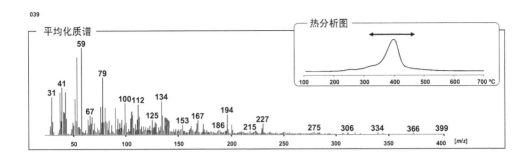

平均化质谱 ── 热分析图

MO：甲醇

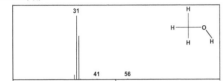

M₁：丙烯酸甲酯

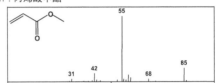

M：甲基丙烯酸甲酯

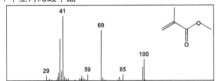

M'：2-甲基-3-丁烯酸甲酯

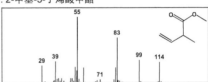

M₂'：戊二酸二甲酯

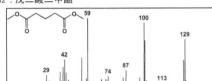

M₂：2-亚甲基戊二酸二甲酯

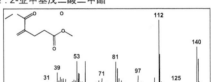

M₃：5-己烯-1,3,5-三羧酸三甲酯

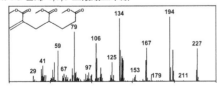

M₄：7-辛烯-1,3,5,7-四羧酸四甲酯

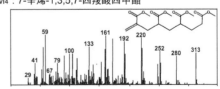

M₅：9-癸烯-1,3,5,7,9-五羧酸五甲酯
　　（非对映异构五聚体）

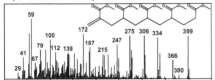

M₆：11-十一碳烯-1,3,4,7,9,11-六羧酸六甲酯(六聚体)

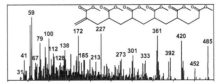

040　聚丙烯酸乙酯；PEA

$$-[CH_2CH(COOC_2H_5)]_n-$$

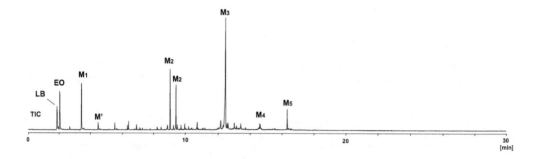

峰标记	主要峰的归属	分子量	保留指数	相对强度
LB	CO_2	44	150	19.5
EO	乙醇	46	462	28.6
M$_1$	丙烯酸乙酯	100	695	30.7
M'	甲基丙烯酸乙酯	114	786	28.6
M$_2$'	C(COOC2)-C-C-COOC2	188	1280	26.1
M$_2$	C=C(COOC2)-C-C-COOC2 (二聚体)	200	1333	21.8
M$_3$	C=C(COOC2)-C-C(COOC2)-C-C-COOC2 (三聚体)	300	1846	100.0
M$_4$	C=C(COOC2)[C-C(COOC2)]$_2$C-C-COOC2 (内消旋四聚体)	400	2301	2.2
	C=C(COOC2)[C-C(COOC2)]$_2$C-C-COOC2 (外消旋四聚体)	400	2309	1.8
M$_5$	C=C(COOC2)[C-C(COOC2)]$_3$C-C-COOC2 (五聚体)	500	2738	10.6

注：键合氢省略。

[相关文献]

1) Haken, J. K.; Mckay, T. R. *Anal. Chem.* 1973, **45**, 1251.
2) Haken, J. K.;Tan, L. *J. Polym. Sci, Part-A*, 1988, **26**, 1315.
3) Mao, S.; Ohtani, H.; Tsuge, S. *J. Anal. Appl. Pyrolysis.* 1995, **33**, 181.
4) McNeil, I. C.; Mohammed, M. H. *Polym. Degrad. Stab.* 1995, **48**, 175.
5) Bertini, F.; Audisio, G.; Zuev. V. V. *Polym. Degrad. Stab.* 2005, **89**, 233.

040

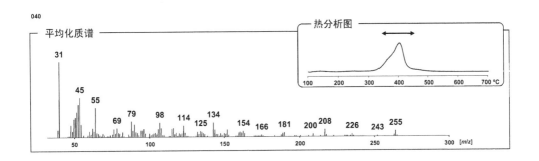

LB：CO₂

EO：乙醇

M₁：丙烯酸乙酯

M'：甲基丙烯酸乙酯

M₂'：戊二酸二甲酯

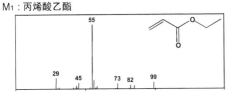

M₂：2-亚甲基戊二酸二甲酯(二聚体)

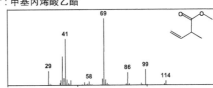

M₃：5-己烯-1,3,5-三羧酸三乙酯

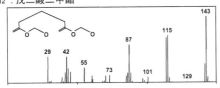

M₄：7-辛烯-1,3,5,7-四羧酸四乙酯(内消旋四聚体)

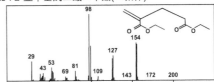

M₄：7-辛烯-1,3,5,7-四羧酸四乙酯(外消旋四聚体)

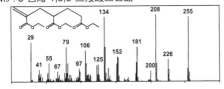

M₅：9-癸烯-1,3,5,7,9-五羧酸五乙酯

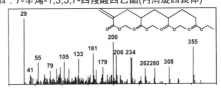
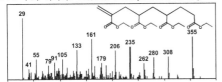
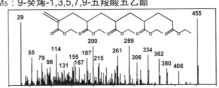

041 聚丙烯酸丁酯;PBA

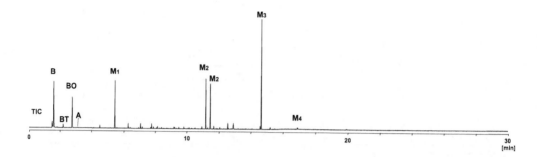

—[CH₂CH(COOC₄H₉)]ₙ—

峰标记	主要峰的归属	分子量	保留指数	相对强度
B	1-丁烯	56	392	64.6
BT	1-丁烯	72	605	5.3
BO	1-丁醇	74	657	43.8
A	丙烯酸	72	697	1.3
M₁	丙烯酸正丁酯	128	892	47.3
M₂′	C(COOC₄)-C-C-COOC₄	244	1648	44.7
M₂	C=C(COOC₄)-C-C-COOC₄ (二聚体)	256	1696	46.0
M₃	C=C(COOC₄)-C-C(COOC₄)-C-C-COOC₄ (三聚体)	384	2352	100.0
M₄	C=C(COOC₄)[C-C(COOC₄)]₂C-C-COOC₄ (内消旋四聚体)	512	2929	1.5
	C=C(COOC₄)[C-C(COOC₄)]₂C-C-COOC₄ (外消旋四聚体)	512	2938	1.1

注：键合氢省略。

[相关文献]

1) Haken, J. K.; Mckay, T. R. *Anal. Chem.* 1973, **45**, 1251.

2) Haken, J. K.;Tan, L. *J. Polym. Sci, Part A*, 1987, **25**, 1451.

3) Haken, J. K.;Tan, L. *J. Polym. Sci, Part A*, 1988, **26**, 1315.

4) Bertini, F.; Audisio, G.; Zuev. V. V. *Polym. Degrad. Stab.* 2005, **89**, 233.

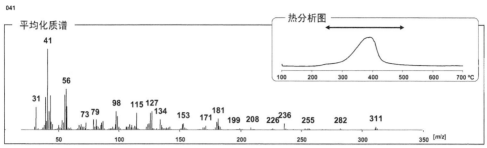

041

平均化质谱　　　　　　　　　　　　热分析图

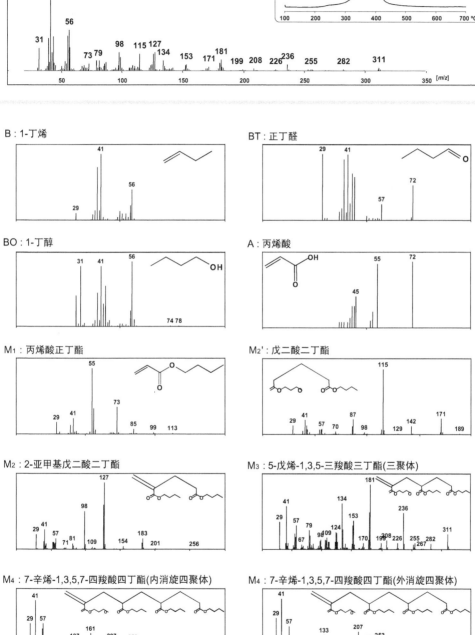

B：1-丁烯

BT：正丁醛

BO：1-丁醇

A：丙烯酸

M₁：丙烯酸正丁酯

M₂'：戊二酸二丁酯

M₂：2-亚甲基戊二酸二丁酯

M₃：5-戊烯-1,3,5-三羧酸三丁酯(三聚体)

M₄：7-辛烯-1,3,5,7-四羧酸四丁酯(内消旋四聚体)

M₄：7-辛烯-1,3,5,7-四羧酸四丁酯(外消旋四聚体)

042　聚丙烯酸（全同立构）; PAA

$$-\left[CH_2CH(COOH)\right]_n-$$

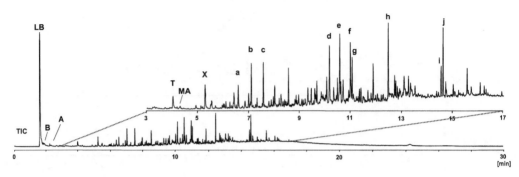

峰标记	主要峰的归属	分子量	保留指数	相对强度
LB	CO_2	44	150	100.0
B	1-丁烯	56	382	10.3
A	丙烯酸	72	709	0.8
T	甲苯	92	768	3.2
MA	甲基丙烯酸	86	790	1.0
X	二甲苯	106	874	5.5
a	3-甲基-2-环己烯酮	110	999	4.4
b	邻甲酚	108	1057	6.4
c	2,6-二甲酚	122	1113	6.2
d		162	1478	10.9
e		160	1543	13.4
f		174	1610	11.5
g	未鉴定(这些裂解产物可能为环酮、酯和酸酐)	178	1769	6.7
h		210	1880	12.9
i		246	2323	4.6
j		260	2340	10.4

[相关文献]

1) McGaugh, M. C.; Kottle, S. *Polym. Lett.* 1967, **5**, 817.

2) Fyfe, C. A.; Mckinnon, M. S. *Macromolecules* 1986, **19**, 1909.

3) Maurer, J. J.; Eustace, D. J.; Ratchliffe, C. T. *Macromolecules* 1987, **20**, 196.

4) Lattimer, R. T. *J. Anal. Appl. Pyrolysis* 2003, **68-69**, 3.

042

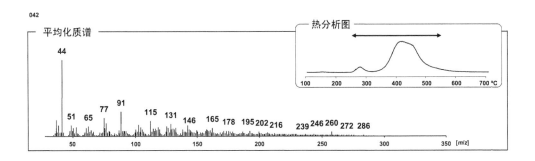

平均化质谱

热分析图

LB：CO₂

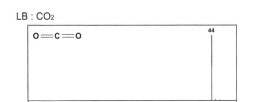

B：1-丁烯

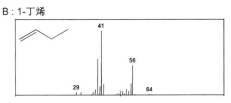

A：丙烯酸

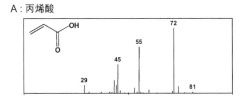

X：二甲苯

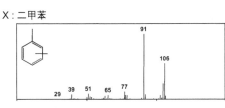

b：邻甲酚

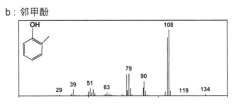

c：2,6-二甲酚

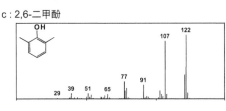

d：未鉴定

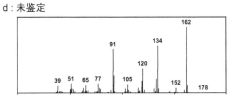

e：未鉴定

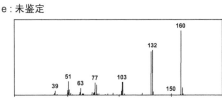

f：未鉴定

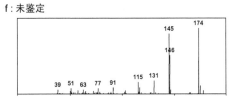

j：未鉴定

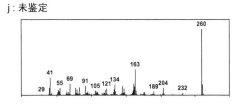

043　甲基丙烯酸甲酯 - 丙烯酸甲酯共聚物；P（MMA-MA）

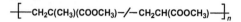

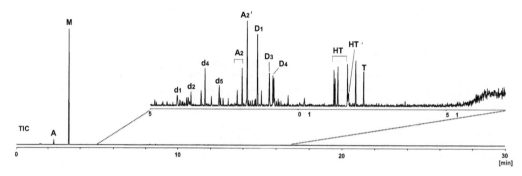

峰标记	主要峰的归属	分子量	保留指数	相对强度
A	丙烯酸甲酯	86	613	4.5
M	甲基丙烯酸甲酯	100	710	100.0
d_1	C=C(C)-C-C(COOC)-C？	142？	937	0.1
d_2	C=C(C)-C-C(C)(COOC)-C？	156？	984	0.1
d_4	C=C(C)-C=C(COOC)-C？	140？	1035	0.2
d_5	C-C(C)-C-C(C)(COOC)-C？	158？	1088	0.1
A_2	C-C(COOC)-C-C-COOC	174	1166	0.1
	C=C(COOC)-C-C-COOC ⎤（MA 二聚体）	172	1187	0.2
A_2′	C=C(COOC)-C-C(COOC)-C？	186？	1209	0.5
D_1	C=C(COOC)-C-C(C)(COOC)-C？	200？	1256	0.4
D_3	C-C(COOC)=C-C(C)(COOC)-C？	200？	1309	0.2
D_4	$C_{11}H_{18}O_4$？	214？	1327	0.2
	下列化合物之一：			
HT	C-C(COOC)=C-C(COOC)-C-C(COOC)-C	272	1648	0.2
	C=C(COOC)-C-C(COOC)-C-C(COOC)-C	272	1655	0.1
	C-C(COOC)=C-C(C)(COOC)-C-C-COOC	272	1671	0.2
	C=C(COOC)-C-C(C)(COOC)-C-C-COOC	272	1728	0.2
HT′	C=C(COOC)-C-C(C)(COOC)-C-C(C)(COOC)-C	300	1735	0.1
T	C-C(COOC)=C-C(C)(COOC)-C-C(C)(COOC)-C	300	1829	0.2

注：键合氢省略。

[相关文献]

1) Haken, J. K.; Mckay, T. R. *Anal. Chem.* 1973, **45**, 1251.

2) Kiura, M ; Atarashi, J.; Ichimura, K.; Ito, H.; Ohtani, H.; Tsuge, S. *J. Appl. Polym. Sci.* **2000**, **78**, 2140.

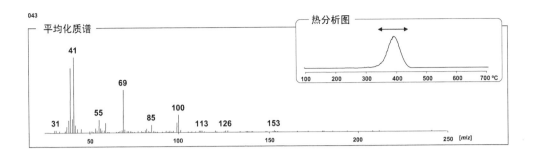

043

平均化质谱

热分析图

A：丙烯酸甲酯

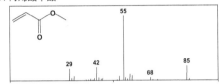

M：甲基丙烯酸甲酯

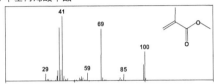

A₂'：2-甲基-4-亚甲基戊二酸二甲酯

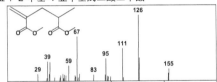

D₁：2,2-二甲基-4-亚甲基戊二酸二甲酯

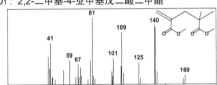

HT：2-庚烯-2,4,6-三羧酸三甲酯

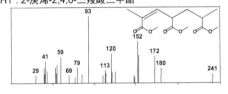

HT：1-庚烯-2,4,6-三羧酸三甲酯

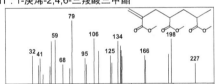

HT：3-甲基-4-己烯-1,3,5-三羧酸三甲酯

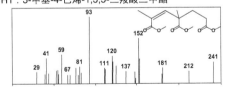

HT：3-甲基-5-己烯-1,3,5-三羧酸三甲酯

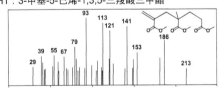

HT'：4,6-二甲基-1-庚烯-2,4,6-三羧酸三甲酯

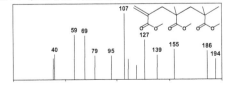

T：4,6-二甲苯-2-庚烯-2,4,6-三羧酸三甲酯

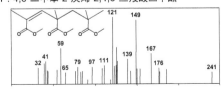

044　甲基丙烯酸高级酯共聚物

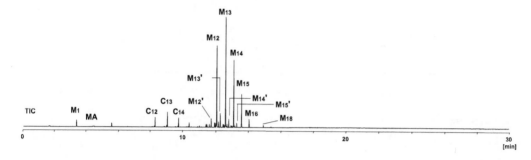

—〔CH₂C(CH₃)(COOR)〕ₙ
R=C₁, C₁₂ – C₁₆, C₁₈（包括支链异构体）

峰标记	主要峰的归属	分子量	保留指数	相对强度
M₁	甲基丙烯酸甲酯	100	711	7.9
MA	甲基丙烯酸	86	801	1.6
C₁₂	1-十二烯	168	1193	7.8
C₁₃	1-十三烯	182	1292	11.5
C₁₄	1-十四烯	196	1393	6.8
M₁₂'	甲基丙烯酸2-甲基十一酯	254	1714	7.3
M₁₂	甲基丙烯酸十二酯	254	1776	70.3
M₁₃'	甲基丙烯酸2-甲基十二酯	268	1814	10.9
M₁₃	甲基丙烯酸十三碳酯	268	1876	100.0
M₁₄'	甲基丙烯酸2-甲基十三酯	282	1914	6.3
M₁₄	甲基丙烯酸十四酯	282	1976	55.1
M₁₅'	甲基丙烯酸2-甲基十四酯	296	2014	3.2
M₁₅	甲基丙烯酸十五酯	296	2075	25.2
M₁₆	甲基丙烯酸十六酯	310	2175	6.1
M₁₈	甲基丙烯酸十八酯	338	2377	1.9

[相关文献]

1) Ohtani, H.; Asai, T.; Tsuge, S. *Macromolecules* 1985, **18**, 1148.

044

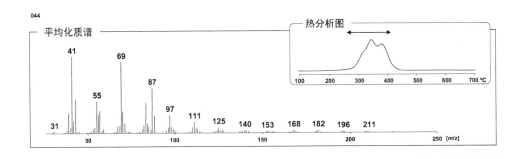

M₁：甲基丙烯酸甲酯

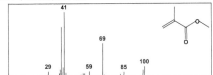

MA：甲基丙烯酸

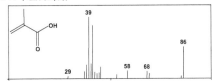

C₁₃：1-十三烯

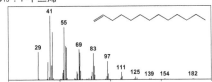

M₁₂'：甲基丙烯酸2-甲基十一酯

M₁₂：甲基丙烯酸十二酯

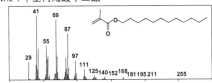

M₁₃'：甲基丙烯酸2-甲基十二酯

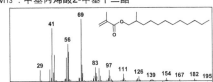

M₁₃：甲基丙烯酸十三酯

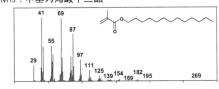

M₁₄：甲基丙烯酸十四酯

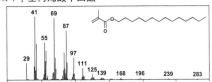

M₁₅：甲基丙烯酸十五酯

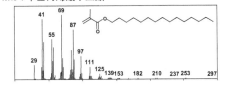

M₁₈：甲基丙烯酸十八酯

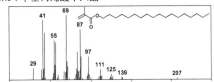

045 丙烯酸(酯)类橡胶;ACR

$$\left[CH_2CH(COOC_2H_5)-/-CH_2CH(COOC_4H_9)-/-CH_2CH(COOC_2H_4OCH_3) \right]_n$$

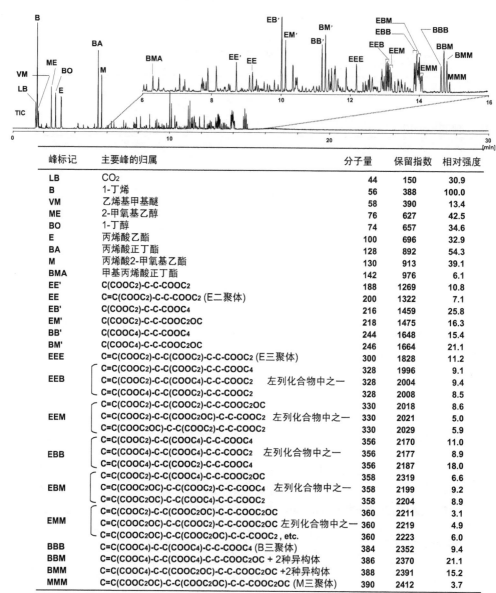

峰标记	主要峰的归属	分子量	保留指数	相对强度
LB	CO_2	44	150	30.9
B	1-丁烯	56	388	100.0
VM	乙烯基甲基醚	58	390	13.4
ME	2-甲氧基乙醇	76	627	42.5
BO	1-丁醇	74	657	34.6
E	丙烯酸乙酯	100	696	32.9
BA	丙烯酸正丁酯	128	892	54.3
M	丙烯酸2-甲氧基乙酯	130	913	39.1
BMA	甲基丙烯酸正丁酯	142	976	6.1
EE'	$C(COOC_2)-C-C-COOC_2$	188	1269	10.8
EE	$C=C(COOC_2)-C-C-COOC_2$ (E二聚体)	200	1322	7.1
EB'	$C(COOC_2)-C-C-COOC_4$	216	1459	25.8
EM'	$C(COOC_2)-C-C-COOC_2OC$	218	1475	16.3
BB'	$C(COOC_4)-C-C-COOC_4$	244	1648	15.4
BM'	$C(COOC_4)-C-C-COOC_2OC$	246	1664	21.1
EEE	$C=C(COOC_2)-C-C(COOC_2)-C-C-COOC_2$ (E三聚体)	300	1828	11.2
EEB	$C=C(COOC_2)-C-C(COOC_2)-C-C-COOC_4$	328	1996	9.1
	$C=C(COOC_2)-C-C(COOC_4)-C-C-COOC_2$ 左列化合物中之一	328	2004	9.4
	$C=C(COOC_4)-C-C(COOC_2)-C-C-COOC_2$	328	2008	8.5
EEM	$C=C(COOC_2)-C-C(COOC_2)-C-C-COOC_2OC$	330	2018	8.6
	$C=C(COOC_2)-C-C(COOC_2OC)-C-C-COOC_2$ 左列化合物中之一	330	2021	5.0
	$C=C(COOC_2OC)-C-C(COOC_2)-C-C-COOC_2$	330	2029	5.9
EBB	$C=C(COOC_2)-C-C(COOC_4)-C-C-COOC_4$	356	2170	11.0
	$C=C(COOC_4)-C-C(COOC_4)-C-C-COOC_2$ 左列化合物中之一	356	2177	8.9
	$C=C(COOC_4)-C-C(COOC_2)-C-C-COOC_4$	356	2187	18.0
EBM	$C=C(COOC_2)-C-C(COOC_4)-C-C-COOC_2OC$	358	2319	6.6
	$C=C(COOC_2OC)-C-C(COOC_2)-C-C-COOC_4$ 左列化合物中之一	358	2199	9.2
	$C=C(COOC_2OC)-C-C(COOC_4)-C-C-COOC_2$	358	2204	8.9
EMM	$C=C(COOC_2)-C-C(COOC_2OC)-C-C-COOC_2OC$	360	2211	3.1
	$C=C(COOC_2OC)-C-C(COOC_2)-C-C-COOC_2OC$ 左列化合物中之一	360	2219	4.9
	$C=C(COOC_2OC)-C-C(COOC_2OC)-C-C-COOC_2$, etc.	360	2223	6.0
BBB	$C=C(COOC_4)-C-C(COOC_4)-C-C-COOC_4$ (B三聚体)	384	2352	9.4
BBM	$C=C(COOC_4)-C-C(COOC_4)-C-C-COOC_2OC$ + 2种异构体	386	2370	21.1
BMM	$C=C(COOC_4)-C-C(COOC_2OC)-C-C-COOC_2OC$ +2种异构体	388	2391	15.2
MMM	$C=C(COOC_2OC)-C-C(COOC_2OC)-C-C-COOC_2OC$ (M三聚体)	390	2412	3.7

注:键合氢省略。

[相关文献]
1) Haken, J. K.; Mckay, T. R. *Anal. Chem.* 1973, **45**, 1251.
2) Yamaguchi, S.; Hirano, J.; Isoda, Y. *Polym. J.* 1985, **17**, 1105.

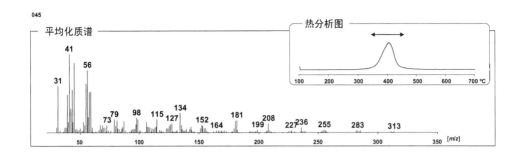

B：1-丁烯

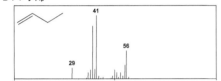

VM：乙烯基甲基醚

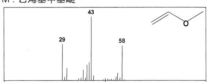

ME：2-甲氧基乙醇

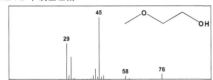

BO：1-丁醇

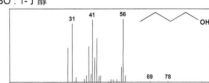

E：丙烯酸乙酯

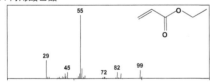

BA：丙烯酸正丁酯

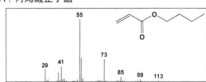

M：丙烯酸2-甲氧基乙酯

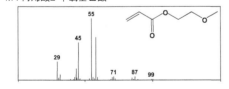

EB'：戊二酸丁酯乙酯

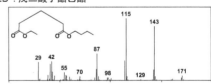

BM'：戊二酸丁酯2-甲氧基乙酯

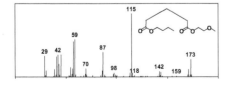

BBM：1-(2-甲氧乙基)-5-己烯-1,3,5-三羧酸
3,5-二丁酯

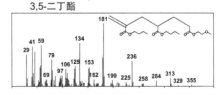

046 聚丙烯腈；PAN

$$\text{—[}CH_2CH(CN)\text{—]}_n$$

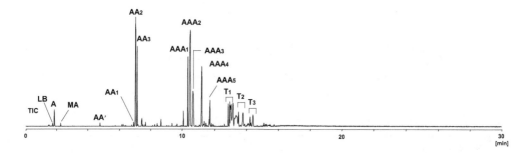

峰标记	主要峰的归属		分子量	保留指数	相对强度
LB	低沸点组分		–	470	1.4
A	丙烯腈(单体)		53	567	6.2
MA	甲基丙烯腈		67	602	1.1
AA'	C(CN)=C-C-CN		92	834	0.9
AA₁	C-C(CN)-C=C-CN + C=C(CN)-C-C(CN)-C	(二聚体)	106; 120	1045	1.2
AA₂	C=C(CN)-C-C-CN + C(CN)-C-C-CN + C=C(CN)-C-C(CN)=C		106 94; 118	1059	64.9
AA₃	C-C(CN)-C-C-CN		108	1071	24.4
AAA₁	C=C(CN)-C-C(CN)-C-C-CN	(三聚体)	159	1513	23.9
AAA₂	C-C(CN)-C-C(CN)-C-C-CN		161	1540	100.0
AAA₃	C(CN)-C-C(CN)-C-C-CN		147	1564	35.9
AAA₄	C-C(CN)-C-C(CN)-C=C-CN		159	1655	39.9
AAA₅	C₉H₉N₃ (异构三聚体)		159	1743	13.5
T₁	C=C(CN)-C-C(CN)-C-C(CN)-C-C-CN	(四聚体)	212	2022	23.9
T₂	C=C(CN)-C-C(CN)-C-C(CN)-C-C(CN)=C		224	2155	12.0
T₃	C(CN)-C-C(CN)-C-C(CN)-C-C-CN?		200	2294	9.9

注：键合氢省略。

[相关文献]

1) Yamamoto, Y.; Tsuge, S.; Takeuchi, T. *Macromolecules* 1972, **5**, 325.
2) Tsuchiya, Y.; Sumi, K. *J. Appl. Polym. Sci.* 1977, **21**, 975.
3) Nagaya, T.; Sugimura, Y.; Tsuge, S. *Macromolecules* 1980, **13**, 353.
4) Usami, T.; Itoh, T.; Ohtani, H.; Tsuge, S. *Macromolecules* 1990, **23**, 2460.
5) Minagawa, M.; Onuma, H.; Ogita, T.; Uchida, H. *J. Appl. Polym. Sci.* 2001, **79**, 473.
6) Sanchez-Soto, P. J.; Aviles, M. A.; del Rio, J. C.; Gines, J. M.; Pascual, J.; Perez-Rodriguez, J. L. *J. Anal. Appl. Sci.* 2001, **58-59**, 155.

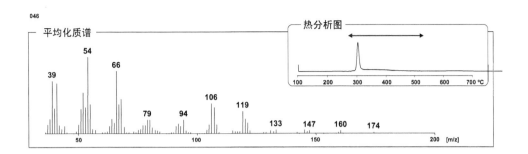

A：丙烯腈

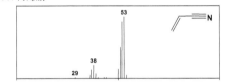

AA₃：2-甲基戊二腈

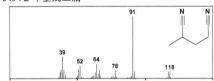

AAA₂：1,3,5-三氰基-己烷(三聚体)

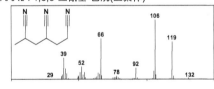

AAA₄：1,3,5-三氰基-1-己烯(三聚体)

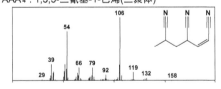

T₂：2,4,6,8-四氰基-1,8-壬二烯

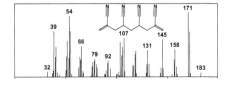

AA₂：2-亚甲基戊烯二腈(+戊二腈+2,4-二亚甲基)
戊二腈(二聚体)

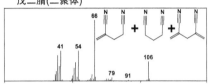

AAA₁：1,3,5-三氰基-5-己烯(三聚体)

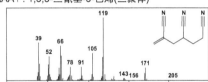

AAA₃：1,3,5-三氰基戊烷(三聚体)

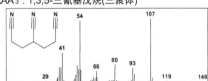

T₁：1,3,5,7-四氰基-7-辛烯(四聚体)

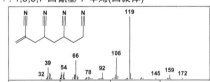

T₃：1,3,5,7-四氰基庚烷

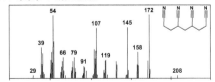

047　丙烯腈 - 丙烯酸甲酯共聚物

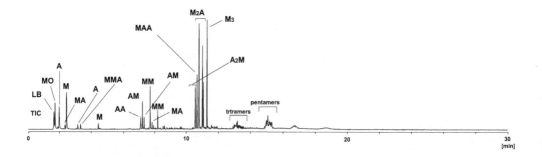

$$-\!\!\left[-CH_2CH(CN)-\!/\!-CH_2CH(COOCH_3)-\right]\!\!-_n$$

峰标记	主要峰的归属	分子量	保留指数	相对强度
LB	CO_2	44	150	27.6
MO	甲醇	32	320	38.6
A	丙烯腈	53	567	33.8
MA	甲基丙烯腈	67	602	5.4
M	丙烯酸甲酯	86	608	47.1
A'	C-C-C=C-CN	81	699	6.6
MMA	甲基丙烯酸甲酯	100	714	6.5
M'	C=C-C(COOC)-C	114	803	5.9
AA	C(CN)-C-C-CN + C=C(CN)-C-C-CN (A 二聚体)	94; 106	1063	14.6
AM'	C(CN)-C-C-COOC + C=C(CN)-C-C(CN)=C	127; 118	1076	23.2
AM	C=C(CN)-C-C(COOC) (混杂二聚体)	139	1088	9.2
MM'	C(COOC)-C-C-COOC + C-C(CN)=C=C(COOC)	160; 139	1134	34.4
MA'	C=C(COOC)-C-C(CN)=C	151	1150	5.2
MM	C=C-C(COOC)-C-C-COOC (M二聚体)	186	1194	16.5
	下列化合物中之一：			
A2M	C=C(CN)-C-C(CN)-C-C-COOC	192	1522	2.0
	C=C(CN)-C-C(COOC)-C-C-CN	192	1545	41.1
MAA	C=C(COOC)-C-C(CN)-C-C-CN	192	1563	51.1
	下列化合物中之一： (混杂三聚体)			
	C=C(COOC)-C-C(COOC)-C-C-CN	225	1582	100.0
M2A	C=C(COOC)-C-C(CN)-C-C-COOC	225	1619	69.6
	C=C(CN)-C-C(COOC)-C-C-COOC	225	1628	34.8
M3	C=C(COOC)-C-C(COOC)-C-C-COOC	258	1667	83.4

注：键合氢省略。

[相关文献]

1) Yamamoto, Y.; Tsuge, S.; Takeuchi, T. *Macromolecules* 1972, **5**, 325.
2) Saglam, M. *J. Appl. Polym. Sci.* 1986, **32**, 5719.

047

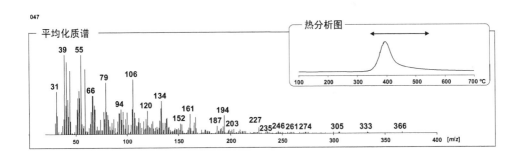

MO：甲醇

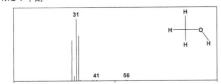

A：丙烯腈

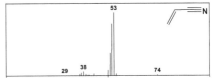

M：丙烯酸甲酯

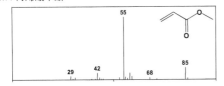

MM'：戊二酸二甲酯(+4-氰基-2-戊烯酸二甲酯)

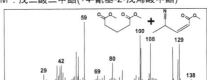

A₂M：4,6-二氰基-6-庚烯酸甲酯(混杂三聚体)

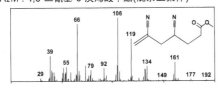

MAA：4,6-二氰基-2-亚甲基己酸甲酯(混杂三聚体)

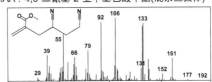

M₂A：2-氰乙基-4-亚甲基戊二酸二甲酯(混杂二聚体)

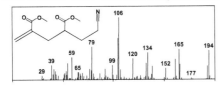

M₂A：2-亚甲基-4-氰基-庚二酸二甲酯(混杂三聚体)

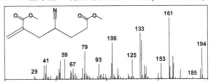

M₂A：4-氰基-2-亚甲基戊二酸二甲酯

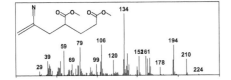

M₃：5-己烯-1,3,5-三羧酸三甲酯

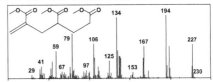

048　聚丙烯酰胺；PAAm

$$-\!\!\left[\text{CH}_2\text{CH(CONH}_2)\right]_{\!n}$$

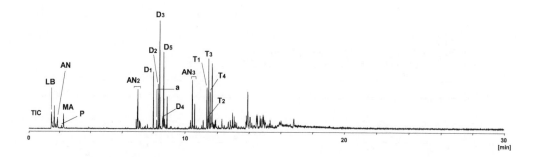

峰标记	主要峰的归属	分子量	保留指数	相对强度
LB	CO₂ 等	44	150	27.9
AN	丙烯腈	53	560	17.3
P	丙腈	55	567	3.3
MA	甲基丙烯腈	67	602	18.1
AN₂	C-C(CN)-C=C-CN	106	1045	7.8
	C(CN)-C-C-CN	94	1053	18.6
	C=C(CN)-C-C-CN	106	1057	30.7
	C-C(CN)-C-C-CN	108	1073	4.9
D₁	C-C-C / O=C-N-C=O	113	1176	53.4
a	C₇H₉NO ?	123	1202	6.5
D₂	C-C-C-C / O=C-N-C=O	127	1216	38.2
D₃	C-C-C=C / O=C-N-C=O	125	1228	100.0
D₄	C-C-C-C / O=C-N-C=O	141	1252	18.3
D₅	C-C-C-C=C / O=C-N-C=O	139	1261	60.6
AN₃	C=C(CN)-C-C(CN)-C-C-CN	159	1528	41.9
	C(CN)-C-C(CN)-C-C-CN	147	1551	5.0
T₁	C=C(CN)-C-C-C-C / O=C-N-C=O	178	1679	36.0
T₂	C=C(CN)-C-C-C-C-C / O=C-N-C=O	192	1692	8.1
T₃	C(CN)-C-C-C-C / O=C-N-C=O	166	1697	69.5
T₄	C-C(CN)-C-C-C-C / O=C-N-C=O	180	1713	35.9

注：键合氢省略。

[相关文献]
1) Leung, W. M.; Axelson, D. E. *J. Polym. Sci., Polym. Chem. Ed.* 1987, **25**, 1825.
2) Tutas, M.; Saglam, M.; Yuksel, M. *J. Anal. Appl. Pyrolysis* 1991, **22**, 129.
3) Wang, F. C.-Y. *J. Chromatogr. A* 1996, **753**, 101.
4) Ishida, Y.; Tsuge, S.; Ohtani, H.; Inokuchi, F.; Fujii, Y.; Suetomo, S. *Anal. Sci.* 1996, **12**, 831.

048

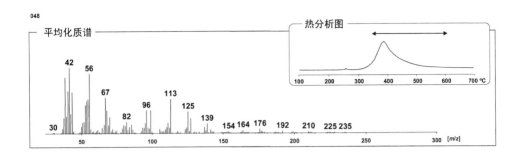

平均化质谱　　　　　　　　　　　　热分析图

AN：丙烯腈

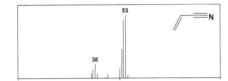

MA：甲基丙烯腈

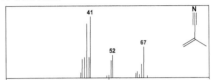

AN₂：4-甲基-2-戊烯二腈

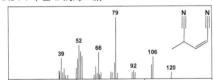

D₁：2,6-哌啶二酮

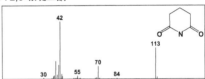

D₂：3-甲基-2,6-哌啶二酮

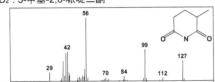

D₃：3-亚甲基-2,6-哌啶二酮

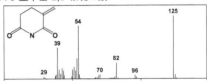

D₅：3-甲基-5-亚甲基-2,6-哌啶二酮

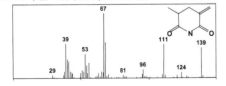

T₁：3-丁烯腈-2,6-哌啶二酮

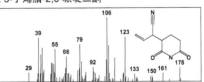

T₃：3-丙腈-2,6-哌啶二酮

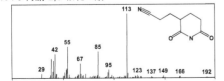

T₄：3-(2-亚甲基-丙腈)-2,6-哌啶二酮

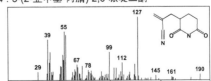

049 聚马来酸酐；PMAH

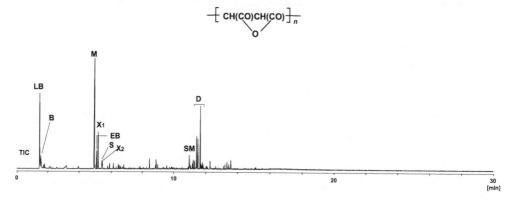

峰标记	主要峰的归属	分子量	保留指数	相对强度
LB	CO_2 等	44	150	51.5
B	1-丁烯	56	389	3.4
A	丙烯酸	72	702	8.7
M	马来酸酐	98	849	100.0
EB	乙基苯	106	862	10.5
X_1	二甲苯(间位或对位)	106	869	22.1
S	苯乙烯	104	890	5.3
X_2	邻二甲苯	106	892	4.6
SM	苯乙烯-马来酸酐(混杂二聚体)	202	1614	8.2
	未鉴定	204	1693	18.3
D	未鉴定	204	1707	19.2
	未鉴定	204	1732	33.9

049

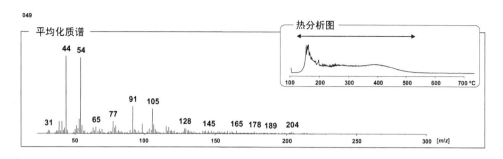

平均化质谱　　　　　　　　热分析图

LB：CO₂

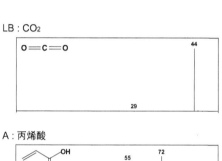

B：1-丁烯

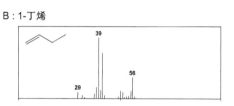

A：丙烯酸

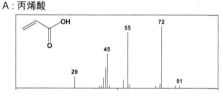

M：马来酸酐

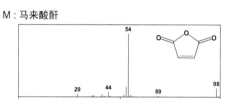

EB：乙基苯

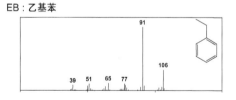

X₁：二甲苯

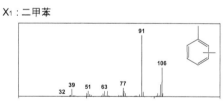

S：苯乙烯

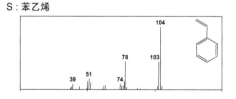

X₂：邻二甲苯

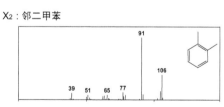

SM：苯乙烯-马来酸酐(混杂三聚体)

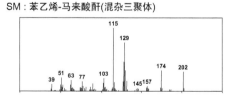

D：未鉴定

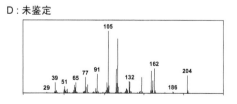

2.2.6　含氯的烯类聚合物

050　聚氯乙烯；PVC

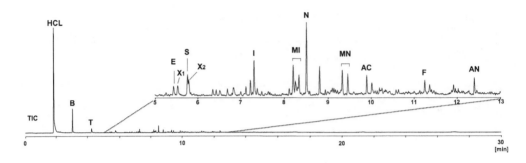

峰标记	主要峰的归属	分子量	保留指数	相对强度
HCL	氯化氢	36	–	100.0
B	苯	78	651	16.0
T	甲苯	92	766	4.3
E	乙基苯	106	867	0.5
X₁	二甲苯(间位或对位)	106	875	0.8
S	苯乙烯	104	896	1.3
X₂	邻二甲苯	106	898	1.0
I	茚	116	1057	1.8
MI	1-甲基茚	130	1167	1.8
	3-甲基茚	130	1183	1.3
N	萘	128	1204	3.5
MN	2-甲基萘	142	1320	1.7
	1-甲基萘	142	1338	1.2
AC	二氢苊	154	1403	0.9
F	芴	166	1622	0.8
AN	蒽	178	1832	0.8

[相关文献]
1) Tsuge, S.; Okumoto, T.; Takeuchi, T. *Makromol. Chem.* 1969, **123**, 123.
2) Chang, E. P.; Salovery, R. *J. Polym. Sci., Polym. Chem. Ed.* 1974, **12**, 2927.
3) Lattimer, R. P.; Kroenke, W. J. *J. Appl. Polym. Sci.* 1980, **25**, 101
4) Lattimer, R. P.; Kroenke, W. J. *J. Appl. Polym. Sci.* 1982, **27**, 1355.
5) Matsusaka, K.; Tanaka, A.; Murakami, I. *Polymer* 1984, **25**, 1337.
6) Dadvand, N.; Lehrle, R. S.; Parsons, I. W.; Rollinson, M. *Polym. Degrad. Stab.* 1999, **66**, 247.
7) Tienpont, B.; David, F.; Vanwalleghem, F. ; Sandra, P. *J. Chromatogr. A* 2001, **911**, 235.
8) Starnes Jr., W. H. *Prog. Polym. Sci.* 2002, **27**, 2133.

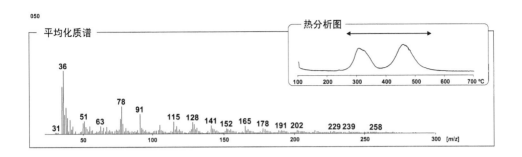

HCL：氯化氢

B：苯

T：甲苯

S：苯乙烯

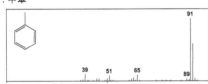

I：茚

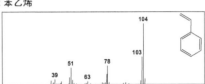

MI：1-甲基茚

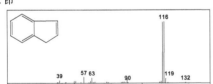

N：萘

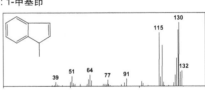

MN：1-甲基萘

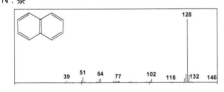

AC：二氢苊

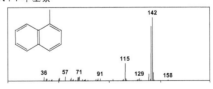

AN：蒽

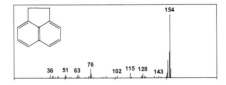

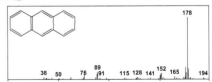

051　氯乙烯 - 偏二氯乙烯共聚物；P（VC-VdC）

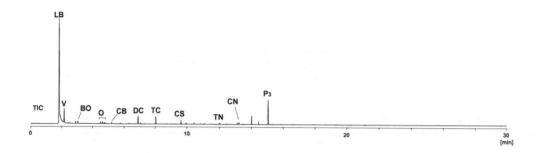

$$+ CH_2CHCl \text{--} / \text{--} CH_2CCl_2 +_n$$

峰标记	主要峰的归属	分子量	保留指数	相对强度
LB	氯化氢	36	–	100.0
V	偏二氯乙烯	96	530	9.9
BO	1-丁醇	74	652	2.3
O	C_8H_{16} ?	112	787	1.2
	C_8H_{16} ?	112	798	2.1
	C_8H_{16} ?	112	810	0.7
CB	氯代苯	112	850	0.9
DC	间二氯代苯	146	1014	4.9
TC	1,3,5-三氯代苯	180	1149	3.8
CS	三氯代苯乙烯(2,4,6-?)	206	1367	1.9
TN	三氯代萘	230	1762	0.6
CN	四氯代萘	264	2000	0.9
P3	脂肪酸酯增塑剂	–	2407	12.9

[相关文献]

1) Tsuge, S.; Okumoto, T.; Takeuchi, T. *Makromol. Chem.* 1969, **123**, 123.

2) Tsuge, S.; Okumoto, T.; Takeuchi, T. *Bull. Chem. Soc. Jpn.* 1969, **42**, 2870.

3) Montaudo, G.; Puglisi, C.; Scamporrino, E.; Vitalini, D. *J. Polym. Sci., Polym. Chem. Ed.* 1986, **24**, 301.

4) Wang, F. C.-Y.; Smith, P. B. *Anal. Chem.* 1996, **68**, 425.

5) Wang, F. C.-Y. *J. Anal. Appl. Pyrolysis* 2004, **71**, 83.

051

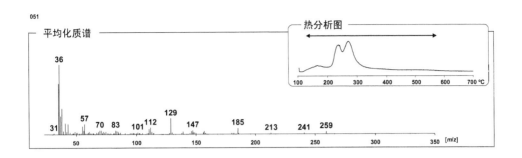

平均化质谱　　　　　　　　　　　　热分析图

LB：氯化氢

V：偏二氯乙烯

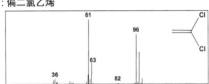

BO：1-丁醇

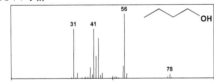

O：C$_8$H$_{16}$

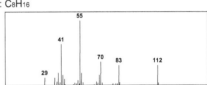

CB：氯代苯

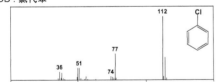

DC：间二氯代苯

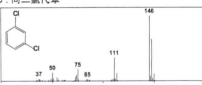

TC：1,3,5-三氯代苯

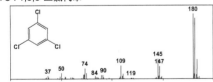

CS：三氯代苯乙烯

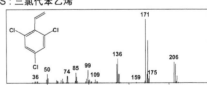

TN：三氯代萘

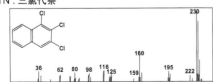

CN：四氯代萘

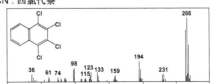

052   氯化聚氯乙烯；CPVC

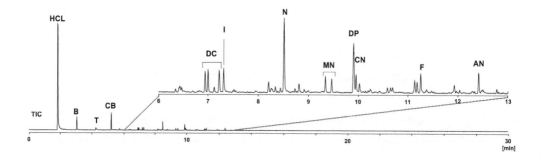

$$-\!\!\!\!-\!\!\!\left(\!CH_2CHCl-/-CHClCHCl-/-CH_2CCl_2\right)\!\!-\!\!\!\!-_n$$

峰标记	主要峰的归属	分子量	保留指数	相对强度
HCL	氯化氢	36	–	100.0
B	苯	78	650	9.9
T	甲苯	92	766	2.8
CB	氯代苯	112	850	7.9
DC	间二氯代苯	146	1015	0.9
	对二氯代苯	146	1021	1.1
	邻二氯代苯	146	1047	1.1
I	茚	116	1057	1.2
N	萘	128	1205	3.5
MN	2-甲基萘	142	1319	0.7
	1-甲基萘	142	1338	0.6
DP	联苯	154	1403	2.1
CN	2-氯代苯	162	1405	2.6
F	芴	166	1622	1.0
AN	蒽	178	1831	1.0

[相关文献]

1) Tsuge, S.; Okumoto, T.; Takeuchi, T. *Bull. Chem. Soc. Jpn.* 1969, **42**, 2870.

2) Tsuge, S.; Okumoto, T.; Takeuchi, T. *Macromolecules* 1969, **2**, 277.

3) Okumoto, T.; Ito, H.; Tsuge, S.; Takeuchi, T. *Makromol. Chem.* 1972, **151**, 285.

052

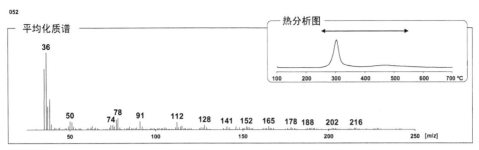

平均化质谱

热分析图

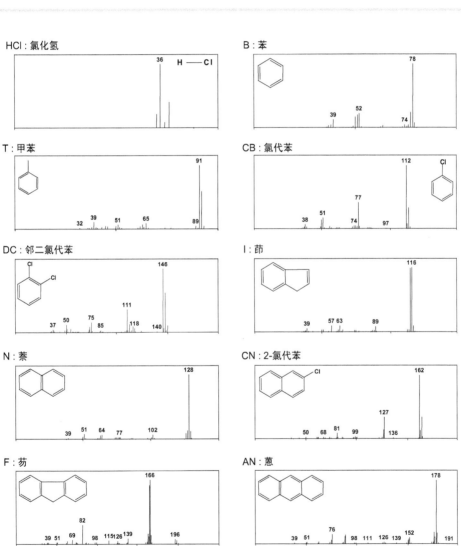

HCl：氯化氢

B：苯

T：甲苯

CB：氯代苯

DC：邻二氯代苯

I：茚

N：萘

CN：2-氯代萘

F：芴

AN：蒽

053　氯化聚乙烯；CM

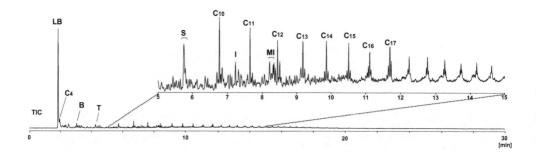

峰标记	主要峰的归属	分子量	保留指数	相对强度
LB	氯化氢	36	–	100.0
C4	1,3-丁二烯	54	395	16.7
B	苯	78	653	4.4
T	甲苯	92	767	4.4
S	1-壬烯	126	894	2.1
	苯乙烯	104	896	1.6
	对二甲苯	106	899	1.2
C10	1-癸烯	140	995	3.5
I	二氢化茚	118	1048	2.1
C11	1-十一烯	154	1096	2.7
MI	1-甲基茚	130	1166	2.3
	四氢萘	132	1180	1.4
	3-甲基茚	130	1183	1.0
C12	1-十二烯	168	1196	2.2
C13	1-十三烯	182	1295	2.3
C14	1-十四烯	196	1396	2.0
C15	1-十五烯	210	1496	1.8
C16	1-十六烯	224	1592	1.6
C17	1-十七烯	238	1697	1.6

[相关文献]
1) Tsuge, S.; Okumoto, T.; Takeuchi, T. *Macromolecules* 1969, **2**, 200.
2) Tsuge, S.; Okumoto, T.; Takeuchi, T. *Bull. Chem. Soc. Jpn.* 1969, **42**, 2870.
3) Wang, F. C.-Y.; Smith, P. B. *Anal. Chem.* 1997, **69**, 618.

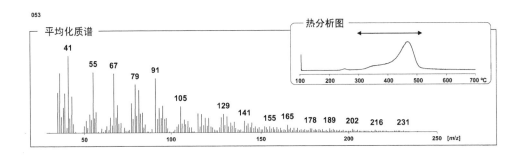

053

平均化质谱 —— 热分析图 ——

LB：氯化氢

C₄：1,3-丁二烯

B：苯

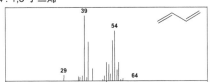

T：甲苯

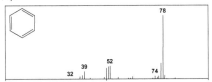

S：苯乙烯

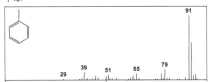

C10：1-癸烯

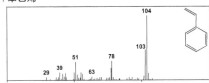

I：二氢化茚

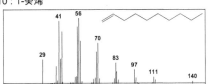

MI：1-甲基茚

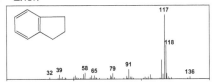

MI：四氢萘

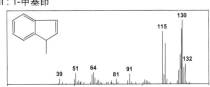

MI：3-甲基茚

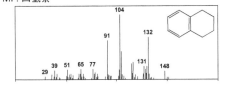

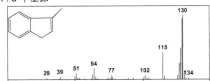

054 氯乙烯 - 乙酸乙烯酯共聚物；P（VC-VAc）

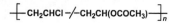

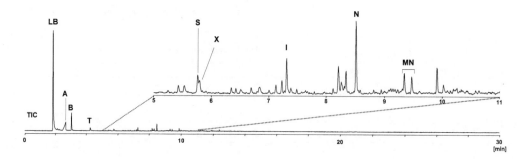

峰标记	主要峰的归属	分子量	保留指数	相对强度
LB	氯化氢	36	–	100.0
A	乙酸	60	605	20.8
B	苯	78	650	13.8
T	甲苯	92	766	3.3
S	苯乙烯	104	895	1.2
X	邻二甲苯	106	899	0.6
I	茚	116	1057	1.7
N	萘	128	1204	3.4
MN	2-甲基萘	142	1320	1.0
	1-甲基萘	142	1339	0.9

［相关文献］

1) Okumoto, T.; Takeuchi, T.; Tsuge, S. *Bull. Chem. Soc. Jpn.* 1970, **43**, 2080.

054

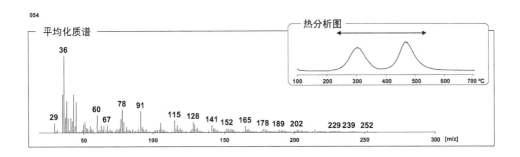

平均化质谱

热分析图

LB：氯化氢

A：乙酸

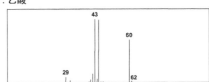

B：苯

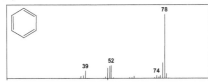

T：甲苯

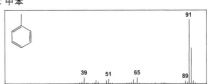

S：苯乙烯

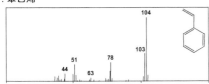

I：茚

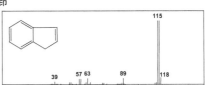

N：萘

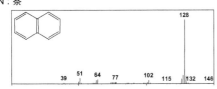

MN：2-甲基萘

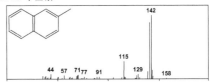

MN：1-甲基萘

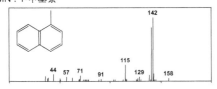

055 氯磺化聚乙烯；CSM

$$\left[\!\!\left[-CH_2-/\!-CH_2(SO_2Cl)-/\!- CHCl-\right]\!\!\right]_n$$

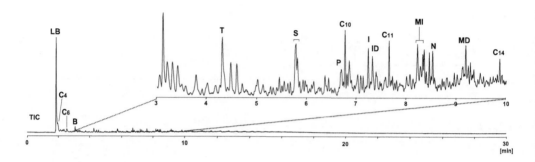

峰标记	主要峰的归属	分子量	保留指数	相对强度
LB	氯化氢	36	–	100.0
C₄	1,3-丁二烯	54	395	17.4
C₆	1-己烯	84	594	5.3
B	苯	78	653	4.9
T	甲苯	92	767	4.3
S	甲苯	126	894	1.6
	苯乙烯	104	897	2.1
	邻二甲苯	106	899	1.5
P	苯酚	94	986	0.9
C₁₀	1-癸烯	140	995	2.1
I	二氯化茚	118	1048	1.7
ID	茚	116	1057	1.6
C₁₁	1-十一烯	154	1096	1.7
MI	1-甲基茚	130	1167	2.7
	3-甲基茚	130	1173	1.4
	四氢萘	132	1179	1.6
N	萘	128	1204	1.3
MD	C₁₁H₁₂？	144 ？	1296	1.5
C₁₄	1-十四烯	196	1397	1.0
C₁₅	1-甲基萘	210	1497	0.7

[相关文献]

1) Smith, D. A.; Youren, J. W. *Br. Polym. J.* 1976, **8**, 101.

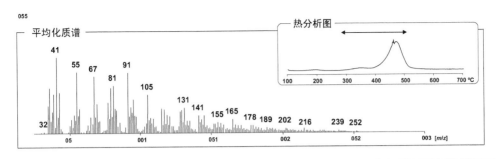

055

平均化质谱

热分析图

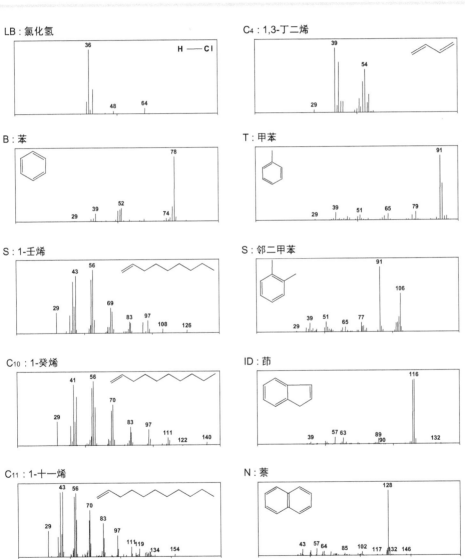

LB：氯化氢

C₄：1,3-丁二烯

B：苯

T：甲苯

S：1-壬烯

S：邻二甲苯

C₁₀：1-癸烯

ID：茚

C₁₁：1-十一烯

N：萘

056　丙烯腈 - 氯乙烯共聚物；P（AN-VC）

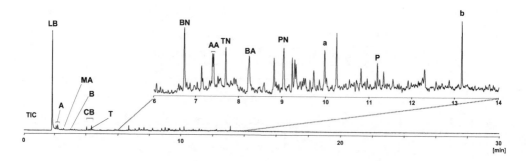

$$\left[CH_2CH(CN) - / - CH_2CHCl \right]_n$$

峰标记	主要峰的归属		分子量	保留指数	相对强度
LB	氯化氢		36	–	100.0
A	乙腈		41	470	4.6
	丙烯腈		53	567	7.3
MA	甲基丙烯腈		67	605	2.5
B	苯		78	652	1.5
CB	丁二烯腈		79	748	3.5
T	甲苯		92	767	1.3
CB	丁二烯腈		79	774	4.1
BN	苯甲腈		103	991	3.9
AA	CH₂(CN)CH₂CH₂CN	(A二聚体)	94	1065	1.5
	CH₂=C(CN)CH₂CH₂CN		106	1068	1.8
TN	甲苯基腈 (间-?)		117	1101	2.0
BA	苯甲酸		122	1169	3.8
PN	间苯二腈		128	1276	3.2
a	未鉴定		132	1413	3.2
P	邻苯二甲酸二乙酯		222	1610	1.6
b	邻苯二甲酸二丁酯		278	1980	3.0

［相关文献］

1) Tanaka, M.; Nishimura, F.; Shono, T. *Anal. Chim. Acta* 1975, **74**, 119.

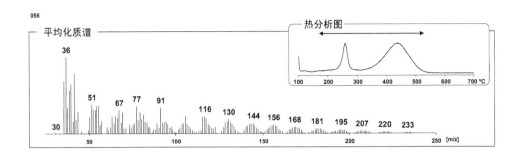

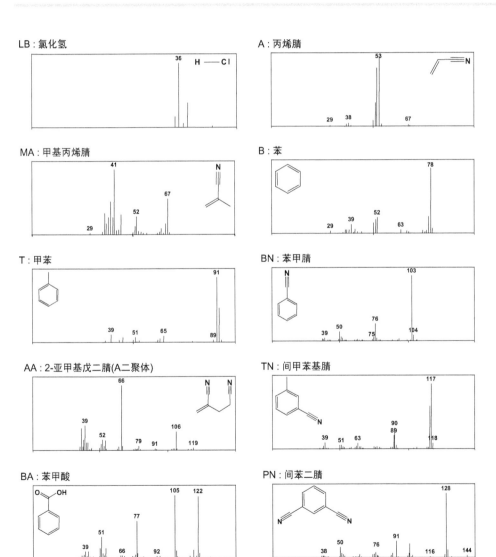

057 丙烯腈 - 氯乙烯交替共聚物

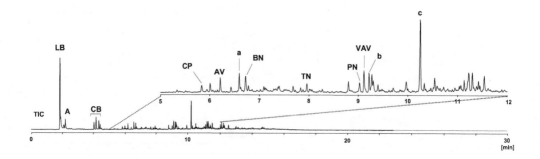

−{CH₂CH(CN)−CH₂CHCl}ₙ

峰标记	主要峰的归属	分子量	保留指数	相对强度
LB	氯化氢	36	–	100.0
A	乙腈	41	470	6.8
	丙烯腈	53	563	17.3
CB	2-亚甲基-3-丁烯腈	79	747	8.7
	丁烯腈	81	759	13.5
	戊二烯腈	79	774	10.2
CP	己二烯腈	93	904	3.0
AV	CH₂=C(Cl)CH₂CH₂CN(二聚体)	115	940	4.7
a	未鉴定	–	978	6.5
BN	苯甲腈	103	991	6.0
TN	甲苯基腈 (间-?)	117	1100	2.6
PN	间苯二腈	128	1277	4.5
VAV	CH₂=C(Cl)CH₂CH(CN)CH₂CH₂Cl (杂同三聚体)	177	1289	7.7
b	未鉴定	–	1303	6.0
c	未鉴定	–	1457	26.5

[相关文献]

1) Tanaka, M.; Nishimura, F.; Shono, T. *Anal. Chim. Acta* 1975, **74**, 119.

057

平均化质谱

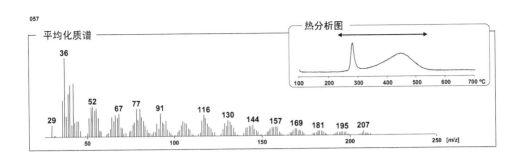

热分析图

LB：氯化氢

A：丙烯腈

CB：2-亚甲基-3-丁二烯腈

CB：丁烯腈

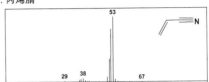

CB：戊二烯腈

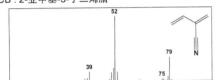

AV：4-氯-4-戊烯腈

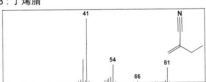

BN：苯甲腈

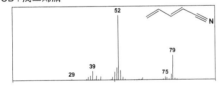

TN：间甲苯基腈

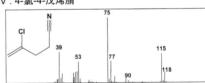

PN：间苯二腈

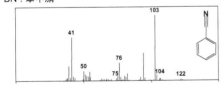

VAV：4-氯-2-氯乙基-4-戊烯腈

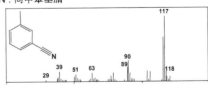
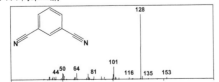
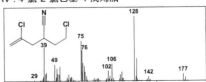

058 丙烯酸甲酯 - 氯乙烯共聚物；P（MA-VC）

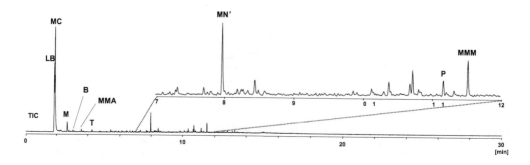

$$-[-CH_2CH(COOCH_3)- / - CH_2CHCl-]_n-$$

峰标记	主要峰的归属	分子量	保留指数	相对强度
LB	氯化氢 + CO_2	36; 44	150	46.5
MC	氯甲烷	50	327	100.0
M	丙烯酸甲酯	86	607	8.3
B	苯	78	653	1.5
MMA	甲基丙烯酸甲酯	100	711	2.2
T	甲苯	92	767	1.7
MM'	$CH_2(COOCH_3)CH_2CH_2COOCH_3$	160	1138	8.8
P	邻苯二甲酸二乙酯	222	1610	2.1
MMM	$CH_2=C(COOCH_3)CH_2CH(COOCH_3)CH_2CH_2COOCH_3$	258	1671	4.7

[相关文献]

1) Tanaka, M.; Nishimura, F.; Shono, T. *Anal. Chim. Acta* 1975, **74**, 119.

058

平均化质谱

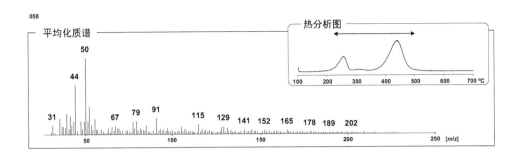

热分析图

LB：氯化氢 (+ CO₂)

MC：氯甲烷

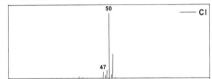

M：丙烯酸甲酯

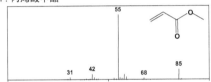

B：苯

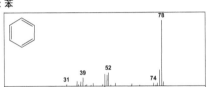

MMA：甲基丙烯酸甲酯

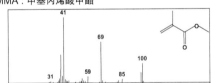

T：甲苯

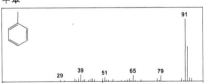

MM'：戊二酸二甲酯

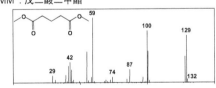

P：邻苯二甲酸二乙酯

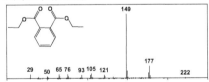

MMM：5-己烯-1,3,5-三羧酸三甲酯

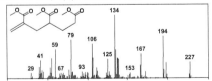

059　丙烯酸甲酯 - 氯乙烯交替共聚物

$$+CH_2CH(COOCH_3) - CH_2CHCl +_n$$

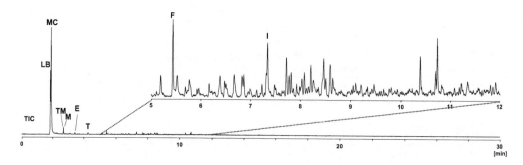

峰标记	主要峰的归属		分子量	保留指数	相对强度
LB	氯化氢 + CO_2		36; 44	150	44.5
MC	氯甲烷		50	327	100.0
TM	三氯甲烷		117	605 ⎤	
M	丙烯酸甲酯		86	607 ⎦	2.8
E	丙烯酸乙酯		100	694	1.1
T	甲苯		92	767	1.2
F	糠基甲基醚	CH_2OCH_3	112	867	2.2
I	茚		116	1057	0.7

[相关文献]

1) Tanaka, M.; Nishimura, F.; Shono, T. *Anal. Chim. Acta* 1975, **74**, 119.

059

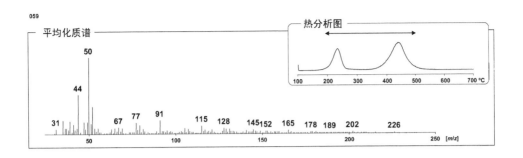

LB：氯化氢(+ CO₂)

MC：氯甲烷

TM：三氯甲烷

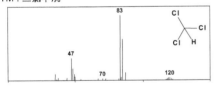

M：丙烯酸甲酯

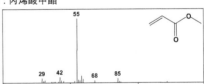

E：丙烯酸乙酯

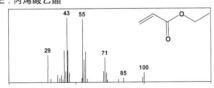

T：甲苯

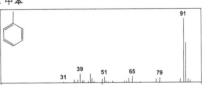

F：糠基甲基醚

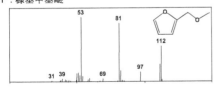

I：茚

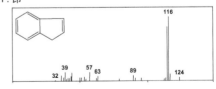

2.2.7 含氟的烯类聚合物

060 聚四氟乙烯；PTFE

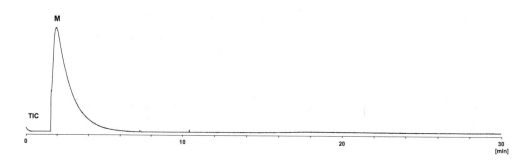

峰标记	主要峰的归属	分子量	保留指数	相对强度
M	四氟乙烯	100	–	100.0

[相关文献]
1) Madorsky, S. L.; Hart, V. E.; Straus, S.; Sedlak, V. A. *J. Res. Nat. Bur. Std.* 1953, **51**, 327.
2) Morisaki, S. *Thermochim. Acta.* 1978, **25**, 171.
3) Pidduck, A. J. *J. Anal. Appl. Pyrolysis* 1985, **7**, 215.
4) Lonfei, J.; Jingling, W.; Shuman, X. *J. Anal. Appl. Pyrolysis* 1986, **10**, 99.

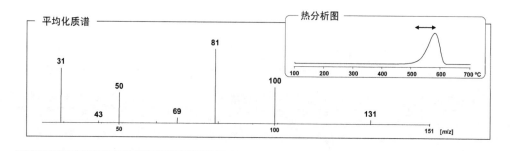

M：四氟乙烯

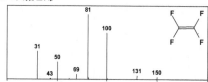

061　四氟乙烯 - 六氟丙烯共聚物；FEP

$$\text{---}\left[\text{CF}_2\text{CF}_2 \text{---}/\text{---} \text{CF}_2\text{CF}(\text{CF}_3)\right]_n\text{---}$$

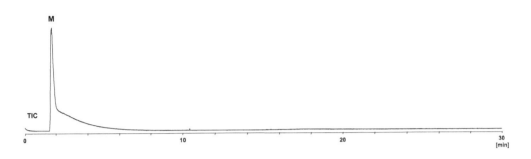

峰标记	主要峰的归属	分子量	保留指数	相对强度
M	四氟乙烯，六氟丙烯	100, 150	－	100.0

[相关文献]
1) Morisaki, S. *Thermochim. Acta.* 1978, **25**, 171.
2) Pidduck, A. J. *J. Anal. Appl. Pyrolysis* 1985, **7**, 215.
3) Lonfei, J.; Jingling, W.; Shuman, X. *J. Anal. Appl. Pyrolysis* 1986, **10**, 99.
4) Shadrina, N. E.; Dmitrenko, A. V.; Pavlova, V. F.; Ivanchev, S. S. *J. Chromatogr.* 1987, **404**, 183.

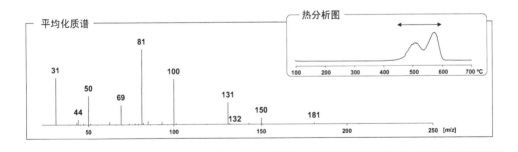

M：四氟乙烯(+ 六氟丙烯)

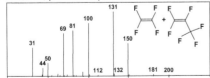

062　聚三氟氯乙烯；PCTFE

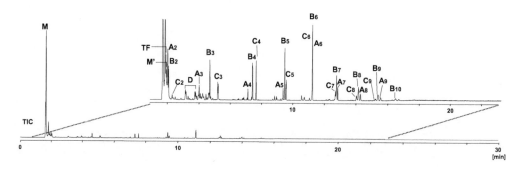

峰标记	主要峰的归属	分子量	保留指数	相对强度
M	$CF_2=CFCl + C_3ClF_5$ (单体)	116; 166	280	100.0
TF	$CFCl_3$	136	400	3.3
M'	$C_3Cl_2F_4$	182	440	2.5
A2	$CF_2Cl-CFCl_2$	186	461	4.7
B2	$C_4Cl_2F_6$ (二聚体)	232	—	3.3
C2	$C_5Cl_2F_8$	282	—	0.3
D	$C_7Cl_2F_{10}$?	344	693 / 696 / 742 / 746	0.8 / 0.6 / 0.7 / 0.6
A3	$C_4Cl_4F_6$?	304	764	1.0
B3	$C_6Cl_4F_9$ (三聚体)	383	819	2.5
C3	$C_7Cl_3F_{11}$?	398	863 / 865	1.0 / 0.9
A4	$C_6Cl_5F_{12}$	475	1054	0.6
B4	$C_8Cl_4F_{12}$ (四聚体)	464	1086 / 1088	1.9 / 1.2
C4	$C_9Cl_4F_{14}$?	514	1114	2.0
A5	$C_8Cl_6F_{15}$	591	1343	0.7
B5	$C_{10}Cl_5F_{15}$ (五聚体)	580	1359	3.2
C5	$C_{11}Cl_5F_{17}$?	630	1372 / 1373	0.8 / 1.0
C6	$C_{12}Cl_6F_{20}$?	734	1628	0.3
B6	$C_{12}Cl_6F_{18}$ (六聚体)	696	1635	5.7
B7	$C_{14}Cl_7F_{21}$ (七聚体)	812	1915	2.6

[相关文献]
1) Pidduck, A. J. *J. Anal. Appl. Pyrolysis* 1985, **7**, 215.
2) Lonfei, J.; Jingling, W,; Shuman, X. *J. Anal. Appl. Pyrolysis* 1986, **10**, 99.

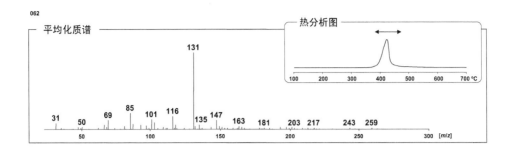

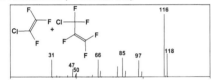

M：三氟氯乙烯 (+3-氯五氟丙烯)

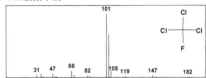

TF：三氯氟甲烷

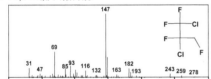

M'：1,2-二氯-四氟丙烷

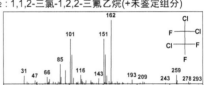

A₂：1,1,2-三氯-1,2,2-三氟乙烷(+未鉴定组分)

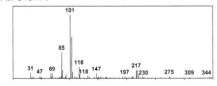

A₃：C₄Cl₄F₆

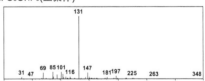

B₃：C₆Cl₄F₉(三聚体)

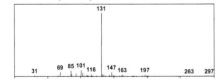

B₄：C₈Cl₄F₁₂(四聚体)

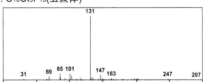

B₅：C₁₀Cl₅F₁₅(五聚体)

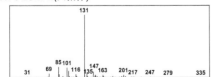

B₆：C₁₂Cl₆F₁₈(六聚体)

063 聚氟乙烯；PVF

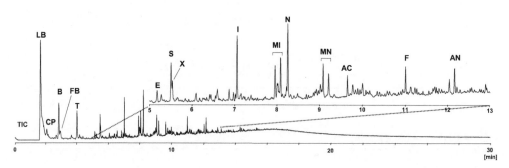

峰标记	主要峰的归属	分子量	保留指数	相对强度
LB	低沸点化合物	–	–	100.0
CP	环戊二烯	66	510	4.1
B	苯	78	659	20.8
FB	氟代苯	96	675	3.1
T	甲苯	92	769	13.5
E	乙基苯	106	865	2.1
S	苯乙烯	104	894	5.9
X	邻二甲苯	106	897	3.0
I	茚	116	1054	8.2
MI	1-甲基茚	130	1163	5.0
	3-甲基茚	130	1179	5.0
N	萘	128	1200	9.9
MN	2-甲基萘	142	1315	4.5
	1-甲基萘	142	1333	3.5
AC	二氢苊	154	1402	1.1
F	芴	166	1614	3.2
AN	蒽	178	1823	3.4

[相关文献]

1) Madorsky, S. L.; Hart, V. E.; Straus, S.; Sedlak, V. A. *J. Res. Nat. Bur. Std.* 1953, **51**, 327.

2) Chatfied, D. A. *J. Polym. Sci., Polym. Chem. Ed.* 1983, **21**, 1681.

3) Pidduck, A. J. *J. Anal. Appl. Pyrolysis* 1985, **71**, 215.

4) Nguyen, T. *J. Macromol. Sci., Rev. Macromol. Chem. Phys.* 1985, **C25**, 227.

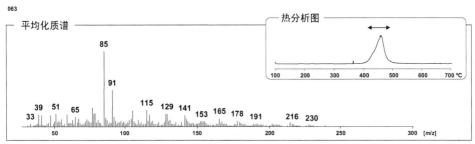

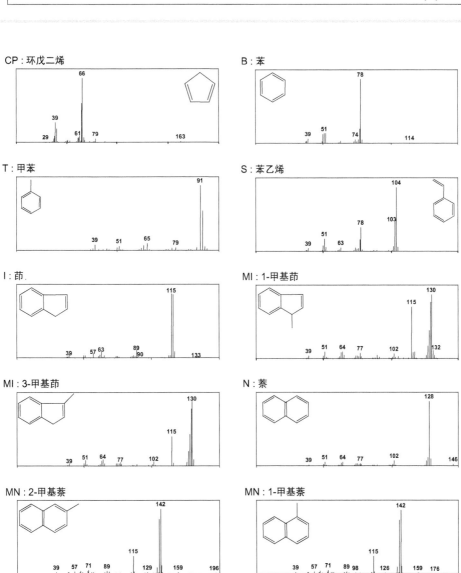

064　聚偏二氟乙烯；PVDF

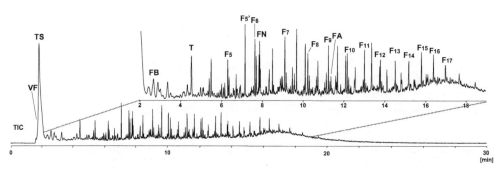

峰标记	主要峰的归属	分子量	保留指数	相对强度
VF	偏二氟乙烯	64	－	100.0
FB	1,3,5-三氟代苯	132	625	5.9
T	$CF_2=CHCF_2CH=CF_2$	176	805	5.0
F_5	$C_{11}H_{10}F_{10}$	332	970	2.5
F_5'	$C_{11}H_9F_{11}$	350	1062	3.8
F_6	$C_{13}H_{12}F_{12}$	396	1119	3.2
FN	$C_{10}H_4F_4$ （四氟代萘）	200	1147	3.1
F_7	$C_{15}H_{14}F_{14}$	460	1316	3.0
F_8	$C_{17}H_{16}F_{16}$	524	1488	2.6
F_9	$C_{19}H_{18}F_{18}$	588	1658	2.6
FA	$C_{14}H_5F_5$ （五氟代蒽）	268	1681	1.3
F_{10}	$C_{21}H_{20}F_{20}$	652	1827	2.1
F_{11}	$C_{23}H_{22}F_{22}$	716	1994	2.5

[相关文献]

1) Madorsky, S. L.; Hart, V. E.; Straus, S.; Sedlak, V. A. *J. Res. Nat. Bur. Std.* 1953, **51**, 327.
2) Hagiwara, M.; Ellinghorst, G.; Hummel, D. O. *Makromol. Chem.*, 1977, **178**, 2913.
3) Nguyen, T. *J. Macromol. Sci., Rev. Macromol. Chem. Phys.* 1985, **C25**, 227.
4) Pidduck, A. J. *J. Anal. Appl. Pyrolysis* 1985, **7**, 215.
5) Lonfei, J.; Jingling, W,; Shuman, X. *J. Anal. Appl. Pyrolysis* 1986, **10**, 99.

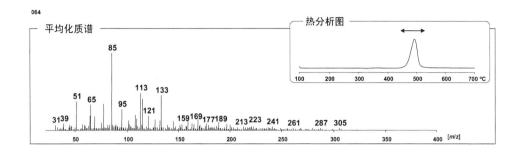

064

平均化质谱

热分析图

TS：四氟硅烷

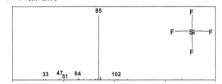

FB：1,3,5-三氟代苯

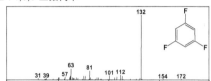

T：1,1,3,3,5,5-六氟-1,4-戊二烯

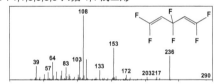

F5：C11H10F10

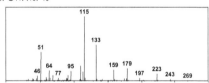

F5'：C11H9F11

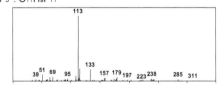

F6：C13H12F12

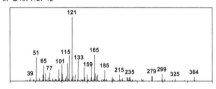

FN：四氟代萘

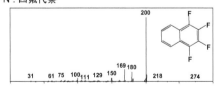

F7：C15H14F14

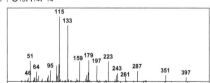

FA：五氟代蒽

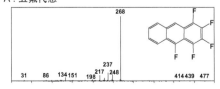

065 偏二氟乙烯 - 六氟丙烯（共聚）橡胶

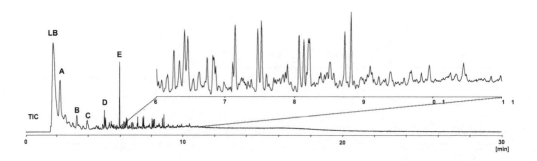

$$+CF_2CF_2 \longrightarrow / \longrightarrow CF_2CF(CF_3) \longrightarrow / \longrightarrow CF_2CH_2 \underset{n}{\big]}$$

峰标记	主要峰的归属	分子量	保留指数	相对强度
LB	（偏二氟乙烯 + 四氟乙烯 + 十六氟丙烯）	64; 100	–	100.0
		150	–	23.7
A	$CF_2=CHCF_2CF_2CH=CF_2$	226	710	4.4
B	未鉴定	222	761	4.5
C	$C_8H_5F_9$	272	853	3.2
D	未鉴定	–	941	7.5
E	$C_{12}H_2F_{10}$ ？	336		

[相关文献]

1) Blackwell, J. T. *Anal. Chem.* 1976, **48**, 1883.

2) Nguyen, T. *J. Macromol. Sci., Rev. Macromol. Chem. Phys.* 1985, **C25**, 227.

3) Pidduck, A. J. *J. Anal. Appl. Pyrolysis* 1985, **7**, 215.

4) Lonfei, J.; Jingling, W,; Shuman, X. *J. Anal. Appl. Pyrolysis* 1986, **10**, 99.

065

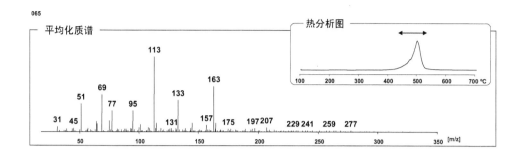

LB：偏二氟乙烯(+ 四氟乙烯 + 六氟丙烯)

A：1,1,3,3,4,4,6,6-八氟代-1,5-己二烯

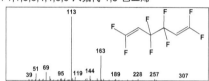

B：未鉴定

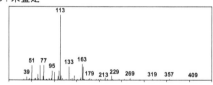

C：C8H5F9

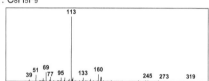

D：未鉴定

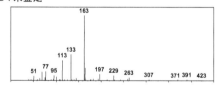

E：C12H2F10

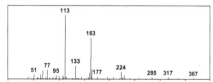

066 丙烯 - 四氟乙烯（共聚）橡胶

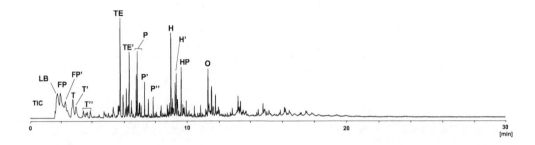

峰标记	主要峰的归属	分子量	保留指数	相对强度
LB	丙烯，四氟乙烯	42, 100	295	25.7
FP	$C_5H_6F_4$ (混杂二聚体)	142	–	100.0
FP'	$C_6H_6F_6$	192	–	47.0
T	$C_7H_6F_8$ (FPF混杂三聚体)	242	648	67.5
T'	$C_8H_{12}F_6$?	222	675	34.9
T''	$C_8H_6F_{10}$	292	724	11.9
	$C_8H_8F_8$	256	738	7.9
	$C_8H_{10}F_6$	220	760	14.5
TE	$C_{10}H_{12}F_8$ （FPFP混杂四聚体）	284	920	75.1
TE'	$C_{11}H_{12}F_{10}$	334	979	55.2
P	$C_{12}H_{12}F_{12}$ (FFPFP混杂五聚体)	384	1028	22.3
	$C_{12}H_{12}F_{12}$ (FPFPF混杂五聚体)	384	1034	35.1
P'	$C_{13}H_{12}F_{14}$	434	1088	18.8
P''	$C_{13}H_{16}F_{10}$	362	1153	11.3
H	$C_{15}H_{18}F_{12}$ (FPFPFP混杂六聚体)	426	1300	60.2
H'	$C_{16}H_{18}F_{14}$	476	1349	34.4
HP	$C_{17}H_{18}F_{16}$ (FPFPFPF混杂七聚体)	526	1396	36.6
O	$C_{20}H_{24}F_{16}$ (FPFPFPFP混杂八聚体)	568	1671	35.3

注：F代表四氟乙烯单元；P代表丙烯单元。

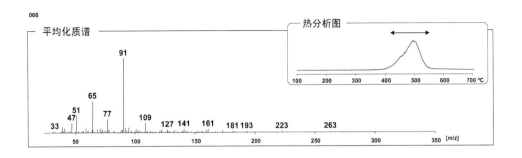

FP：C₅H₆F₄

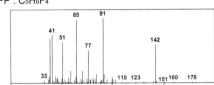

FP'：C₆H₆F₆

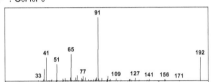

T：C₇H₇F₈(FPF混杂三聚体)

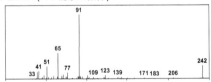

TE：C₁₀H₁₂F₈(FPFP混杂四聚体)

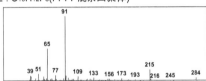

P：C₁₂H₁₂F₁₂(FFPFP混杂五聚体)

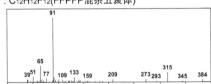

P：C₁₂H₁₂F₁₂ (FPFPF混杂五聚体)

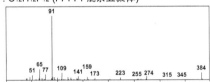

H：C₁₅H₁₈F₁₂ (FPFPFP混杂六聚体)

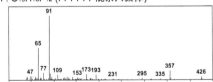

H'：C₁₆H₁₈F₁₄

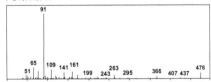

HP：C₁₇H₁₈F₁₆(FPFPFPF混杂七聚体)

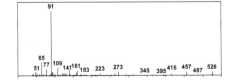

O：C₂₀H₂₄F₁₆(FPFPFPFP混杂八聚体)

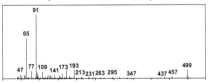

2.2.8　其它烯类聚合物

067　聚乙烯醇；PVA

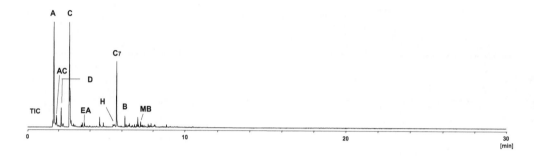

峰标记	主要峰的归属	分子量	保留指数	相对强度
A	乙醛	44	404	100.0
AC	丙酮	58	463	9.7
D	2,5-二氢呋喃	70	573	14.9
C	丁烯醛 $CH_3CH=CHCHO$	70	640	95.9
EA	亚乙基丙酮	84	740	4.1
H	$CH_3CH=CHCH=CHCHO$	96	901	2.9
C7	C_7H_{12} (甲基己二烯?)	96	912	46.6
B	苯甲醛	106	965	5.8
MB	甲基苯甲醛	120	1075	3.2

[相关文献]

1) Wang, F. C.-Y. *J. Chromatogr. A* 1996, **753**, 101.

067

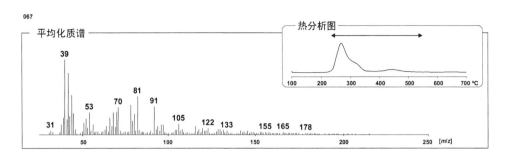

平均化质谱

热分析图

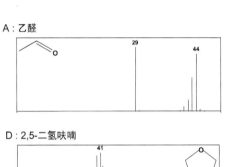

A：乙醛

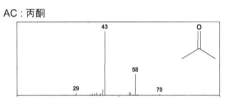

AC：丙酮

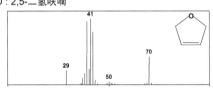

D：2,5-二氢呋喃

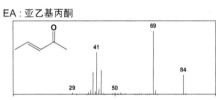

EA：亚乙基丙酮

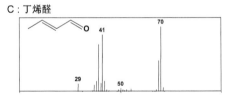

C：丁烯醛

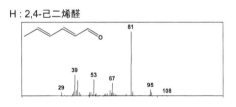

H：2,4-己二烯醛

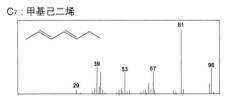

C₇：甲基己二烯

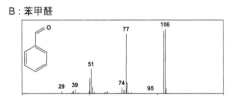

B：苯甲醛

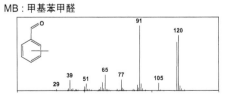

MB：甲基苯甲醛

068 聚乙烯醇缩丁醛；PVB

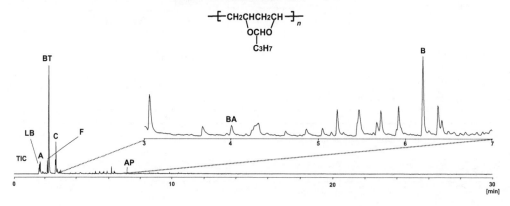

峰标记	主要峰的归属	分子量	保留指数	相对强度
LB	丙烯	42	295	11.2
A	乙醛	44	408	10.0
F	2,5-二氢呋喃	70	571	9.4
BT	正丁醛	72	610	100.0
C	丁烯醛 CH₃CH=CHCHO	70	639	24.8
BA	丁酸	88	816	1.5
B	苯甲醛	106	965	4.1
AP	苯乙酮	120	1072	1.2

068

平均化质谱

热分析图

A：乙醛

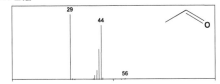

LB：丙烯

F：2,5-二氢呋喃

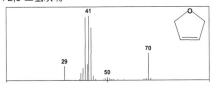

BT：正丁醛

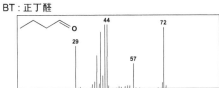

C：丁烯醛

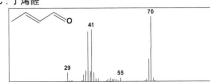

BA：丁酸

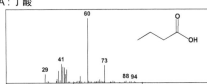

B：苯甲醛

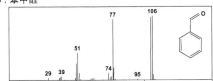

AP：苯乙酮

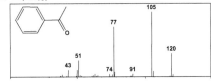

069　聚乙酸乙烯酯；PVAc

$$\left[CH_2CH(OCOCH_3)\right]_n$$

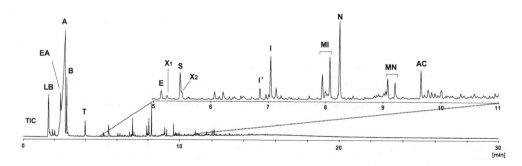

峰标记	主要峰的归属		分子量	保留指数	相对强度
LB	乙烯酮等		42	150	6.6
EA	乙酸乙酯		88	606	20.4
A	乙酸		60	643	100.0
B	苯		78	657	11.6
T	甲苯		92	768	3.3
E	乙基苯		106	864	0.6
X1	对二甲苯		106	873	0.3
S	苯乙烯		104	894	1.7
X2	邻二甲苯		106	896	0.4
I'	二氢茚		118	1048	0.6
I	茚		116	1054	2.2
MI	1-甲基茚		130	1162	1.4
	3-甲基茚		130	1178	2.3
N	萘		128	1200	4.5
MN	2-甲基萘		142	1315	1.1
	1-甲基萘		142	1333	0.9
AC	二氢苊		154	1398	1.4

[相关文献]

1) Sellier, N.; Jones, C. E. R.; Guichon, G. *J. Chromatogr. Sci.* 1975, **132**, 383.

069

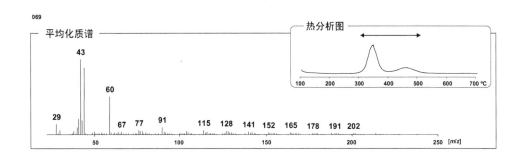

平均化质谱　　热分析图

EA：乙酸乙酯

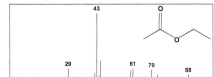

A：乙酸

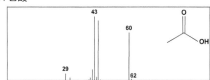

B：苯

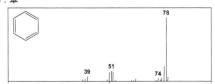

T：甲苯

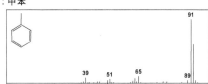

I'：二氢茚

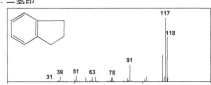

I：茚

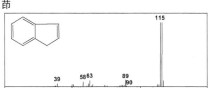

MI：1-甲基茚

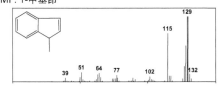

MI：3-甲基茚

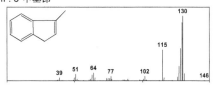

N：萘

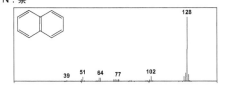

AC：二氢苊

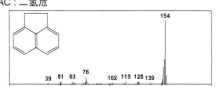

070   聚乙烯吡咯烷酮；PVP

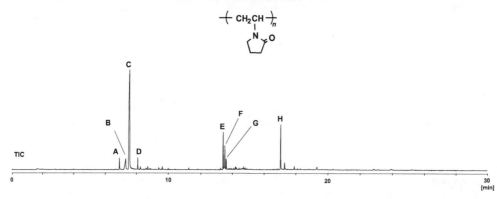

峰标记	主要峰的归属	分子量	保留指数	相对强度
A	(CH₃)	99	1043	5.3
B	(H)	85	1088	14.5
C	(CH=CH₂) （单体）	111	1118	100.0
D	(CH₂=C-CH₃)	125	1181	3.7
E	(CH₂=C-CH₂-CH₂) （二聚体）	222	2079	13.3
F	(CH₂-CH₂-CH₂)	210	2101	9.6
G	(CH₂=C-CH₂-C=CH₂)	234	2120	3.5
H	(CH₂=C-CH₂-CH-CH₂-CH₂) （三聚体）	333	2974	20.1

[相关文献]

1) Ericsson, I.; Ljunggren, L. *J. Anal. Appl. Pyrolysis* 1990, **17**, 251.

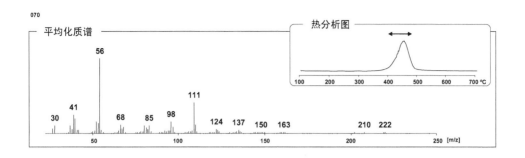

070

平均化质谱

热分析图

A：1-甲基-2-吡咯烷酮

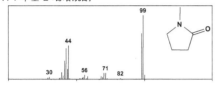

B：2-吡咯烷酮

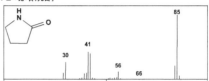

C：1-乙烯基-2-吡咯烷酮(单体)

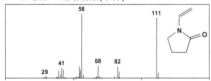

D：1-丙烯基-2-吡咯烷酮

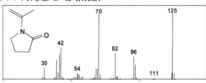

E：3-丁烯基-1,3-二吡咯烷酮(二聚体)

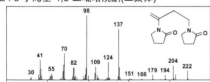

F：1-丙基-1,3-二吡咯烷酮

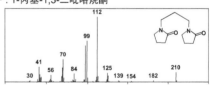

G：1,4-戊二烯-2,4-二吡咯烷酮

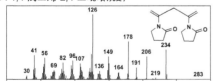

H：5-己烯基-1,3,5-三吡咯烷酮(三聚体)

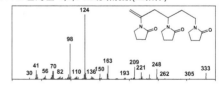

2.2.9　双烯类弹性体

071　高顺式丁二烯橡胶；BR

$$-(CH_2CH = CHCH_2)_n$$

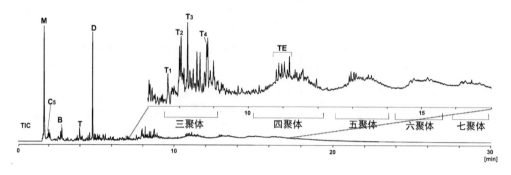

峰标记	主要峰的归属	分子量	保留指数	相对强度
M	1,3-丁二烯	54	395	100.0
C₅	1,3-戊二烯	68	490	4.6
B	苯	78	650	8.2
T	甲苯	92	766	6.3
D	4-乙烯基环己烯(二聚体)	108	834	77.9
T₁	$C_{11}H_{16}$	148	1091	7.1
T₂	$C_{12}H_{18}$	162	1139	6.7
T₃	$C_{12}H_{18}$ (三聚体)	162	1164	6.3
T₄	$C_{12}H_{18}$	162	1237	6.4
TE	$C_{16}H_{26}$ (四聚体)	218	1553	1.5
			1567	2.2
			1580	1.8
			1604	1.9

[相关文献]

1) Shono, T.; Shinra, K. *Anal. Chim. Acta* 1971, **56**, 303.
2) Alexeeva, K. V.; Kharanova, L. P.; Solomatina, L. S. *J. Chromatogr.* 1973, **77**, 61.
3) Braun, D.; Canji, E. Angew. *Makromol. Chem.* 1974, **35**, 27.
4) Ericsson, I. *J. Chromatogr. Sci.* 1978, **16**, 340.
5) Haeusler, K. G.; Schroeder, E.; Huster, B. *J. Anal. Appl. Pyrolysis* 1980, 2, 109.
6) Radhakrishnan, T. S.; M. R. *J. Polym. Sci., Polym. Chem. Ed.* 1981, **19**, 3197.
7) Schrafft, R. *Kautsch. Gummi Kunstst.* 1983, **36**, 851.
8) Choi, S.-S. *J. Anal. Appl. Pyrolysis* 2001, **57**, 249.

071

平均化质谱

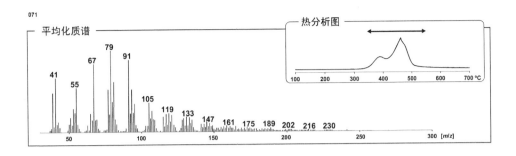

热分析图

M：1,3-丁二烯

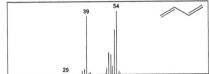

B：苯

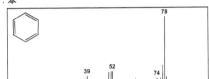

D：4-乙烯基环己烯

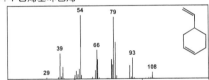

T_2：$C_{12}H_{18}$(三聚体)

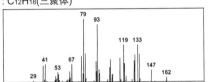

T_3：$C_{12}H_{18}$(三聚体)

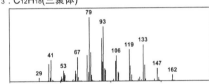

T_4：$C_{12}H_{18}$ (三聚体)

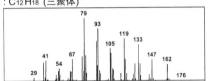

TE：$C_{16}H_{26}$(四聚体)

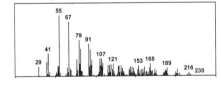

TE：$C_{16}H_{26}$(四聚体)

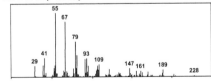

TE：$C_{16}H_{26}$(四聚体)

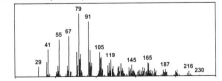

TE：$C_{16}H_{26}$(四聚体)

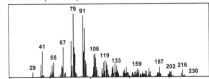

072 聚 1,2-丁二烯

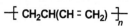

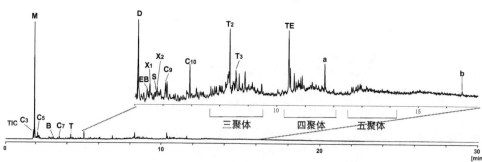

峰标记	主要峰的归属	分子量	保留指数	相对强度
C_3	丙烯等	42	295	11.3
M	1,3-丁二烯	54	395	100.0
C_5	戊二烯	68	492	4.5
B	苯	78	650	1.7
C_7	环庚二烯	94	703	3.8
T	甲苯	92	765	5.9
D	4-乙烯基环己烯(二聚体)	108	836	8.1
EB	乙基苯	106	865	1.8
X_1	对二甲苯	106	874	1.6
S	苯乙烯	104	895	0.6
X_2	邻二甲苯	106	896	0.9
C_9	C_9H_{12}	120	926	2.3
C_{10}	$C_{10}H_{14}$	134	1013	2.9
T_2	$C_{12}H_{18}$ ⎤(三聚体)	162	1183	3.8
T_3	$C_{12}H_{18}$ ⎦	162	1211	1.6
TE	$C_{15}H_{24}$ (四聚体)	204	1481	5.7
a	未鉴定	–	1694	2.0
b	未鉴定	320 ?	2789	1.1

[相关文献]

1) Shono, T.; Shinra, K. *Anal. Chim. Acta* 1971, **56**, 303.
2) Braun, D.; Canji, E. *Angew. Makromol. Chem.* 1974, **35**, 27.
3) Haeusler, K. G.; Schroeder, E.; Huster, B. *J. Anal. Appl. Pyrolysis* 1980, 2, 109.
4) Radhakrishnan, T. S.; Rao, M. R. *J. Polym. Sci., Polym. Chem. Ed.* 1981, **19**, 3197.

072

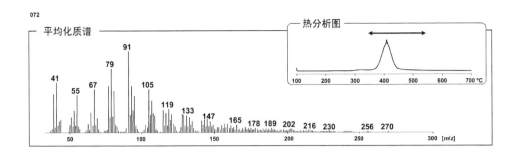

平均化质谱　　热分析图

M：1,3-丁二烯
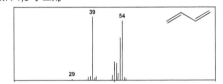

C₅：戊二烯
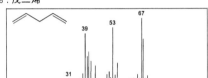

B：苯
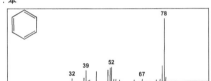

C₇：环庚二烯
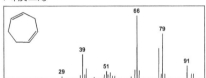

T：甲苯
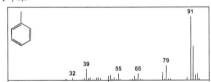

D：4-乙烯基环己烯
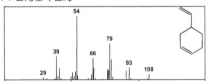

C₁₀：C₁₀H₁₄
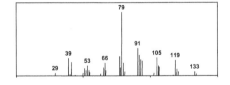

T₂：C₁₂H₁₈（三聚体）
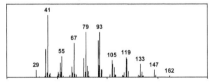

T₃：C₁₂H₁₈（三聚体）
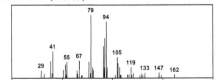

TE：C₁₅H₂₄（四聚体）
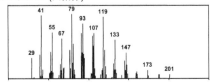

073　天然橡胶；NR

$$-\!\!\left[\text{CH}_2\text{C}(\text{CH}_3)=\text{CHCH}_2\right]_n$$

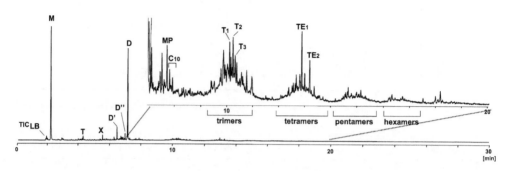

峰标记	主要峰的归属		分子量	保留指数	相对强度
LB	丙烯等		42	295	3.6
M	异戊二烯		68	470	100.0
T	甲苯		92	766	3.4
X	间二甲苯		106	874	3.6
D'	2,4-二甲基-4-乙烯基环己烯		136	965	7.9
D"	$C_{10}H_{16}$	(二聚体)	136	1019	4.0
D	二聚戊烯		136	1038	68.3
MP	甲基异丙基苯？		134	1122	1.0
C_{10}	$C_{10}H_{16}$		136	1135	0.5
			136	1149	0.4
T_1	$C_{15}H_{24}$		204	1452	0.9
T_2	$C_{15}H_{24}$	(三聚体)	204	1472	1.1
T_3	$C_{15}H_{24}$		204	1484	1.0
TE_1	$C_{20}H_{32}$	(四聚体)	272	1941	1.5
TE_2	$C_{20}H_{32}$		272	2002	1.0

[相关文献]

1) Alexeeva, K. V.; Khranova, L. P.; Solomatina, L. S. *J. Chromatogr.* 1973, **77**, 61.
2) Braun, V. D.; Canji, E. *Angew. Makromol. Chem.* 1974, **36**, 67.
3) Chien, J. C. W.; Kiang, J. K. Y. *Eur. Polym. J.* 1979, **15**, 1059.
4) Naveau, J.; Dieu, H. *J. Anal. Appl. Pyrolysis* 1980, **2**, 123.
5) Schrafft, R. *Kautsch. Gummi Kunstst.* 1983, **36**, 851.
6) Groves, S. A.; Lehrle, R. S. *J. Anal. Appl. Pyrolysis* 1991, **19**, 301.
7) Choi, S.-S. *Bull. Korean Chem. Soc.* 1999, **20**, 445.
8) Chen, F.; Qian, J. *Fuel* 2002, **81**, 2071.

073

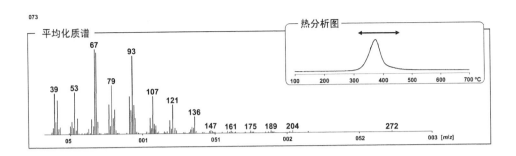

平均化质谱

热分析图

M：异戊二烯

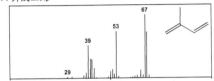

X：间二甲苯

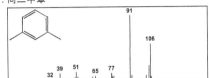

D'：2,4-二甲基-4-乙烯基环己烯

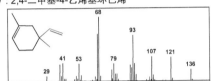

D"：2,5-二甲基-3-亚甲基-1,5-庚二烯

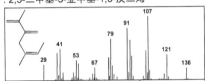

D：二聚戊烯

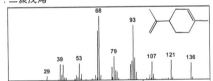

T_1：$C_{15}H_{24}$（三聚体）

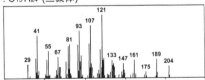

T_2：$C_{15}H_{24}$（三聚体）

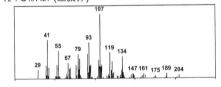

T_3：$C_{15}H_{24}$（三聚体）

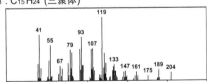

TE_1：$C_{20}H_{32}$（四聚体）

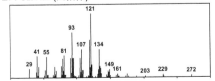

TE_2：$C_{20}H_{32}$（四聚体）

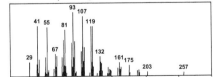

074　氯丁橡胶；CR

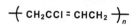

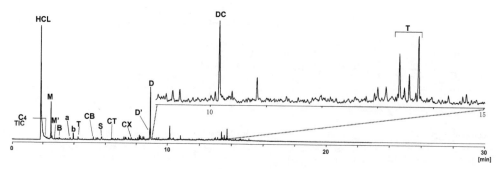

峰标记	主要峰的归属	分子量	保留指数	相对强度
HCl	氯化氢	36	–	100.0
C4	1,3-丁二烯	54	395	7.8
M	氯丁二烯	88	550	19.2
M'	氯丁烯 (C-C(Cl)=C-C ?)	90	618	1.3
B	苯	78	653	1.6
a	C5H7Cl (C=C(Cl)-C=C-C ?)	102	722	1.3
b	C4H4Cl2 (Cl-C=C-C=C-Cl ?)	121	740	3.8
T	甲苯	92	766	2.4
CB	氯苯	112	850	1.3
S	苯乙烯	104	896	1.1
CT	氯甲苯(或异构体)	126	962	1.4
CX	氯代二甲苯(或异构体)	140	1101	1.4
D'	$C_8H_{10}Cl_2$（二聚体 ）	176	1255	4.4
D	$C_8H_{10}Cl_2$（三聚体 ）	176	1259	19.8
DC	$C_8H_9Cl_3$	210	1444	5.5
T	未鉴定	254 ?	1950	1.7
			2031	2.9
			2068	2.5
			2104	4.4

注：键合氢省略。

[相关文献]

1) Gardner, D. L.; McNeill, I. C. *Eur. Polym. J.* 1971, **7**, 593.
2) Fuh, M.-R. S.; Wang, G.-Y. *Anal. Chim. Acta* 1998, **371**, 89.
3) Lehrle, R. S.; Dadvand, N.; Parsons, I. W.; Rollinson, M.; Horn, I. M.; Skinner, A. R. *Polym. Degrad. Stab.* 2000, **70**, 395.

074

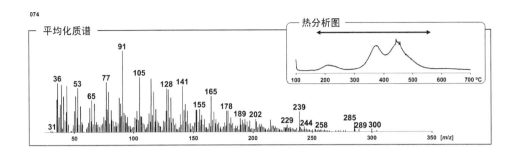

平均化质谱　　　热分析图

HCl：氯化氢

M：氯丁二烯

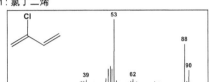

b：1,4-二氯-1,3-丁二烯

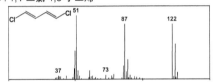

D'：1-氯-5-氯乙烯基环己烯(二聚体)

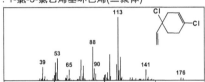

D：1-氯-4-氯乙烯基环己烯(二聚体)

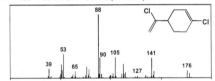

DC：$C_8H_9Cl_3$

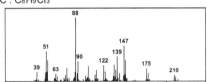

T：未鉴定

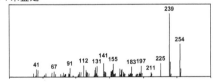

T：未鉴定

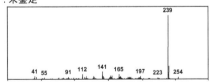

T：未鉴定

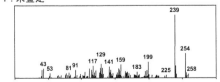

T：未鉴定

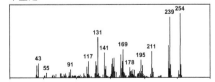

075 氢化天然橡胶

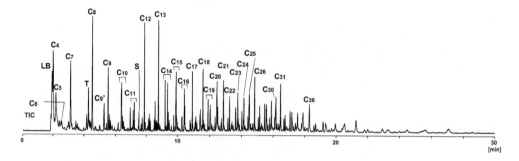

$$-\!\!\left[\!\!\begin{array}{c}\end{array}\!\! CH_2CH(CH_3)CH_2CH_2 \right]_n$$

峰标记	主要峰的归属	分子量	保留指数	相对强度
LB	丙烯等	42	295	88.1
C5	1-戊烯	70	495	76.1
C6	甲基丁烷	72	580	10.6
C7	4-甲基-1-己烯	98	656	81.2
T	甲苯	92	765	42.2
C8	2-甲基-1-庚烯	112	787	100.0
C9'	2,6-二甲基-1-庚烯	126	853	30.7
C9	3-甲基辛烷	128	874	38.7
C10	4-甲基-1-壬烯	140	960	21.9
	4-甲基壬烷	142	966	7.2
C11	2,6-二甲基-1,8-壬二烯	152	1040	10.5
	2,6-二甲基-1-壬烯	154	1048	14.7
S	4-甲基-苯硫醇	124	1082	10.0
C12	4,8-二甲基-1-癸烯	168	1124	52.8
C13	2,6-二甲基-1-十一烯	182	1239	54.2
C14	2,6,10-三甲基-1-十一烯	196	1298	23.8
	3,7-二甲基-十二烷	198	1321	21.8
C15	4,8-二甲基-十三烷	212	1403	47.6
	4,8-二甲基-1-十三烯	210	1407	7.1
C16	2,6,10-三甲基-1,12-十三(碳)二烯	222	1484	22.0
	2,6,10-三甲基-1-十三烯	224	1489	12.7
C17	4,8,12-三甲基-1-十四烯	238	1566	33.0
C18	2,6,10-三甲基-1-十五烯	252	1677	28.8

[相关文献]

1) Tsuge, S.; Sugimura, Y.; Nagaya, T. *J. Anal. Appl. Pyrolysis* 1980, **1**, 221.

075

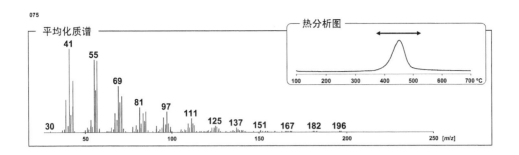

平均化质谱　　　　　　　　　　　热分析图

C₄：丁烷(+丁烯)

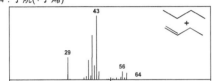

C₇：4-甲基-1-己烯

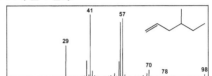

C₈：2-甲基-1-庚烯

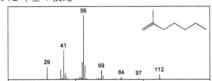

C₁₂：4,8-二甲基-1-癸烯

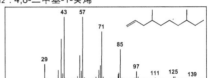

C₁₃：2,6-二甲基-1-十一烯

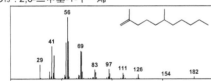

C₁₇：4,8,12-三甲基-1-十四烯

C₁₈：2,6,10-三甲基-1-十五烯

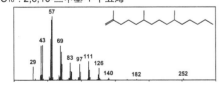

C₂₆：2,6,10,14,18-五甲基-1-二十一烯

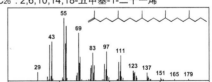

C₃₁：2,6,10,14,18,22-六甲基-1-二十五烯

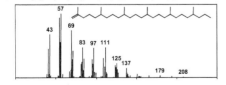

C₃₆：2,6,10,14,18,22,26-七甲基-1-二十九烯

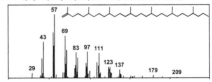

076　丙烯腈 - 丁二烯橡胶；NBR

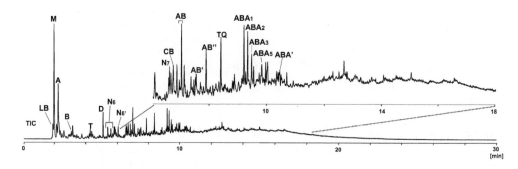

$$\left[CH_2CH=CHCH_2-/-CH_2CH(CH=CH_2)-/-CH_2CH(CN) \right]_n$$

峰标记	主要峰的归属	分子量	保留指数	相对强度
LB	丙烯等	42	295	15.2
M	丁二烯	54	395	100.0
A	丙烯腈	53	568	65.9
B	苯	78	654	7.6
T	甲苯	92	767	7.7
D	4-乙烯基环己烯 (B二聚体)	108	838	17.2
N6	C_6H_9N (C-C=C-C-C-CN ?)	95	863	10.5
		95	880	5.9
N6'	C=C-C-C(CN)=C	93	925	7.4
N7	$C_7H_{11}N$	109	977	4.4
CB	氰基苯	103	991	8.7
AB	C_7H_9N (AB二聚体混合物；C=C-C=C-C-C-CN	107	1004	7.8
	C=C-C-C-C-(CN)=C etc. ?)	107	1023	14.5
AB'	$C_8H_{11}N$	121	1083	4.6
AB"	C_8H_9N	119	1125	8.8
TQ	$C_9H_{11}N$ (四氢喹啉)	133	1190	10.1
ABA1			1301	11.6
ABA2	$C_{10}H_{12}N_2$		1319	9.7
ABA3	(ABA三聚体混合物；C=C(CN)-C-C=C-C-C-C-CN	160	1340	9.3
ABA4	etc.)		1350	4.5
ABA5			1376	7.6
ABA'	$C_{11}H_{13}N_3$	187	1488	2.9

注：键合氢省略。

[相关文献]

1) Shimono, T.; Tanaka, M.; Shono, T. *Anal. Chim. Acta* 1978, **96**, 359.
2) Balyan, A. K.; Fedtke, M.; Hausler, K.-G. *Plaste Kautschuk* 1982, **29**, 569.
3) Kondo, A.; Ohtani, H.; Kosugi, Y.; Kubo, Y.; Inaki, H.; Asada, N.; Yoshioka, A. *Macromolecules* 1988, **21**, 2918.
4) Fuh, M.-R. S.; Wang, G.-Y. *Anal. Chim. Acta* 1998, **371**, 89.
5) Hiltz, J. A. *J. Anal. Appl. Pyrolysis* 2000, **55**, 135.
6) Shield, S. R.; Ghebremeskel, G. N.; Hendrix, C. *Rubber Chem. Technol.* 2001, **74**, 803.

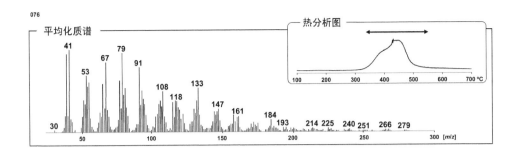

M：1,3-丁二烯

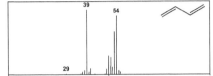

B：苯

T：甲苯

D：4-乙烯基环己烯

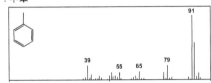
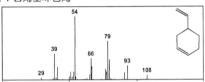

N₆：4-己烯腈

N₆'：2-亚甲基-4-戊烯腈

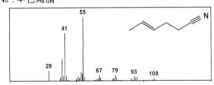
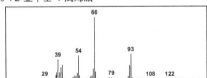

AB：C₇H₉N (AB混杂二聚体)

ABA：C₁₀H₁₂N₂ (AB混杂三聚体)

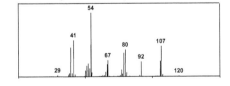
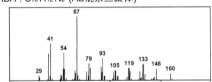

ABA：C₁₀H₁₂N₂ (混杂三聚体)

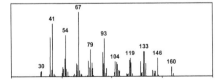

077 氢化丁腈橡胶；NBR

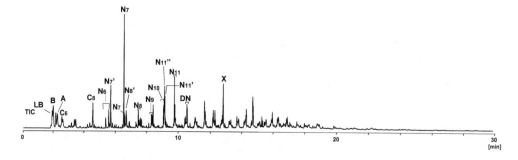

峰标记	主要峰的归属	分子量	保留指数	相对强度
LB	低沸点化合物	–	–	26.8
B	1-丁烯	56	384	48.8
A	丙烯腈	53	565	27.7
C6	1-己烯	84	597	17.3
C8	1-辛烯	112	791	35.1
N6	CH2=CH(CH2)3CN	95	864	11.6
	CH3(CH2)4CN	97	881	17.5
N7'	CH3(CH2)3C(CN)=CH2	109	892	42.3
N7	CH2=CH(CH2)4CN	109	976	100.0
	CH3(CH2)5CN	111	982	10.6
N8'	CH3(CH2)4C(CN)=CH2	123	992	10.0
N8	CH2=CH(CH2)5CN	123	1079	13.0
	CH3(CH2)6CN	125	1085	9.8
N9	CH2=CH(CH2)6CN	137	1181	11.4
	CH3(CH2)7CN	139	1188	14.2
N10	CH2=CH(CH2)7CN	151	1284	16.2
	CH3(CH2)8CN	153	1290	20.9
N11"	CH3(CH2)3CH(CN)(CH2)3CH CH2	165	1292	30.7
N11'	CH3(CH2)7C(CN)=CH2	165	1296	19.2
N11	CH2=CH(CH2)8CN	165	1387	31.8
	CH3(CH2)9CN	167	1392	14.4
DN	NC(CH2)7CN	150	1509	14.4
	CH3(CH2)6C(CN)=CH2	151	1514	12.3
X	未鉴定	–	1923	50.3

[相关文献]

1) Kondo, A.; Ohtani, H.; Kosugi, Y.; Kubo, Y.; Inaki, H.; Asada, N.; Yoshioka, A. *Macromolecules* 1988, **21**, 2918.

077

平均化质谱

热分析图

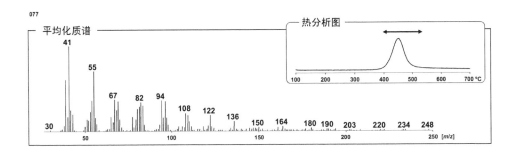

B：1-丁烯

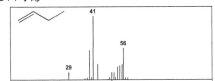

A：丙烯腈

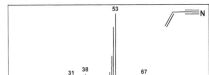

C$_8$：1-辛烯

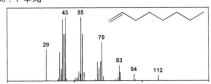

N$_7$：6-庚烯腈

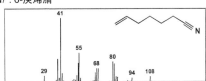

N$_7$：庚腈

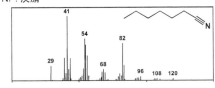

N$_{10}$：癸腈

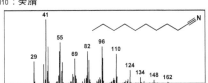

N$_{11}''$：2-丁基-6-庚烯腈

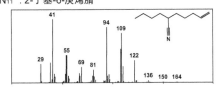

N$_{11}'$：2-亚甲基癸腈

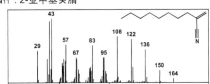

N$_{11}$：1-十一烯腈

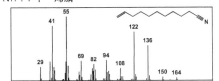

N$_{11}$：十一腈

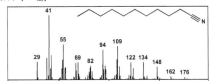

078 聚降冰片烯

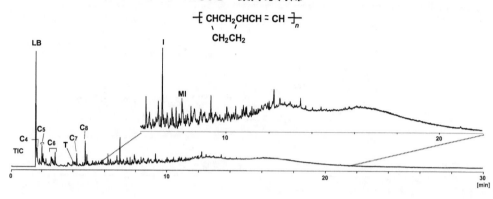

峰标记	主要峰的归属	分子量	保留指数	相对强度
LB	丙烯等	42	295	100.0
C4	丁烯	56	382	20.9
C5	1,3-环戊二烯	66	626	14.2
	环戊烯	68	580	7.3
	甲基环戊烷	84	642	2.2
	甲基戊二烯	80	642	9.9
C6	3-甲基环戊烯	82	606	6.0
	苯	78	654	3.1
	1,3-环己二烯	80	626	10.7
T	甲苯	92	765	3.7
C7	未鉴定	84	763	9.8
C8	未鉴定	108	809	17.3
I	茚	116	1055	8.0
MI	1-甲基茚	130	1163	7.9

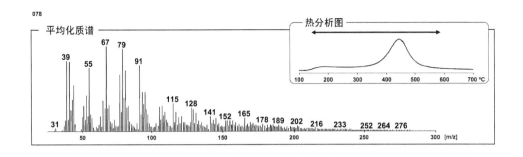

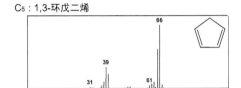

C₅：1,3-环戊二烯

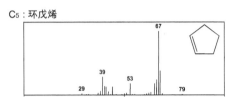

C₅：环戊烯

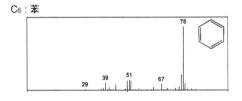

C₆：苯

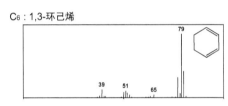

C₆：1,3-环己烯

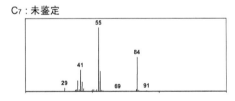

C₇：未鉴定

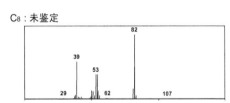

C₈：未鉴定

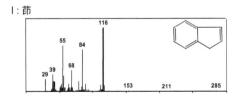

I：茚

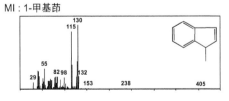

MI：1-甲基茚

079 苯乙烯 - 丁二烯橡胶；SBR

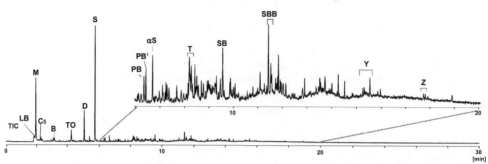

峰标记	主要峰的归属	分子量	保留指数	相对强度
LB	丙烯等	42	295	9.8
M	1,3-丁二烯	54	395	76.9
C5	戊二烯	68	495	5.1
B	苯	78	654	5.4
	环己二烯	80	663	5.8
TO	甲苯	92	767	14.8
D	4-乙烯基环己烯(B二聚体)	108	837	30.7
S	苯乙烯	104	896	100.0
PB	丙烯基苯	118	954	3.4
PB'	丙苯	120	961	3.5
αS	α-甲基苯乙烯	118	988	5.2
T	$C_{12}H_{18}$ (B三聚体)	162	1164	7.7
			1194	4.0
SB	$C_{12}H_{14}$ (二聚体混合物)	158	1354	6.2
SBB	$C_{16}H_{12}$ (SBB三聚体混合物)	204	1654	7.7
			1671	3.8
Y	未鉴定	302 ?	2456	1.3
			2470	1.6
			2528	2.0
Z	未鉴定		3083	1.3
			3100	0.7

[相关文献]

1) Alexeeva, K. V.; Khramova, L. P.; Solomatina, L. S. *J. Chromatogr.* 1973, **77**, 61.

2) Trojer, L.; Ericsson, I. *J. Chromatogr. Sci.*, 1978, **16**, 345.

3) Schrafft, R. Kautsch. *Gummi Kunstst.* 1983, **36**, 1983.

4) Choi, S.-S. *J. Anal. Appl. Pyrolysis* 2000, **55**, 161.

5) Shield, S. R.; Ghebremeskel, G. N.; Hendrix, C. *Rubber Chem. Technol.* 2001, **74**, 803.

6) Choi, S.-S. J. *Anal. Appl. Pyrolysis* 2002, **62**, 319.

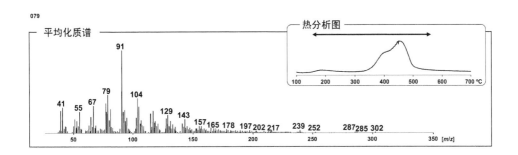

079

平均化质谱

热分析图

M：1,3-丁二烯

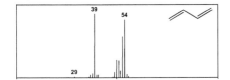

TO：甲苯

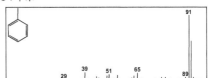

D：4-乙烯基环己烯(B二聚体)

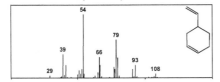

S：苯乙烯

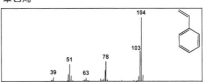

αS：α-甲基苯乙烯

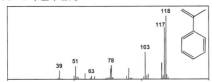

T：C$_{12}$H$_{18}$ (B三聚体)

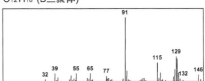

T：C$_{12}$H$_{18}$ (B三聚体)

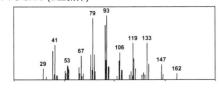

SB：C$_{12}$H$_{14}$ (二聚体混合物)

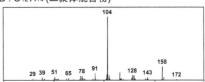

SBB：C$_{16}$H$_{12}$ (SBB三聚体混合物)

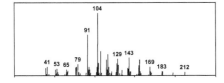

SBB：C$_{16}$H$_{12}$ (SBB三聚体混合物)

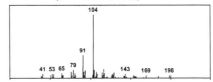

080　苯乙烯 - 丁二烯 - 苯乙烯嵌段共聚物；SBS（TPS）

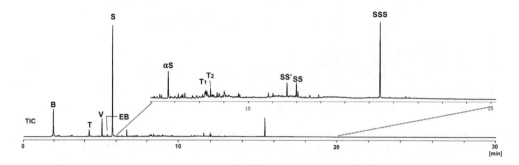

峰标记	主要峰的归属	分子量	保留指数	相对强度
B	丁二烯	54	395	25.4
T	甲苯	92	767	7.2
V	4-乙烯基环己烯(B二聚体)	108	837	13.6
EB	乙基苯	106	867	1.6
S	苯乙烯	104	897	100.0
αS	α-甲基苯乙烯	118	989	4.6
T₁	$C_{12}H_{18}$ (B三聚体)	162	1170	1.0
T₂	$C_{12}H_{18}$ (B三聚体)	162	1194	1.4
SS'	$CH_2(C_6H_5)CH_2CH_2C_6H_5$	196	1678	2.4
SS	$CH_2=C(C_6H_5)CH_2CH_2C_6H_5$ (S二聚体)	208	1738	2.2
SSS	$CH_2=C(C_6H_5)CH_2CH(C_6H_5)CH_2CH_2C_6H_5$ (S三聚体)	312	2490	11.8

［相关文献］

1) Hacaloglu, J.; Ersen, T.; Ertugrul, N.; Fares, M. M.; Suzer, S. *Eur. Polym. J.* 1997, **33**, 199.

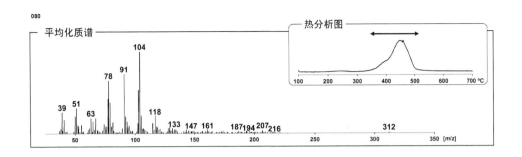

B：1,3-丁二烯

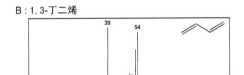

T：甲苯

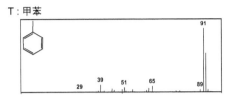

V：4-乙烯基环己烯

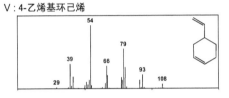

S：苯乙烯

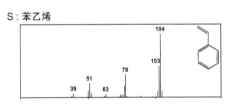

αS：α-甲基苯乙烯

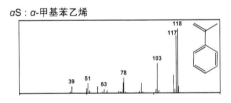

T₁：C₁₂H₁₈ (B三聚体)

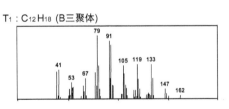

T₂：C₁₂H₁₈ (B三聚体)

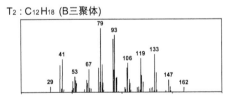

SS'：1,2-二苯基丙烷

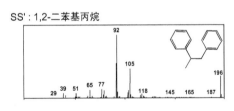

SS：1,3-二苯基-3-丁烯(苯乙烯二聚体)

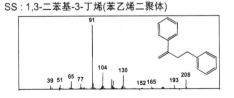

SSS：1,3,5-三苯基-5-己烯(苯乙烯三聚体)

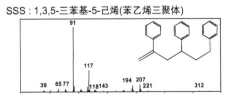

081　苯乙烯-乙烯-丁二烯-苯乙烯嵌段共聚物；氢化 SBS（SEBR）

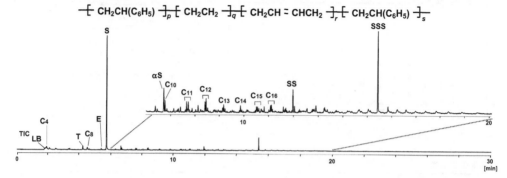

峰标记	主要峰的归属	分子量	保留指数	相对强度
LB	丙烯等	42	295	3.7
C4	丁二烯	54	395	6.2
T	甲苯	92	767	5.2
C8	1-辛烯	112	791	4.1
E	乙基苯	106	867	1.4
S	苯乙烯	104	896	100.0
αS	α-甲基苯乙烯	118	988	3.0
C10	1-癸烯	140	994	1.4
C11	1-十一烯	154	1094	1.1
	正十一烷	156	1100	1.3
C12	1,11-十二(碳)二烯	166	1189	1.2
	1-十二烯	168	1195	1.4
C13	1-十三烯	182	1294	0.7
C14	1-十四烯	196	1394	0.7
C15	1,14-十五(碳)二烯	208	1494	0.3
	1-十五烯	210	1496	0.8
	正十五烷	212	1500	0.6
C16	1,15-十六(碳)二烯	222	1591	0.8
	1-十六烯	224	1594	0.8
SS	$CH_2=C(C_6H_5)CH_2CH_2C_6H_5$ (S二聚体)	208	1737	2.7
SSS	$CH_2=C(C_6H_5)CH_2CH(C_6H_5)CH_2CH_2C_6H_5$ (S三聚体)	312	2491	9.7

［相关文献］

1) Lamb, G. D.; Lehrle, R. S. *J. Anal. Appl. Pyrolysis* 1989, **15**, 261.
2) Dean, L.; Groves, S.; Hancox, R.; Lamb, G.; Lehrle, R. S. *Polym. Degrad. Stab.* 1989, **25**, 1

081

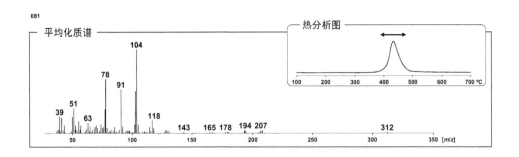

平均化质谱 — 热分析图

T：甲苯

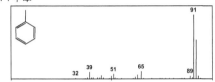

C₈：1-辛烯

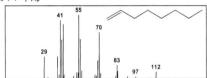

S：苯乙烯

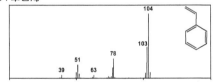

αS：α-甲基苯乙烯

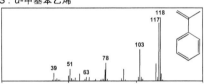

C₁₀：1-癸烯

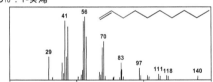

C₁₂：1-十二烯

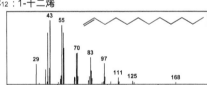

SS：1,3-二苯基-3-丁烯(苯乙烯二聚体)

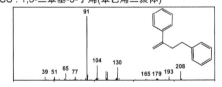

SSS：1,3,5-三苯基-5-己烯(苯乙烯三聚体)

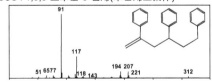

2.2.10　聚酰胺

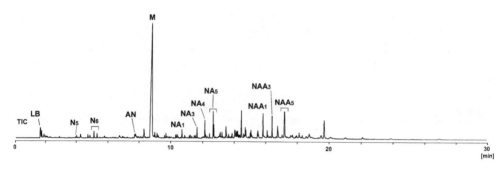

082　聚己内酰胺；尼龙-6

$$\left[NH(CH_2)_5CO \right]_n$$

峰标记	主要峰的归属	分子量	保留指数	相对强度
LB	丙烯等	42	295	2.6
N5	$CH_2=CH(CH_2)_2CN$	81	737	0.4
N6	$CH_2=CH(CH_2)_3CN$	95	838	1.5
	$CH_3(CH_2)_4CN$	97	855	1.1
AN	$NC(CH_2)_5NH_2$	112	1110	1.4
M	$(CH_2)_5CONH$	113	1265	100.0
NA1	$CH_3CONH(CH_2)_5CN$	154	1530	2.0
NA3	$CH_3(CH_2)_2CONH(CH_2)_5CN$	182	1689	2.1
NA4	$CH_2=CH(CH_2)_2CONH(CH_2)_5CN$	194	1780	3.9
NA5	$CH_2=CH(CH_2)_3CONH(CH_2)_5CN$	208	1883	5.4
	$CH_3(CH_2)_4CONH(CH_2)_5CN$	210	1892	2.6
NAA1	$CH_3CONH(CH_2)_5CONH(CH_2)_5CN$	267	2603	6.4
NAA3	$CH_3(CH_2)_2CONH(CH_2)_5CONH(CH_2)_5CN$	295	2758	4.8
NAA5	$CH_3(CH_2)_4CONH(CH_2)_5CONH(CH_2)_5CN$	323	2958	7.1

［相关文献］
　　1) Ohtani, H.; Nagaya, T.; Sugimura, Y.; Tsuge, S. *J. Anal. Appl. Pyrolysis* 1982, **4**, 117.
　　2) Levchik, S. V.; Weil, E. D.; Lewin, M. *Polym. Int.* 1999, **48**, 532.

082

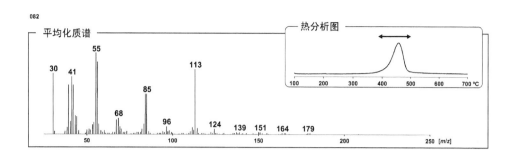

── 平均化质谱 ──　　　　　　　　　　　── 热分析图 ──

N₆：1-戊烯腈　　　　　　　　　　　　　　N₆：己腈

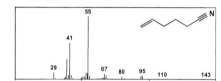
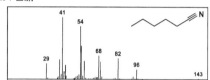

AN：6-氨基己腈　　　　　　　　　　　　　M：ε-己内酰胺

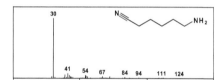
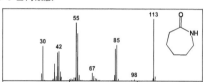

NA₃：N-(5-氰戊基)丁酰胺　　　　　　　　NA₅：N-(5-氰戊基)-5-己酰胺

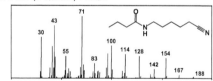
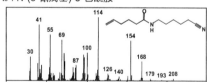

NA₅：N-(5-氰戊基)己酰胺　　　　　　　　NAA₁：6-乙酰氨基-N-(5-氰戊基)己酰胺

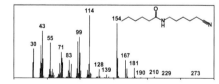
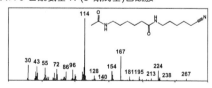

NAA₃：6-丁酰氨基-N-(5-氰戊基)己酰胺　　NAA₅：N-(5-氰戊基)-6-己酰胺

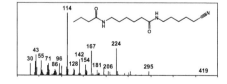
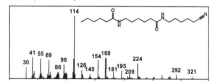

083 聚十一酰胺；尼龙 -11

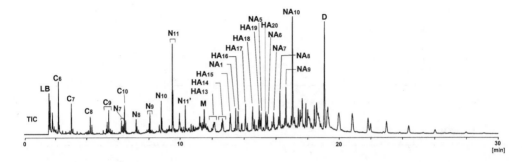

$$\left[\!\!\left[(CH_2)_{10}CONH \right]\!\!\right]_n$$

峰标记	主要峰的归属	分子量	保留指数	相对强度
LB	丙烯等	42	295	27.5
C6	1-己烯	84	595	28.3
C7	1-庚烯	98	691	18.4
C8	1-辛烯	112	790	9.3
C9	1,8-壬二烯	124	882	6.0
	1-壬烯	126	891	10.9
C10	1-癸烯	140	992	13.2
N9	CH2=CH(CH2)6CN	137	1175	3.8
	CH3(CH2)7CN	139	1181	7.7
N10	CH2=CH(CH2)7CN	151	1279	13.4
N11	CH2=CH(CH2)8CN	165	1383	35.4
	CH3(CH2)9CN	167	1388	20.3
N11'	C11H19N	165	1512	12.2
M	⌐(CH2)10CONH⌐	183	1710	15.2
NA1	CH3CONH(CH2)10CN	224	2098	12.5
HA17	CH2=CH(CH2)m-2CONH(CH2)n-2CH=CH2	279	2226	7.2
	CH2=CH(CH2)m-2CONH(CH2)n-1CH3 (m+n=17, m<10, n<9)	281	2231	11.5
	CH3(CH2)m-1CONH(CH2)n-1CH3	283	2242	1.9
HA18	CH2=CH(CH2)m-2CONH(CH2)n-2CH=CH2	293	2327	9.7
	CH2=CH(CH2)m-2CONH(CH2)n-1CH3	295	2333	13.2
	CH3(CH2)m-1CONH(CH2)n-1CH3 (m+n=18, m<10, n<10)	297	2339	1.2
NA5	CH2=CH(CH2)3CONH(CH2)10CN	278	2453	5.7
	CH3(CH2)4CONH(CH2)10CN	280	2462	10.5
HA20	CH2=CH(CH2)8CONH(CH2)8CH=CH2	321	2531	7.4
	CH2=CH(CH2)8CONH(CH2)9CH3 + CH3(CH2)9CONH(CH2)9CH3	323, 325	2537	12.3
NA8	CH2=CH(CH2)6CONH(CH2)10CN + CH3(CH2)7CONH(CH2)11CN	320, 322	2774	25.2
NA9	CH2=CH(CH2)7CONH(CH2)10CN	334	2875	32.3
NA10	CH2=CH(CH2)7CONH(CH2)11CN	348	2981	82.9
D	⌐(CH2)10CONH(CH2)10CONH⌐	366	3384	100.0

[相关文献]

1) Ohtani, H.; Nagaya, T.; Sugimura, Y.; Tsuge, S. *J. Anal. Appl. Pyrolysis.* 1982, **4**, 117.

2) Levchik, S. V.; Weil, E. D.; Lewin, M. *Polym. Int.* 1999, **48**, 532.

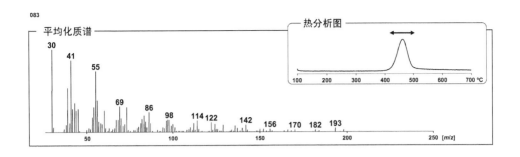

083

平均化质谱

热分析图

C₆：1-己烯

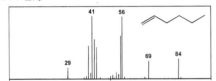

N₁₁：10-十一(碳)烯腈

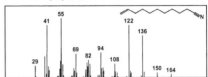

M：氮杂环十二酮

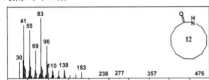

NA₁：N-(10-氰癸基)乙酰胺

HA₁₇：N-(8-壬烯基)-8-壬烯酰胺

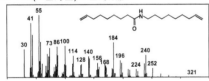

NA₈：N-(10-氰癸基)-8-壬烯酰胺(+11-氰十一烷基壬酰胺)

NA₉：N-(10-氰癸基)-9-癸烯酰胺

NA₁₀：N-(11-氰十一烷基)-9-癸烯酰胺

D：1,13-二氮杂环十四(烷)-2,14-二酮

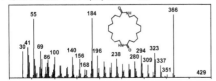

084 聚十二酰胺；尼龙 -12

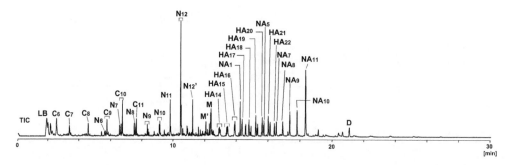

峰标记	主要峰的归属	分子量	保留指数	相对强度
LB	丙烯等	42	295	59.4
C6	1-己烯	84	593	44.5
C7	1-庚烯	98	692	17.5
C8	1-辛烯	112	792	15.6
C9	1,8-壬二烯	124	886	4.4
	1-壬烯	126	894	16.0
	正壬烷	128	900	2.5
C10	1,9-癸二烯	138	986	9.1
	1-癸烯	140	994	26.9
C11	1-十一烯	154	1094	12.2
N10	$CH_2=CH(CH_2)_7CN$	151	1284	8.8
	$CH_3(CH_2)_8CN$	153	1290	10.9
N11	$CH_2=CH(CH_2)_8CN$	165	1387	26.9
N12	$CH_2=CH(CH_2)_9CN$	179	1490	77.5
	$CH_3(CH_2)_{10}CN$	181	1496	29.9
N12'	$C_{12}H_{21}N$	179	1615	27.5
M'	未鉴定	196	1764	15.0
M	$-(CH_2)_{11}CONH-$	197	1825	23.3
NA1	$CH_3CONH(CH_2)_{11}CN$	238	2210	25.8
HA19	$CH_2=CH(CH_2)_{m-2}CONH(CH_2)_{n-2}CH=CH_2$	307	2438	9.0
	$CH_2=CH(CH_2)_{m-2}CONH(CH_2)_{n-1}CH_3$ ($m+n=19, m<11, n<10$)	309	2443	17.0
	$CH_3(CH_2)_{m-1}CONH(CH_2)_{n-1}CH_3$	311	2471	-
HA20	$CH_2=CH(CH_2)_{m-2}CONH(CH_2)_{n-2}CH=CH_2$	321	2540	9.0
	$CH_2=CH(CH_2)_{m-2}CONH(CH_2)_{n-1}CH_3$	323	2545	13.6
	$CH_3(CH_2)_{m-1}CONH(CH_2)_{n-1}CH_3$ ($m+n=20, m<11, n<11$)	325	2549	3.3
NA5	$CH_2=CH(CH_2)_3CONH(CH_2)_{11}CN$	292	2565	8.7
	$CH_3(CH_2)_4CONH(CH_2)_{11}CN$	294	2574	11.8
HA22	$CH_2=CH(CH_2)_9CONH(CH_2)_9CH=CH_2$ +	349	2747	18.6
	$CH_2=CH(CH_2)_{10}CH_3+CH_3(CH_2)_{10}CONH(CH_2)_{10}CH_3$	351, 353		
NA9	$CH_2=CH(CH_2)_7CONH(CH_2)_{11}CN +CH_3(CH_2)_8CONH(CH_2)_{11}CN$	348, 350	2991	31.8
NA10	$CH_2=CH(CH_2)_8CONH(CH_2)_{11}CN +CH_3(CH_2)_9CONH(CH_2)_{11}CN$	362, 364	3095	33.8
NA11	$CH_2=CH(CH_2)_9CONH(CH_2)_{11}CN +CH_3(CH_2)_{10}CONH(CH_2)_{11}CN$	376, 378	3200	100.0
D	$-(CH_2)_{11}CONH(CH_2)_{11}CONH-$	394	3590	17.7

[相关文献]

1) Ohtani, H.; Nagaya, T.; Sugimura, Y.; Tsuge, S. *J. Anal. Appl. Pyrolysis*. 1982, **4**, 117.

2) Levchik, S. V.; Weil, E. D.; Lewin, M. *Polym. Int*. 1999, **48**, 532.

084

平均化质谱

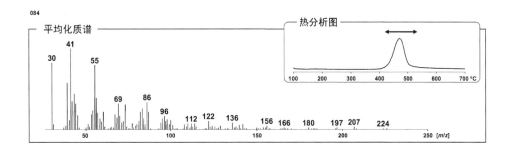

热分析图

C_{10}：癸烯

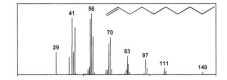

N_{11}：10-十一(碳)烯腈

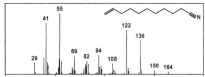

N_{12}：11-十二(碳)烯腈

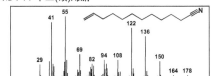

N_{12}：十二(碳)烯腈

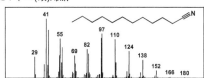

M：氮杂环十三酮

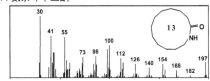

NA_1：N-(11-氰十一烷基)乙酰胺

NA_9：N-(11-氰十一烷基)-9-癸烯酰胺
[+N-(11-氰十一烷基)癸酰胺]

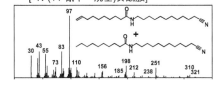

NA_{10}：N-(11-氰十一烷基)-10-十一烯酰胺
[+N-(11-氰十一烷基)十一酰胺]

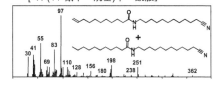

NA_{11}：N-(11-氰十一烷基)-11-十二烯酰胺
[+N-(11-氰-十一烷基)十二酰胺]

D：1,14-二氮杂环二十六烷-2,15-二酮

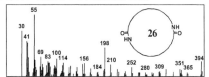

085 聚己二酰丁二胺；尼龙 -4,6

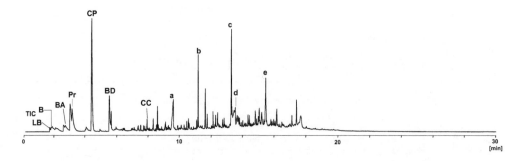

$$\left[NH(CH_2)_4NHCO(CH_2)_4CO \right]_n$$

峰标记	主要峰的归属	分子量	保留指数	相对强度
LB	CO_2	44	150	3.1
B	1,3-丁二烯	54	395	3.7
BA	1-丁胺	73	637	13.3
Pr	吡啶	71	686	33.6
CP	环戊酮	84	790	100.0
BD	1,4-丁二胺	88	882	31.6
CC	2-氰基环戊酮	109	1150	5.4
a	未鉴定	133	1366	35.5
b	$CH_2=CH(CH_2)_2NHCO(CH_2)_4CN$	180	1612	19.7
c	未鉴定	180	2006	39.3
d	$(CH_2)_4NHCO(CH_2)_4CONH$	198	2059	9.9
e	未鉴定	263	2499	24.5

085

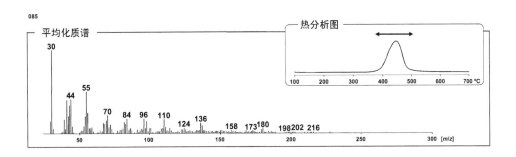

平均化质谱

热分析图

BA：1-丁胺

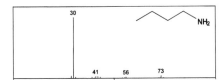

Pr：吡咯

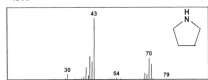

CP：环戊酮

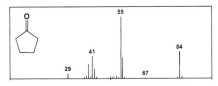

BD：1,4-丁二胺

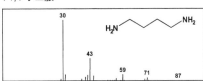

CC：2-氰基环戊酮

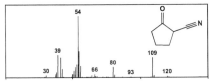

a：未鉴定

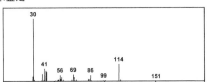

b：3-丁烯-5-氰基戊酰胺

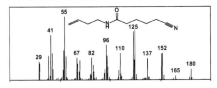

c：未鉴定

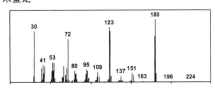

d：1,6-二氮杂环十二烷-7,12二酮

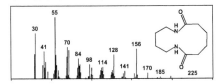

e：未鉴定

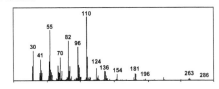

086　聚己二酰己二胺；尼龙 -6,6

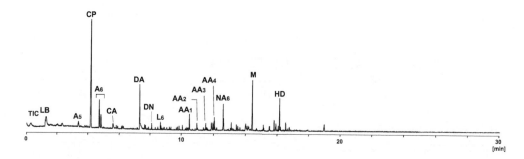

$$-[NH(CH_2)_6NHCO(CH_2)_4CO]_n-$$

峰标记	主要峰的归属	分子量	保留指数	相对强度
LB	CO_2等	44	150	27.3
A5	$CH_2=CH(CH_2)_3NH_2$	85	729	7.4
CP	$(CH_2)_4CO$	84	788	100.0
A6	$CH_2=CH(CH_2)_4NH_2$	99	832	20.0
	$CH_3(CH_2)_5NH_2$	101	841	10.2
CA	$NC(CH_2)_4NH_2$?	98 ?	907	7.0
DA	$H_2N(CH_2)_6NH_2$	116	1087	21.1
DN	$NC(CH_2)_4CN$	108	1183	2.5
L6	$(CH_2)_5CONH$	113	1257	4.0
AA1	$CH_3CONH(CH_2)_6NH_2$	158	1532	9.2
AA2	$CH_2=CHCONH(CH_2)_6NH_2$	170	1608	3.3
AA3	$CH_2=CHCH_2CONH(CH_2)_6NH_2$	184	1704	3.2
AA4	$CH_2=CH(CH_2)_2CONH(CH_2)_6NH_2$	198	1799	6.8
NA6	$CH_2=CH(CH_2)_4NHCO(CH_2)_4CN$	208	1905	12.3
	$CH_3(CH_2)_5NHCO(CH_2)_4CN$	210	1912	4.3
M	$(CH_2)_6NHCO(CH_2)_4CONH$	226	2295	31.5
HD	$CH_2=CH(CH_2)_4NHCO(CH_2)_4CONH(CH_2)_5CH_3$?	310 ?	2733	18.0

[相关文献]
1) Ohtani, H. ; Nagaya, T. ; Sugimura, Y. ; Tsuge, S. *J. Anal. Appl. Pyrolysis.* 1982, **4**, 117.
2) Mac Kerron, D. H. ; Gordon, R. P. *Polym. Degrad. Stab.* 1985, **12**, 277.
3) Ballistreri, A.; Garozzo, D.; Giuffrida, M.; Montaudo, G. *Macromolecules* 1987, **20**, 2991.
4) Levchik, S. V.; Weil, E. D.; Lewin, M. *Polym. Int.* 1999, **48**, 532.
5) Schaffer, M. A.; Marchildon, E. K.; McAuley, K. B.; Cunningham, M. F. *J. Macromol. Sci., Rev. Macromol. Chem. Phys.* 2000, **C40**, 233.

086

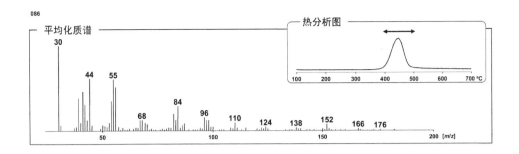

平均化质谱　　　　　　　　　　　　　　　　　热分析图

CP：环戊酮

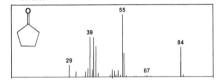

A₆：5-己烯胺

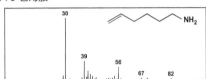

A₆：1-己胺

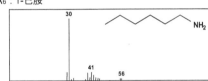

DA：1,6-己二胺

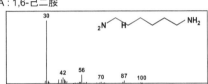

AA₁：N-(6-氨己基)乙酰胺

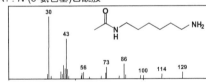

AA₄：N-(6-氨己基)-4-戊烯酰胺

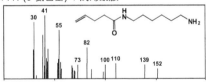

NA₆：5-氰己烯基-5-戊酰胺

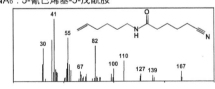

NA₆：5-氰己基-N-戊酰胺

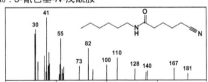

M：1,8-二氮杂环十四烷-2,7-二酮

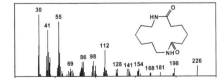

HD：N¹-(5-己烯)- N⁶-己基己二酰胺

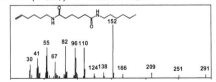

087　聚癸二酰己二胺；尼龙 -6,10

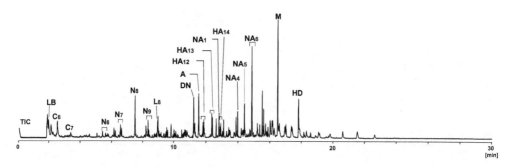

$$-\!\!-\!\!\!\!\left[\!\!-\!NH(CH_2)_6NHCO(CH_2)_8CO\!-\!\!\right]_n$$

峰标记	主要峰的归属	分子量	保留指数	相对强度
LB	1-丁烯	56	385	31.1
C6	1-己烯	84	595	31.0
C7	1-庚烯	98	694	7.7
N6	CH2=CH(CH2)3CN	95	863	6.7
	CH3(CH2)4CN	97	880	4.1
N7	CH2=CH(CH2)4CN	109	975	8.8
	CH3(CH2)5CN	111	982	10.4
N8	CH2=CH(CH2)5CN	123	1079	37.4
N9	CH2=CH(CH2)6CN	137	1079	8.4
	CH3(CH2)7CN	139	1187	5.0
L6	⌐(CH2)5CONH⌐	113	1263	14.9
DN	NC(CH2)8CN	164	1617	33.5
A	NC(CH2)8COOH	183	1670	48.6
HA12	CH2=CH(CH2)m-2CONH(CH2)n-2CH=CH2 (m+n=12, m<8, n<6)	209	1717	10.9
	CH2=CH(CH2)m-2CONH(CH2)n-1CH3 (m+n=12, m<8, n<6) + CH2(CH2)n-2CONH(CH2)m-1CH3	211 ⎱ 211 ⎰	1726	17.2
HA13	CH2=CH(CH2)m-2CONH(CH2)n-2CH=CH2 (m+n=13, m<8, n<7)	223	1820	15.3
	CH2=CH(CH2)m-2CONH(CH2)n-1CH3 (m+n=13, m<8, n<7) + CH2=CH(CH2)n-2CONH(CH2)m-1CH3	225 ⎱ 225 ⎰	1828	15.5
NA1	CH3NHCO(CH2)8CN	196	1909	18.6
HA14	CH2=CH(CH2)6CONH(CH2)4CH=CH2	237	1923	6.5
	CH2=CH(CH2)6CONH(CH2)5CH3 + CH2=CH(CH2)4NHCO(CH2)7CH3	239 ⎱ 239 ⎰	1931	9.0
NA4	CH3(CH2)3NHCO(CH2)8CN	238	2152	18.6
NA5	CH2=CH(CH2)3NHCO(CH2)8CN	250	2246	21.3
NA6	CH2=CH(CH2)4NHCO(CH2)8CN	264	2353	68.3
	CH3(CH2)5NHCO(CH2)8CN	266	2359	13.4
M	⌐(CH2)6NHCO(CH2)8CONH⌐	282	2776	100.0
HD	CH2=CH(CH2)4NHCO(CH2)8CONH(CH2)5CH3 ？	366 ？	3097	47.4

[相关文献]

1) Ohtani, H. ; Nagaya, T. ; Sugimura, Y. ; Tsuge, S. *J. Anal. Appl. Pyrolysis*. 1982, **4**, 117.
2) Levchik, S. V.; Weil, E. D.; Lewin, M. *Polym. Int.* 1999, **48**, 532.

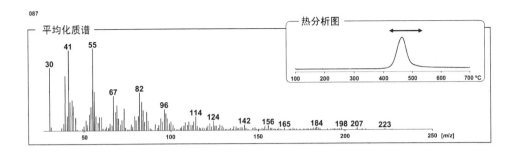

087

N₈：7-辛烯腈
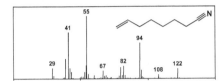

DN：癸二腈
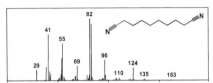

A：9-氰基壬酸
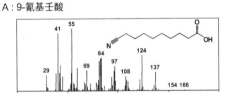

NA₁：9-氰基-N-甲基壬酰胺
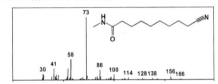

NA₄：N-丁基-9-氰基壬酰胺
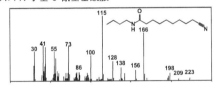

NA₅：9-氰基-N-(4-戊烯)壬酰胺
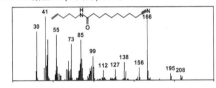

NA₆：9-氰基-N-(5-己烯)壬酰胺
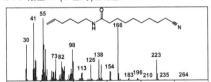

NA₆：9-氰基-N-己基壬酰胺
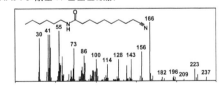

M：1,8-二氮杂环十八烷-9,18-二酮
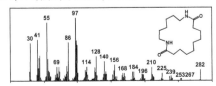

HD：N⁵-(5-己烯)-N¹⁰-己基癸二酰胺
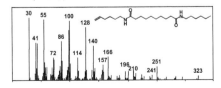

088　聚己二酰十二胺；尼龙 -12,6

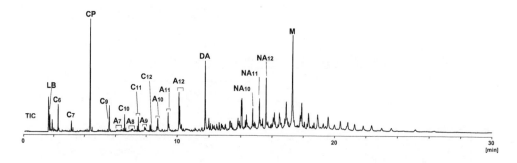

$$\text{—[NH(CH}_2\text{)}_{12}\text{NHCO(CH}_2\text{)}_4\text{CO]—}_n$$

峰标记	主要峰的归属	分子量	保留指数	相对强度
LB	丙烯等	42	295	10.2
C6	CH₂=CH(CH₂)₃CH₃	84	596	15.1
C7	CH₂=CH(CH₂)₄CH₃	98	690	6.3
CP	⌐ (CH₂)₄CO ⌐	84	790	95.8
C9	CH₂=CH(CH₂)₆CH₃	126	891	18.8
C10	CH₂=CH(CH₂)₇CH₃	140	991	7.2
C11	⌈CH₂=CH(CH₂)₇CH=CH₂	152	1093	2.9
	⌊CH₂=CH(CH₂)₈CH₃	154	1093	6.3
A9	⌈CH₂=CH(CH₂)₇NH₂	141	1151	4.8
	⌊CH₃(CH₂)₈NH₂	143	1158	3.4
C12	CH₂=CH(CH₂)₉CH₃	168	1193	3.1
A10	⌈CH₂=CH(CH₂)₈NH₂	155	1241	3.9
	⌊CH₃(CH₂)₉NH₂	157	1250	10.2
A11	⌈CH₂=CH(CH₂)₉NH₂	169	1343	14.7
	⌊CH₃(CH₂)₁₀NH₂	171	1352	6.2
A12	⌈CH₂=CH(CH₂)₁₀NH₂	183	1446	24.5
	⌊CH₃(CH₂)₁₁NH₂	185	1454	20.8
DA	H₂N(CH₂)₁₂NH₂	200	1717	54.7
NA10	CH₃(CH₂)₉NHCO(CH₂)₄CN	266	2335	12.0
NA11	CH₂=CH(CH₂)₁₀NHCO(CH₂)₄NH₂	282	2438	17.0
NA12	⌈CH₂=CH(CH₂)₉NHCO(CH₂)₄CN	278 ⌉	2548	42.1
	⌊ + CH₃(CH₂)₁₁NHCO(CH₂)₄CN	294 ⌋		
M	⌐ (CH₂)₁₂NHCO(CH₂)₄CONH ⌐	310	2982	100.0

［相关文献］
1) Ohtani, H.; Nagaya, T.; Sugimura, Y.; Tsuge, S. *J. Anal. Appl. Pyrolysis*. 1982, **4**, 117.
2) Tsuge, S.; Ohtani, H.; Matsubara, H.; Ohsawa, M. *J. Anal. Appl. Pyrolysis* 1987, **11**, 181.

088

平均化质谱　　　　　　　　　　热分析图

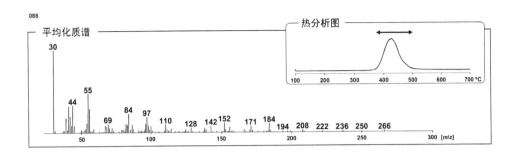

C_6：1-己烯

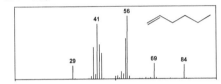

CP：环戊酮

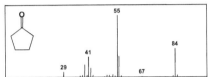

C_{10}：1-癸烯

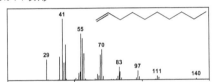

A_{10}：1-癸胺

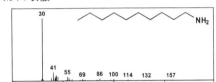

A_{11}：1-十一烯胺

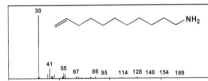

A_{12}：1-氨基-11-十二烯

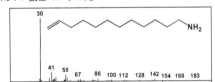

A_{12}：1-十二(碳)胺

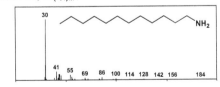

DA：1,12-十二(碳)二胺

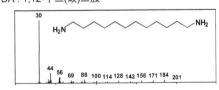

NA_{12}：5-氰基-N-(10-十一烯)戊酰胺
（+ 5-氰基-N-十二碳戊酰胺）

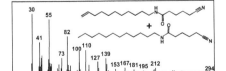

M：1,8-二氮杂环二十烷-2,7-二酮

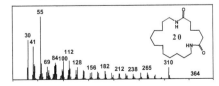

089 己内酰胺 - 己二酰己二胺共聚物；尼龙 -6/66

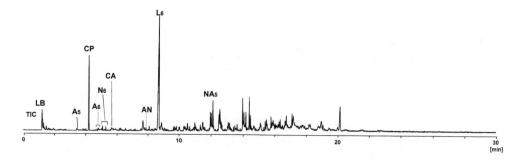

峰标记	主要峰的归属	分子量	保留指数	相对强度
LB	丙烯等	42	295	5.3
A5	CH₂=CH(CH₂)₃NH₂	85	732	1.6
CP	⌐(CH₂)₄CO⌐	84	788	28.0
A6	CH₂=CH(CH₂)₄NH₂	99	839	2.1
	CH₃(CH₂)₅NH₂	101	850	0.8
N6	CH₂=CH(CH₂)₃CN	95	861	1.3
	CH₃(CH₂)₄CN	97	878	1.3
CA	NC(CH₂)₄NH₂ ?	98 ?	912	2.9
AN	NC(CH₂)₅NH₂	112	1159	0.8
L6	⌐(CH₂)₅CONH⌐	113	1268	100.0
NA5	CH₂=CH(CH₂)₃NHCO(CH₂)₄CN ?	194 ?	1821	11.8

[相关文献]

1) Senoo, H.; Tsuge, S.; Takeuchi, T. *J. Chromatogr. Sci.*, 1971, **9**, 315.
2) Ohtani, H.; Nagaya, T.; Sugimura, Y.; Tsuge, S. *J. Anal. Appl. Pyrolysis.* 1982, **4**, 117.

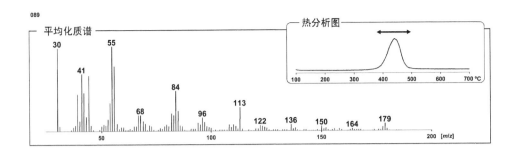

089

A₅：4-戊烯胺

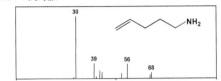

CP：环戊酮

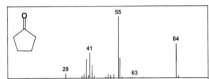

A₆：5-己烯胺

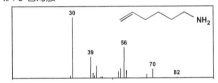

A₆：1-己胺

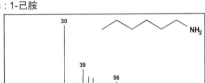

N₆：5-己烯腈

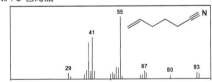

N₆：己腈

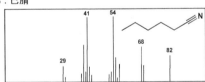

AN：6-氨基己腈

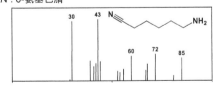

L₆：ε-己内酰胺

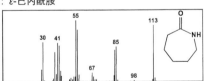

NA₅：5-氰基-N-(4-戊烯)戊酰胺

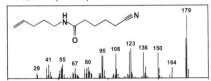

090　聚己二酰间二甲苯胺；尼龙 -MXD6

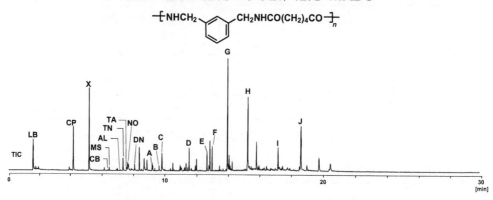

峰标记	主要峰的归属	分子量	保留指数	相对强度
LB	CO_2	44	150	42.5
CP	— $(CH_2)_4CO$ —	84	786	59.6
X	间二甲苯	106	871	100.0
CB	氰基苯	103	988	1.4
MS	间甲基苯乙烯	118	998	4.2
AL	间苯甲醛？	120？	1074	1.3
TN	间甲苯基腈	117	1098	15.5
TA	$CH_3C_6H_4CH_2NH_2$	121	1122	7.5
NO	C_6H_7NO	109	1131	9.4
DN	己二腈	108	1187	8.1
A	$C_{10}H_{11}N$ ？	145？	1340	10.7
B	$C_{10}H_9N$ ？	143？	1407	4.6
C	未鉴定	126	1434	30.2
D	未鉴定	210	1718	23.3
E	未鉴定	212	1933	19.2
F	未鉴定	231	2000	23.6
G	$CH_3C_6H_4CH_2NHCO(CH_2)_4CN$	230	2208	124.1
H	未鉴定	–	2517	108.3
I	未鉴定	–	3021	30.0
J	$CH_3C_6H_4CH_2NHCO(CH_2)_4CONHCH_2C_6H_4CH_3$	352	3314	80.8

注：C_6H_4代表间亚苯基。

090

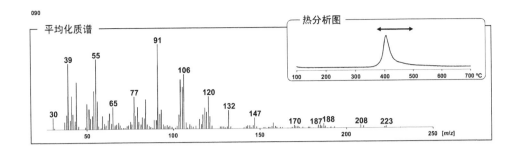

平均化质谱　热分析图

CP：环戊酮

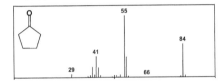

X：间二甲苯

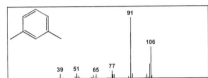

C：未鉴定

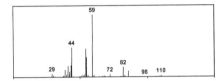

D：未鉴定

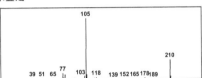

E：未鉴定

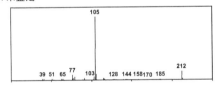

F：未鉴定

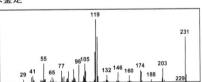

G：5-氰基-N-(3-甲苯基)戊酰胺

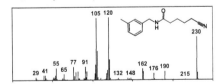

H：未鉴定

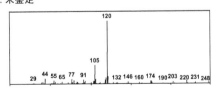

I：未鉴定

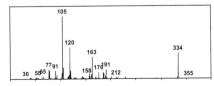

J：N^1,N^6-双(3-甲苯基)-己二酰胺

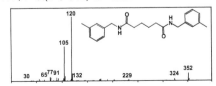

2.2.11 聚缩醛、聚醚

091 聚甲醛；POM

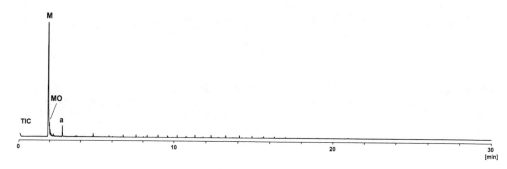

峰标记	主要峰的归属	分子量	保留指数	相对强度
M	甲醛	30	245	100.0
MO	甲醇	32	320	7.7
a	未鉴定	–	615	5.6

[相关文献]

1) Grassie, N.; Roche, R. S. *Makromol. Chem.* 1968, **112**, 16.
2) Ishida, Y.; Ohtani, H.; Abe, K.; Tsuge, S.; Yamamoto, K.; Katoh, K. *Macromolecules* 1995, **28**, 6528.

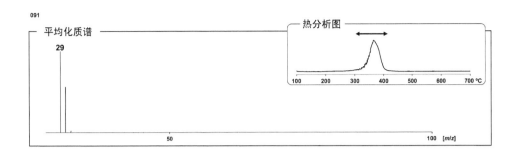

M：甲醛

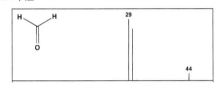

MO：甲醇

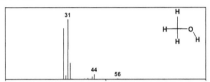

a：未鉴定

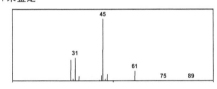

092 聚甲醛（共聚物）

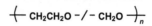

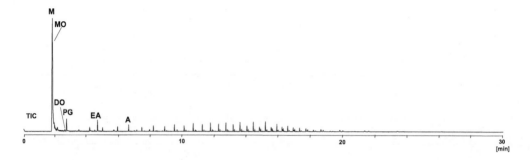

峰标记	主要峰的归属	分子量	保留指数	相对强度
M	甲醛+环氧乙烷	30; 44	245	100.0
MO	甲醇	32	260	64.0
DO	1,3-二氧戊环	74	603	2.5
PG	丙二醇	76	616	5.3
EA	CH₃O(CH₂CH₂O)₂CH₃	134	807	8.6
A	未鉴定	–	988	4.2

[相关文献]

1) Burg, K. H.; Fischer, F.; Weissermel, K. *Makromol. Chem.* 1967, **103**, 268.

2) Ishida, Y.; Ohtani, H.; Abe, K.; Tsuge, S.; Yamamoto, K.; Katoh, K. *Macromolecules* 1995, **28**, 528.

092

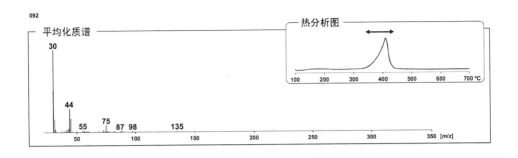

平均化质谱

热分析图

MO：甲醇

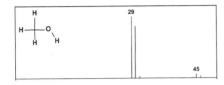

DO：1,3-二氧戊环

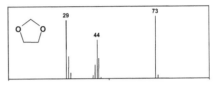

PG：丙二醇

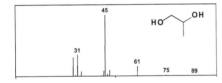

EA：1-甲氧基-2-(2-甲氧乙氧基)乙烷

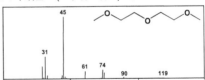

A：未鉴定

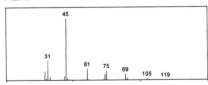

093　聚环氧乙烷

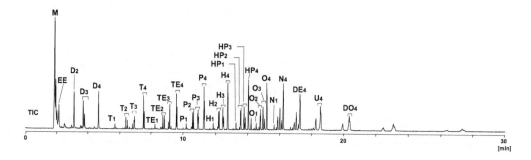

$+ CH_2CH_2O +_n$

峰标记	主要峰的归属	分子量	保留指数	相对强度
M	环氧乙烷	44	360	100.0
EE	$CH_3CH_2OOCH_2CH_3 + CH_2=CHOCH_2CH_3$	74, 72	490	22.9
D2	$CH_3CH_2OCH_2CH=O$	88	657	23.3
D3	$CH_2=CHOCH_2CH_2OH$	88	719	16.1
	$CH_2=CHOCH_2CH_2OCH_3$	102	726	9.3
D4	$CH_2=CHOCH_2CH_2OCH_2CH_3$	116	802	20.7
T1	$CH_3OCH_2CH_2OCH_2CH=O$	118	862	2.6
T2	$CH_2=CHOCH_2CH_2OCH_2CH=O$	130	961	4.4
	$CH_3CH_2OCH_2CH_2OCH_2CH=O$	132	971	3.5
T3	$CH_2=CHO(CH_2CH_2O)_2H$	132	1004	2.0
	$CH_2=CHO(CH_2CH_2O)_2CH_3$	146	1015	5.2
	$CH_3CH_2O(CH_2CH_2O)_2CH_3$	148	1019	4.2
T4	$CH_2=CHO(CH_2CH_2O)_2CH_2CH_3$	160	1084	13.6
	$CH_3CH_2O(CH_2CH_2O)_2CH_2CH_3$	162	1090	5.9
TE1	$CH_3O(CH_2CH_2O)_2CH_2CH=O$	162	1173	1.6
TE2	$CH_2=CHO(CH_2CH_2O)_2CH_2CH=O$	174	1238	4.5
	$CH_3CH_2O(CH_2CH_2O)_2CH_2CH=O$	176	1251	5.2
TE3	$CH_2=CHO(CH_2CH_2O)_3H$	176	1284	2.4
	$CH_2=CHO(CH_2CH_2O)_3CH_3$	190	1296	11.4
	$CH_3CH_2O(CH_2CH_2O)_3CH_3$	192	1308	0.9
TE4	$CH_2=CHO(CH_2CH_2O)_3CH_2CH_3$	204	1358	15.4
	$CH_3CH_2O(CH_2CH_2O)_3CH_2CH_3$	206	1363	7.8
P4	$CH_2=CHO(CH_2CH_2O)_4CH=CH_2 + CH_2=CHO(CH_2CH_2O)_4CH_2CH_3$	246, 248	1629	18.7
	$CH_3CH_2O(CH_2CH_2O)_4CH_2CH_3$	250	1634	8.7
HP4	$CH_3CH_2O(CH_2CH_2O)_6CH_2CH_3$	336	2169	31.6
O4	$CH_3CH_2O(CH_2CH_2O)_7CH_2CH_3$	380	2439	32.3
N4	$CH_3CH_2O(CH_2CH_2O)_8CH_2CH_3$	424	2703	31.8
DE4	$CH_3CH_2O(CH_2CH_2O)_9CH_2CH_3$	468	2975	31.5
DO4	$CH_2=CHO(CH_2CH_2O)_{11}CH=CH_2$	554	3506	3.6
	$CH_2=CHO(CH_2CH_2O)_{11}CH_2CH_3$	556	3511	13.3
	$CH_3CH_2O(CH_2CH_2O)_{11}CH_2CH_3$	558	3518	6.5

[相关文献]

1) Madorsky, S. L.; Straus, S. *J. Polym. Sci.* 1959, **36**, 183.
2) Voorhees, K. J.; Baugh, S. F.; Stevenson, D. N. *J. Anal. Appl. Pyrolysis* 1994, **30**, 47.
3) Fares, M. M.; Hacaloglu, J.; Suzer, S. *Eur. Polym. J.* 1994, **30**, 845.

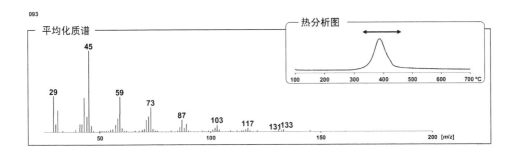

093

平均化质谱　　热分析图

M：环氧乙烷

EE：二乙醚 + 乙氧基乙烯

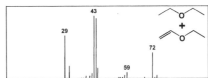

D₂：2-乙氧基乙醛

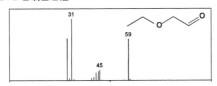

D₃：2-(乙烯氧基)乙醇

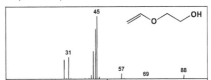

D₃：(2-甲氧乙氧基)乙烯

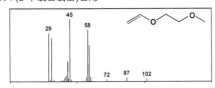

D₄：(2-乙氧乙氧基)乙烯

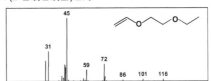

HP₄：3,6,9,12,15,18,21-七氧杂-1-二十三烯

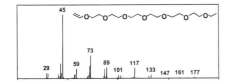

O₄：3,6,9,12,15,18,21,24-八氧杂-1-二十六烯

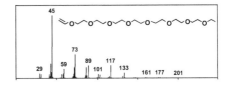

N₄：3,6,9,12,15,18,21,24,27-九氧杂-1-二十九烯

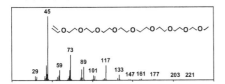

DE₄：3,6,9,12,15,18,21,24,27,30-十氧杂-1-三十烯

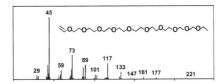

094 环氧氯丙烷橡胶；CHR

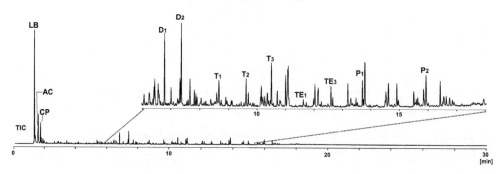

峰标记	主要峰的归属		分子量	保留指数	相对强度
LB	氯化氢，丙烯		36, 42	295	100.0
AC	丙烯醛	$CH_2=CHCHO$	56	490	8.0
CP	3-氯丙烯	$CH_2=CHCH_2Cl$	76	530	13.7
D_1	$C_6H_9ClO_2$		148	1023	6.7
D_2	$C_6H_{11}ClO_2$		150	1090	8.2
T_1	$C_9H_{13}ClO_3$		204	1258	3.4
T_2	$C_9H_{14}Cl_2O_3$		240	1392	2.9
T_3	$C_9H_{16}Cl_2O_3$		242	1531	4.6
TE_1	$C_{12}H_{18}Cl_2O_4$		296	1721	1.0
TE_3	$C_{12}H_{21}Cl_3O_4$		334	1910	2.4
P_1	$C_{15}H_{23}Cl_3O_5$		388	2134	2.8
P_2	$C_{15}H_{26}Cl_4O_4$		410	2675	4.1

[相关文献]

1) Pidduck, A. J. *J. Anal. Appl. Pyrolysis* 1985, **7**, 215.
2) Mcguire, J. M.; Bryden, C. C. *J. Appl. Polym. Sci.*, 1988, **35**, 537.

094

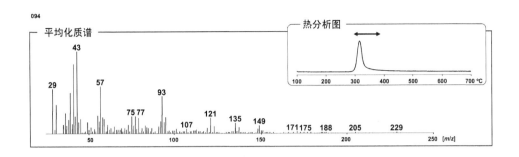

平均化质谱　　　　　　　　　　　　　　　　　　热分析图

LB：氯化氢(+丙烯)

AC：丙烯醛

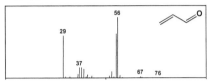

CP：3-氯丙烯

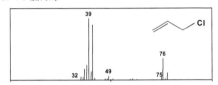

D₂：$C_6H_{11}ClO_2$

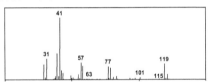

T₃：$C_9H_{16}Cl_2O_3$

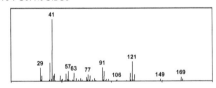

TE₃：$C_{12}H_{21}Cl_3O_4$

P₁：$C_{15}H_{23}Cl_3O_5$

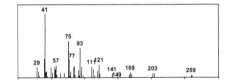

P₂：$C_{15}H_{26}Cl_4O_4$

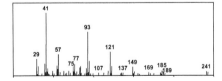

095 环氧氯丙烷 – 环氧乙烷橡胶；CHC

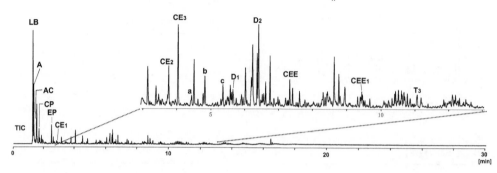

$$-\!\!\left[\!CH_2CH(CH_2Cl)O - / - CH_2CH_2O\right]\!\!-_n$$

峰标记	主要峰的归属	分子量	保留指数	相对强度
LB	氯化氢+丙烯	36; 42	295	100.0
A	乙醛	44	408	42.2
AC	丙烯醛　CH2=CHCHO	56	490	10.5
CP	3-氯丙烯　CH2=CHCH2Cl	76	530	8.9
EP	环氧氯丙烷？	92 ?	637	15.2
CE1	C5H8O2	100	679	2.6
CE2	C5H9ClO (二聚体混合物)	120	754	4.8
CE3	C6H11ClO	134	774	9.6
a	未鉴定	132	802	2.3
b	未鉴定	150	837	3.5
c	未鉴定	148	883	2.5
D1	C6H9ClO2	148	910	1.6
D2	C6H11ClO2	150	986	9.3
CEE	C6H13ClO3	168	1090	2.7
CEE1	C8H15ClO3	194	1371	1.4
T3	C9H16Cl2O3	242	1648	2.1

[相关文献]

1) Pidduck, A. J. *J. Anal. Appl. Pyrolysis* 1985, **7**, 215.
2) McGuire, J. M.; Bryden, C. C. *J. Appl. Polym. Sci.*, 1988, **35**, 537.

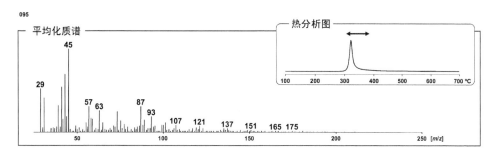

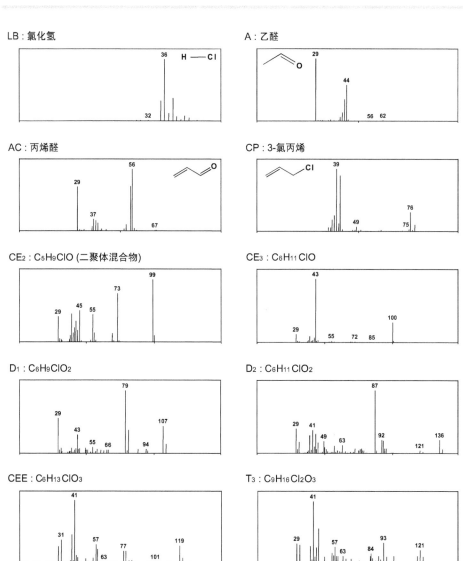

2.2.12 热固性聚合物

096 酚醛树脂（线性）; PF

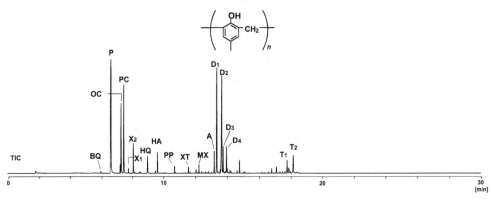

峰标记	主要峰的归属	分子量	保留指数	相对强度
BQ	苯醌	108	920	0.8
P	酚	94	986	100.0
OC	邻甲酚	108	1060	32.0
PC	对甲酚	108	1081	43.7
X₁	2,6-二甲酚	122	1115	2.2
X₂	2,4-二甲酚	122	1155	11.3
HQ		110	1275	9.5
HA	对羟基苯甲醛	122	1369	9.5
PP	邻苯基苯酚	170	1540	2.4
XT	呫吨	182	1687	2.3
MX	2-甲基呫吨	196	1808	3.3
A	未鉴定	–	1998	8.3
D₁		200	2034	60.7
D₂		200	2101	73.5
D₃		214	2119	10.2
D₄		214	2164	10.1
T₁		306	3099	7.0
T₂		320	3178	12.3

[相关文献]

1) Jones, S. T. *Analyst.* 1984, **109**, 823.
2) Morterra, C.; Low, M. J. D. *Carbon* 1985, **23**, 525.
3) Blazso, M.; Toth, T. *J. Anal. Appl. Pyrolysis* 1991, **19**, 251.
4) Cohen, Y.; Aizenshtat, Z. *J. Anal. Appl. Pyrolysis* 1992, **22**, 153.
5) Lytle, C. A.; Bertsch, W.; McKinley, M. *J. Anal. Appl. Pyrolysis* 1998, **45**, 121.
6) Sobera, M.; Hetper, J. *J. Chromatogr. A* 2003, **993**, 131.

096

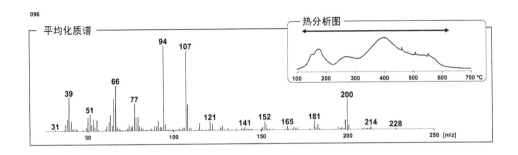

平均化质谱

热分析图

P：苯酚

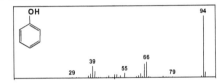

OC：邻甲酚

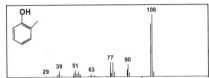

PC：对甲酚

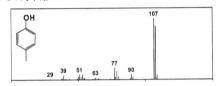

X₂：2,4-二甲酚

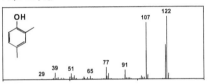

HQ：氢醌

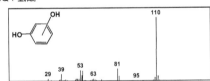

HA：对羟基苯甲醛

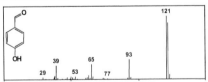

D₁：2,2'-亚甲基二酚

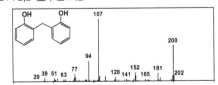

D₂：2,4'-亚甲基二酚

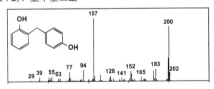

T₁：2,2'-(2-羟基-1,3-苯基)双亚甲基二酚

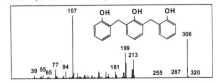

T₂：2-[2-羟基-3-(2-羟苯基)-苯基]-6-甲酚

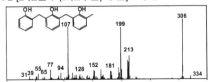

097　酚醛树脂（可熔）; PF

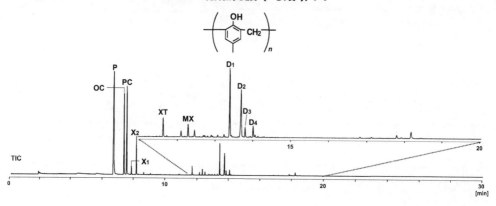

峰标记	主要峰的归属	分子量	保留指数	相对强度
P	苯酚	94	986	100.0
OC	邻甲酚	108	1061	38.6
PC	对甲酚	108	1081	43.9
X₁	2,6-二甲酚	122	1116	3.6
X₂	2,4-二甲酚	122	1155	14.2
XT	呫吨	182	1687	3.1
MX	2-甲基呫吨	196	1807	2.2
D₁		200	2029	11.4
D₂		200	2093	10.0
D₃		214	2116	1.6
D₄		214	2163	1.7

[相关文献]
1) Martinez, J.; Guiochon, G. *J. Gas Chromatogr.* 1967, **51**, 146.
2) Jones, S. T. *Analyst.* 1984, **109**, 823.
3) Morterra, C.; Low, M. J. D. *Carbon* 1985, **23**, 525.
4) Prokai, L. *J. Anal. Appl. Pyrolysis* 1987, **12**, 265.
5) Sobera, M.; Hetper, J. *J. Chromatogr. A* 2003, **993**, 131.

097

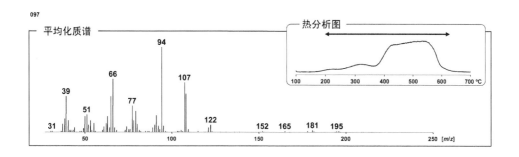

平均化质谱　　　　　　　　　　　　　　　　　　热分析图

P：苯酚

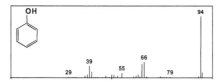

OC：邻甲酚

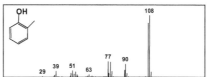

PC：对甲酚

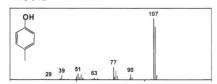

X₁：2,6-二甲酚

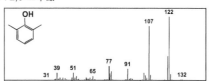

X₂：2,4-二甲酚

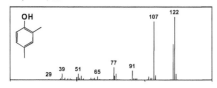

XT：呫吨

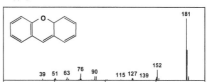

MX：2-甲基呫吨

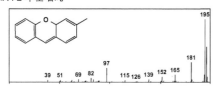

D₁：2,2'-亚甲基二酚

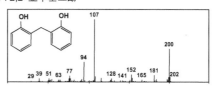

D₂：2,4'-亚甲基二酚

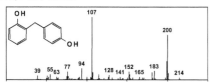

D₄：4-(2-羟苯基)-2-甲基酚

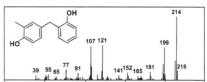

098　甲酚甲醛树脂（线性）

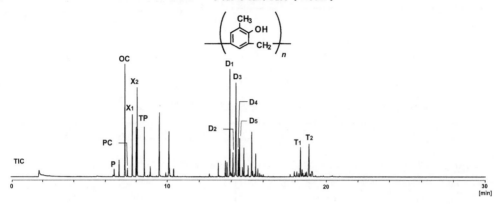

峰标记	主要峰的归属	分子量	保留指数	相对强度
P	苯酚	94	985	6.6
OC	邻甲酚	108	1060	88.9
PC	对甲酚	108	1079	6.6
X₁	2,6-二甲苯酚	122	1116	44.8
X₂	2,4-二甲苯酚	122	1155	64.6
TP	2,4,6-三甲酚	136	1215	32.0
D₁		228	2140	99.7
D₂		242	2191	14.8
D₃		242	2233	100.0
D₄		256	2269	18.9
D₅		242	2286	26.2
T₁		348	3211	30.8
T₂		376	3308	43.6

注：键合氢省略。

[相关文献]

1) Blazso, M.; Toth, T. *J. Anal. Appl. Pyrolysis* 1991, **19**, 251.
2) Cohen, Y.; Aizenshtat, Z. *J. Anal. Appl. Pyrolysis* 1992, **22**, 153.

098

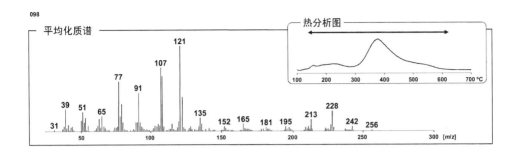

平均化质谱

热分析图

OC：邻甲酚

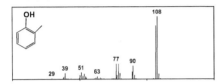

X₁：2,6-二甲酚

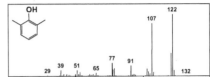

X₂：2,4-二甲酚

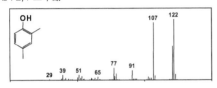

TP：2,4,6-三甲酚

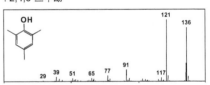

D₁：4,6-亚甲基-二-2-甲酚

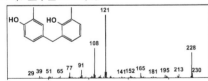

D₂：4-(2-羟基-3-苯甲基)-2,6-二甲酚

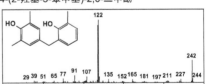

D₃：2-(4-羟基-3-苯甲基)-4,6-二甲酚

D₅：4-(4-羟基-3-苯甲基)-2,6-二甲酚

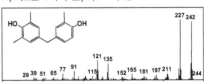

T₁：4,6-(4-羟基-5-亚甲基)-二亚甲基二甲酚

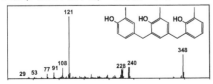

T₂：4-(2-羟基-3,5-二苯甲基)-2-(4-羟基-3,5-
二苯甲基)-6-甲酚

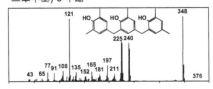

099　邻苯二甲酸二烯丙酯树脂；DAP

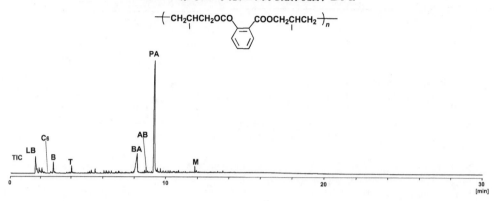

峰标记	主要峰的归属	分子量	保留指数	相对强度
LB	丙烯等	42	295	11.73
C₆	C₆H₁₂	84	598	0.27
B	苯	78	658	5.25
T	甲苯	92	767	2.66
BA	苯甲酸　C₆H₅COOH	122	1183	22.87
AB	苯甲酸烯丙酯　C₆H₅COOCH₂CH=CH₂	162	1264	1.26
PA	邸苯二甲酸酐　⌐C₆H₄COOCO⌐	148	1343	100.00
M	CH₂=CHCH₂OCOC₆H₄COOCH₂CH=CH₂ （单体）	246	1755	1.47

注：C₆H₅代表苯基；C₆H₄代表邻亚苯基。

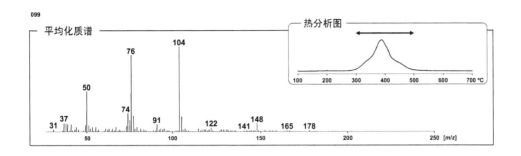

099

平均化质谱　　　　　　　　　　　　　　　　热分析图

C₆：1-己烯

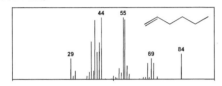

B：苯

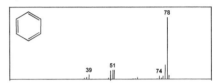

T：甲苯

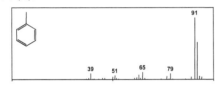

BA：苯甲酸

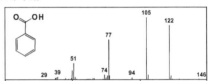

AB：苯甲酸烯丙酯

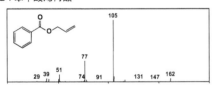

PA：邻苯二甲酸酐

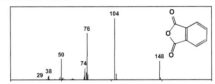

M：邻苯二甲酸二烯丙酯

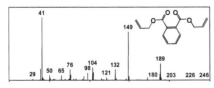

100 聚双烯丙基碳酸乙二醇酯；CR-39

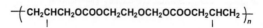

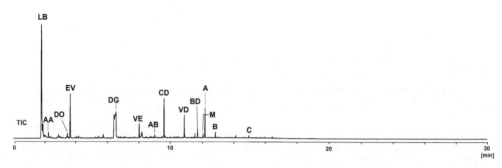

峰标记	主要峰的归属	分子量	保留指数	相对强度
LB	CO_2+丙烯等	44; 42	150	100.0
AA	烯丙醇	58	562	2.9
DO	1,4-二噁烷	88	705	2.9
EV	乙二醇单乙烯基醚 C=C-O-C-C-OH	88	720	24.3
DG	二乙二醇 HO-C-C-O-C-C-OH	106	983	55.9
VE	C=C-O-CO-O-C-C-OH	132	1152	6.5
AB	苯甲酸烯丙酯 $C_6H_5COOCH_2CH{=}CH_2$	162	1268	0.5
CD	C=C-C-O-CO-O-C-C-O-C-C-OH	190	1369	16.9
VD	C=C-O-CO-O-C-C-O-C-C-OH	176	1569	8.8
BD	C_6H_5COO-C-C-O-C-C-OH	210	1711	4.0
M	C=C-C-O-CO-O-C-C-O-C-C-O-C-C-O-CO-O-C-C=C (单体)	274	1776	1.4
A	未鉴定	238	1799	13.3
B	未鉴定	264	1930	2.1
C	未鉴定(引发剂)	–	2395	1.0

注：C_6H_5代表苯基。

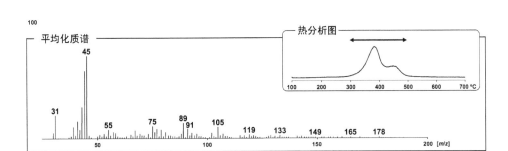

EV：乙二醇单乙烯基醚

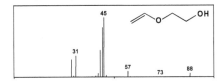

DG：二乙二醇

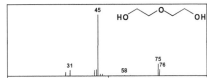

VE：碳酸-2-羟乙酯-乙烯酯

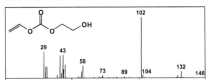

AB：苯甲酸烯丙酯

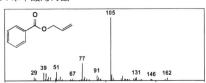

VD：碳酸2-(2-羟乙氧基)乙酯-乙烯酯

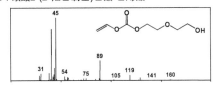

CD：碳酸烯丙酯-2-(2-羟乙氧基)乙酯

BD：苯甲酸-2-(2-羟乙氧基)乙酯

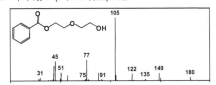

M：二碳酸-2,2-二烯丙酯-2,1-氧代二乙酯(单体)

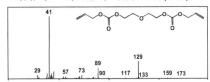

A：癸二醇

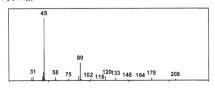

101 脲醛树脂；UF

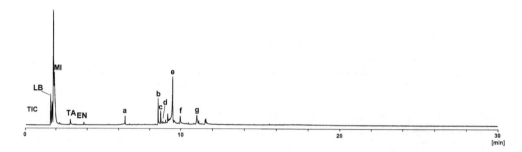

峰标记	主要峰的归属	分子量	保留指数	相对强度
LB	CO_2	44	150	24.8
MI	N-甲基乙烯基亚胺 ？	57 ？	460	100.0
TA	1,3,5-三嗪	81	666	7.0
EN	N,N-二甲氨基乙腈 ？ $(CH_3)_2NCH_2CN$	84 ？	746	2.4
a	1,3,5-三甲基-1,3,5-三嗪	129	982	5.9
b	六亚甲基四胺	140	1236	15.3
c	未鉴定	–	1259	9.3
d	未鉴定	–	1276	2.0
e	未鉴定	–	1369	55.2
f	未鉴定	–	1443	11.1
g	未鉴定	–	1612	16.8

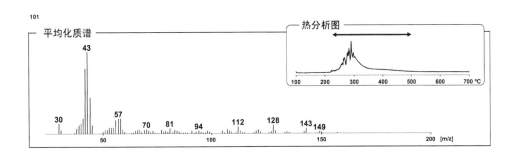

MI：N-甲基乙烯基亚胺

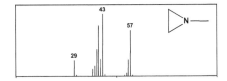

TA：1,3,5-三嗪

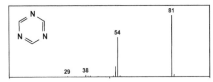

EN：2-二甲氨基乙腈

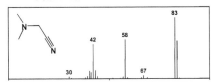

a：1,3,5-三甲基-1,3,5-三嗪

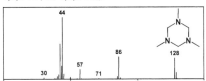

b：六亚甲基四胺

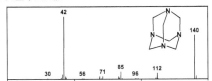

c：未鉴定

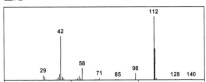

e：未鉴定

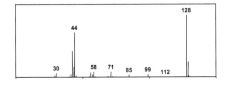

f：未鉴定

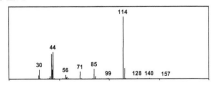

g：未鉴定

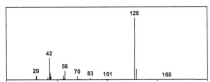

102   三聚氰胺 - 甲醛树脂；MF

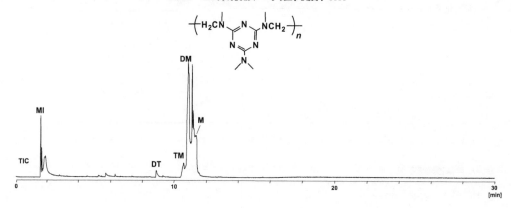

峰标记	主要峰的归属	分子量	保留指数	相对强度
MI	甲醛	30	261	8.9
DT	2,4-二氨基-1,3,5-三嗪	111 ？	1287	3.7
TM	*N,N,N*-三甲基三聚氰胺 ？	168 ？	1554	9.2
DM	*N,N*-二甲基三聚氰胺 ？	154 ？	1598	68.3
M	三聚氰胺	126	1677	100.0

102

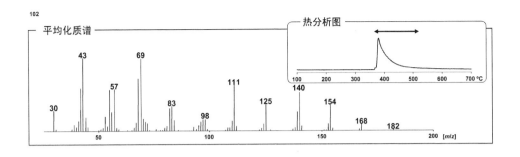

MI：甲醛

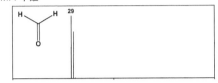

DT：2,4-二氨基-1,3,5-三嗪

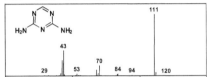

DM：N,N-二甲基三聚氰胺

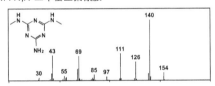

TM：N,N,N-三甲基三聚氰胺

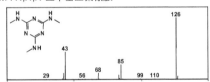

M：三聚氰胺

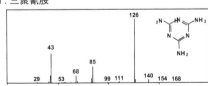

103 二甲苯树脂

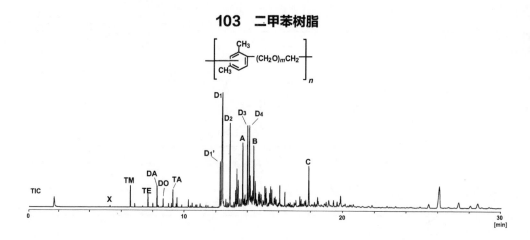

峰标记	主要峰的归属	分子量	保留指数	相对强度
X	间二甲苯	106	873	0.6
TM	1,2,4-三甲基苯	120	999	7.0
TE	1,2,4,5-四甲基苯	134	1127	3.6
DA	2,4-二甲基苯甲醛	134	1198	6.8
DO	2,4-二甲基苯甲醇	136	1250	2.6
TA	2,4,5-二甲基苯甲醛	148	1339	4.9
D₁'		224	1838	19.0
D₁		224	1866	100.0
D₂		238	1961	36.0
A	未鉴定	268	2129	23.0
D₃		252	2195	32.6
D₄		266	2222	42.8
B		254	2282	31.6
C	未鉴定	–	3152	21.8

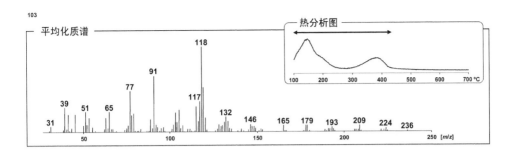

TM：1,2,4-三甲基苯

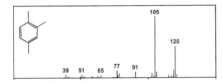

TE：1,2,4,5-四甲基苯

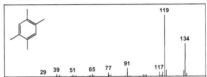

DA：2,4-二甲基苯甲醛

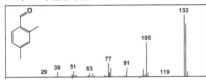

TA：2,4,5-三甲基苯甲醛

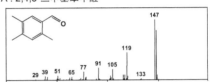

D₁'：C₁₇H₂₀

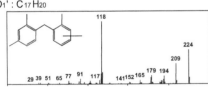

D₁：二(3,4-二甲苯)甲烷

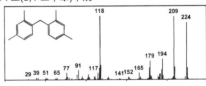

D₂：C₁₈H₂₂

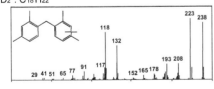

D₃：C₁₉H₂₄

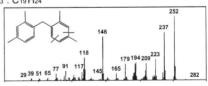

D₄：C₂₀H₂₆

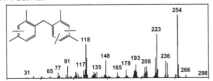

B：4,4'-氧代二甲基二(1,3-二甲苯)

104 不饱和聚酯；UP

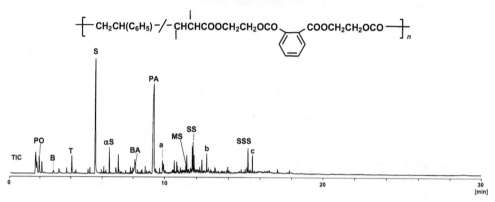

峰标记	主要峰的归属	分子量	保留指数	相对强度
PO	环氧丙烷	58	410	10.3
B	苯	78	652	2.3
T	甲苯	92	765	7.5
S	苯乙烯	104	895	71.9
αS	α-甲基苯乙烯	118	983	6.5
BA	苯甲酸 C_6H_5COOH	122	1180	3.9
PA	邻苯二甲酸酐 $\ulcorner C_6H_4COOCO \urcorner$	148	1334	100.0
a	苯甲酸2-羟乙酯	166	1396	3.5
MS	苯乙烯-马来酸酐(混杂二聚体)	202	1637	5.6
SS	$CH_2=C(C_6H_5)CH_2CH_2C_6H_5$ (苯乙烯二聚体)	208	1738	7.4
b	未鉴定	–	1871	4.8
SSS	$CH_2=C(C_6H_5)CH_2CH(C_6H_5)CH_2CH_2C_6H_5$ (苯乙烯三聚体)	312	2445	6.4
c	未鉴定	–	2516	4.2

注：C_6H_5代表苯基。

[相关文献]

1) Ravey, M. *J. Polym. Sci., Polym. Chem. Ed.* 1983, **21**, 1.
2) Vijayakumar, C. T.; Fink, J. K.; Lederer, K. *Eur. Polym. J.* 1987, **23**, 861.
3) Hiltz, J. A. *J. Anal. Appl. Pyrolysis* 1991, **22**, 113.
4) Evans, S. J.; Haines, P. J.; Skinner, G. A. *J. Anal. Appl. Pyrolysis* 2000, **55**, 13.

104

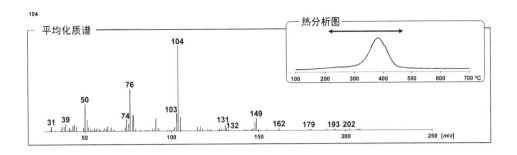

平均化质谱　　　　　　　　　　热分析图

B：苯

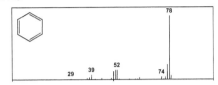

T：甲苯

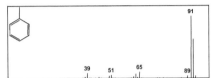

S：苯乙烯

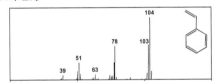

αS：α-甲基苯乙烯

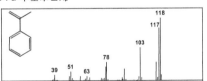

BA：苯甲酸

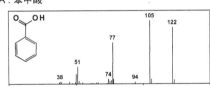

PA：邻苯二甲酸酐

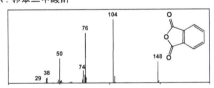

MS：苯乙烯-马来酸酐(混杂二聚体)

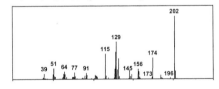

SS：1,3-二苯基-3-丁烯(二聚体)

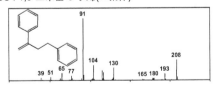

SSS：5-己烯-1,3,5-三苯(三聚体)

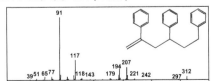

105 环氧树脂；EP

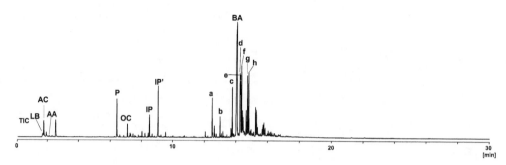

峰标记	主要峰的归属	分子量	保留指数	相对强度
LB	环氧乙烷等	—	349	2.7
AC	乙醛	44	408	7.3
AA	烯丙醇	58	564	0.4
P	苯酚+苯胺	94, 93	981	12.9
OC	邻甲酚	108	1055	3.9
IP	对异丙基酚	136	1200	6.0
IP'	对烯丙基酚	134	1305	16.3
a		212	1844	11.2
b		226	1944	5.5
c		242	2107	15.4
BA	双酚A	228	2192	100.0
d		242	2214	24.4
e		212	2219	19.2
f		226	2236	19.8
g		240	2325	18.1
h		254	2342	20.9

注：键合氢省略。

[相关文献]

1) Nakagawa, H.; Tsuge, S.; Koyama, T. *J. Anal. Appl. Pyrolysis* 1987, **12**, 97.
2) Nakagawa, H.; Wakatsuka, S.; Tsuge, S.; Koyama,T. *Polym. J.* 1988, **20**, 9.
3) Plage, B.; Schulten, H.-R. *Macromolecules* 1988, **21**, 2018.
4) Bradna, P.; Zima, J. *J. Anal. Appl. Pyrolysis* 1992, **24**, 75.
5) Nakagawa, H. ; Wakatsuka, S. ; Ohtani, H. ; Tsuge, S. ; Koyama, T. *Polymer* 1992, **33**, 3556.
6) Fuchslueger, U.; Grether, H.-J.; Grassercauer, M. *Fresenius J. Anal. Chem.* 1994, **349**, 283.

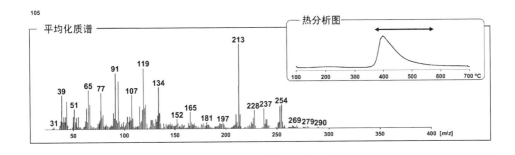

AC：乙醛

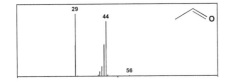

P：苯酚(+苯胺)

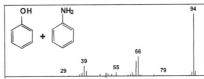

IP'：对异丙基酚

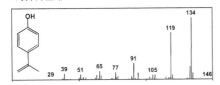

a：对羟基-2,2'-二苯基丙烷

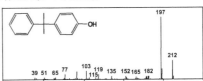

c：2-(4'-羟苯基)-2-(4'-甲氧基苯)丙烷

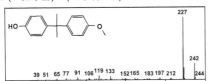

BA：双酚A

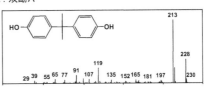

d：4-羟苯基-2-甲基-4-羟苯基丙烷

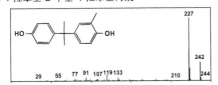

e：4-苯氨基-4-甲基苯胺

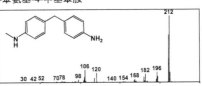

g：N,N-二甲基-4-甲氨苯基苯胺

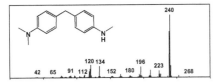

h：4,4'-亚甲基-二(N,N-二甲基苯胺)

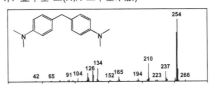

106　溴化环氧树脂

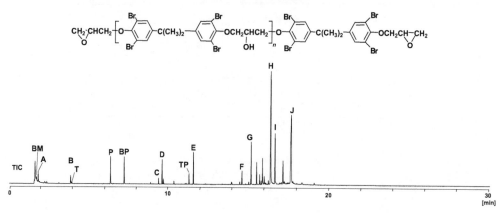

峰标记	主要峰的归属	分子量	保留指数	相对强度
BM	溴甲烷 CH₃Br	94	–	7.5
A	丙酮	58	465	7.0
B	BrCH₂CCH₃	136	760	4.9
T	甲苯	92	767	1.5
P	苯酚	94	983	14.9
BP	2-溴代酚	172	1077	13.9
C	2,4-二溴代酚	250	1397	3.0
D	2,6-二溴代酚	250	1397	11.8
TP	2,4,6-三溴代酚	328	1668	5.0
E		290	1715	16.1
F		384	2344	6.6
G		446	2479	22.8
H		462	2798	100.0
I		524	2869	32.9
J		540	3109	97.7

106

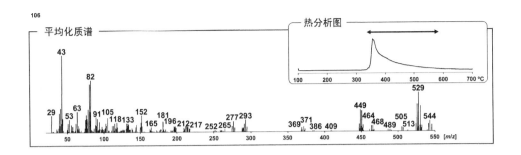
平均化质谱　　　　　　　　　　　　　热分析图

A：丙酮

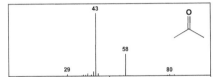

B：1-溴代-2-丙酮

P：苯酚

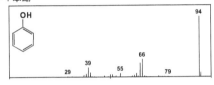

D：2,6-二溴代酚

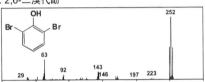

E：5,9-二溴-2-甲基-2,3-二氢化苯并呋喃

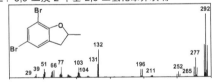

F：4,4'-二溴-4-苯酚-2,2'-丙烷

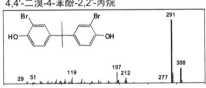

G：2-(3-溴苯基)-2-(2,5-二溴-4-羟苯基)丙烷

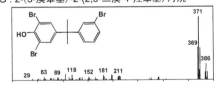

H：3-溴-4苯酚基-3,5-二溴基-4-酚基-2-丙烷

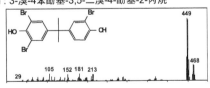

I：3,5-二溴苯基-3,5-二溴酚基-2-丙烷

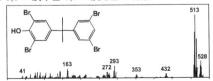

J：二(3,5-二溴-4-酚基)-2-丙烷

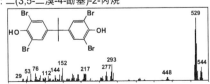

2.2.13　聚酰亚胺与聚酰胺类工程塑料

107　双马来酰亚胺三嗪树脂；BT 树脂

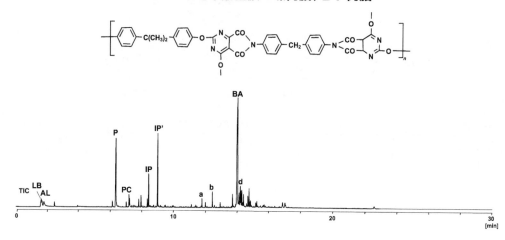

峰标记	主要峰的归属	分子量	保留指数	相对引度
LB	丙烯等	–	295	8.4
AL	丙烯醛？	56	498	5.4
P	苯酚+苯胺	94; 93	985	44.0
PC	对甲酚	108	1077	3.5
IP	对异丙基酚	136	1231	10.2
IP'	对烯丙基酚	134	1308	27.9
a		212	1758	2.4
b		226	1882	4.7
BA	双酚A	228	2212	100.0
d		242	2252	7.0

注：键合氢省略。

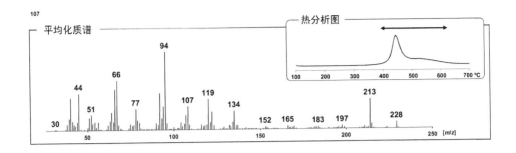

107

平均化质谱

热分析图

P：苯酚(+苯胺)

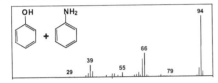

PC：对甲酚

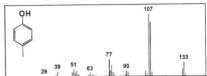

IP：对异丙基酚

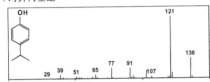

IP'：对烯丙基酚

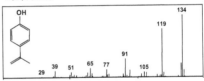

a：对羟基-2,2-二苯基丙烷

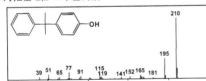

b：2-甲基-4-(2-苯基丙烷)苯酚

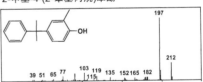

BA：双酚A

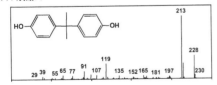

d：4-酚基丙烷-2-甲基对苯酚

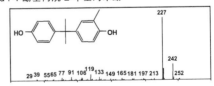

108   聚醚酰亚胺；PEI

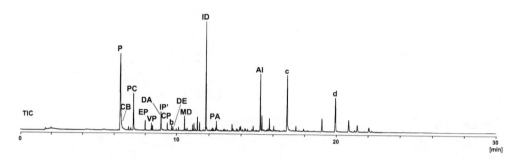

峰标记	主要峰的归属		分子量	保留指数	相对强度
P	苯酚 + 苯胺		94; 93	985	100.0
CB	苯腈 + 苯酚		103; 94	1007	3.9
PC	对甲酚		108	1078	28.7
EP	对乙基酚		122	1170	5.3
VP	对乙烯基酚		120	1220	3.6
DA	间苯二胺		108	1304	9.4
IP'	对烯丙基酚		134	1306	4.0
CP	间酚腈		119	1364	4.4
b	对酚腈		119	1406	2.6
DE	二苯醚		170	1419	1.8
MD	4-甲基二苯醚	![4-甲基二苯醚结构]	184	1532	7.0
ID	4-烯丙基二苯醚	![4-烯丙基二苯醚结构]	210	1759	52.5
PA	![PA结构]		212	1882	5.4
AI	![AI结构]		238	2488	30.2
c	未鉴定		—	2935	67.2
d	未鉴定		—	3498	38.4

注：键合氢省略。

[相关文献]

1) Huang, F.; Wang, X.; Li, S. *Polym. Degrad. Stab.* 1987, 18, 247.
2) Carroccio, S.; Puglisi, C.; Montaudo, G. *Macromol. Chem. Phys.* 1999, 200, 2345.
3) Perng, L.-H. *J. Polym. Res.* 2000, 7, 185.
4) Perng, L.-H. *J. Appl. Polym. Sci.* 2001, 79, 1151.

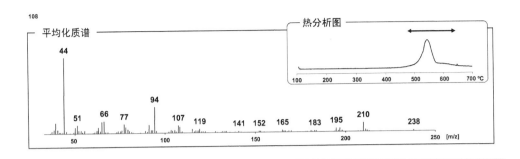

平均化质谱

热分析图

P：苯酚 (+苯胺)

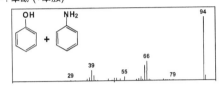

CB：苯腈(+苯酚)

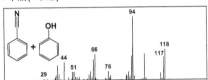

PC：对甲酚

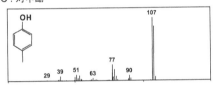

EP：对乙基酚

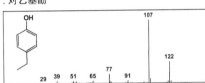

VP：对乙烯基酚

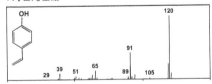

DA：间苯二胺

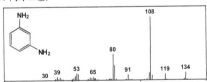

IP'：对烯丙基酚

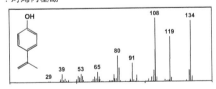

CP：间酚腈

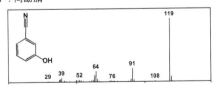

MD：4-甲基二苯醚

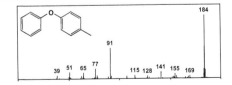

AI：2-(2-氨苯基)异二氢吲哚-1,3-二酮

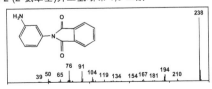

109　聚均苯四酰亚胺；PI

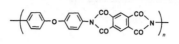

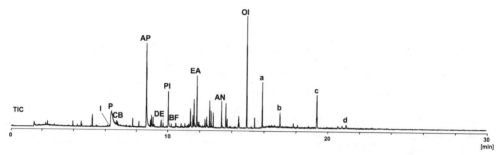

峰标记	主要峰的归属	分子量	保留指数	相对强度
I	苯基异氰酸酯	119	977	1.5
P	苯酚 + 苯胺	94; 93	991	50.8
CB	苯腈	103	1014	2.4
AP	对氨基酚	109	1263	100.0
DE	二苯醚	170	1419	3.9
PI	邻苯二甲酰亚胺	147	1469	33.6
BF	二苯并呋喃	168	1545	5.0
EA		185	1774	35.5
AN	邻苯二酰苯胺	223	2081	16.6
OI		239	2439	77.6
a	未鉴定	—	2687	27.5
b	未鉴定	—	2977	10.9
c		330	3409	40.5
d	未鉴定	—	3623	6.1

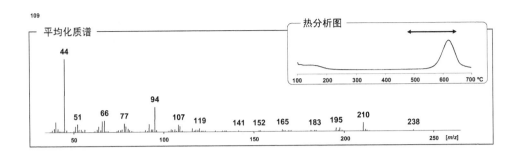

P：苯酚(+ 苯胺)

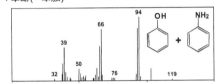

CB：苯腈

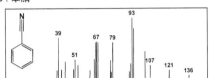

AP：对氨基酚

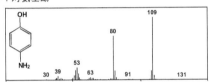

DE：二苯醚

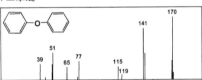

PI：邻苯二甲酰亚胺

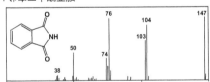

BF：二苯并呋喃

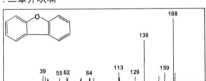

EA：对苯氧基苯胺

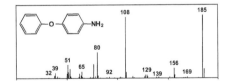

AN：邻苯二酰苯胺

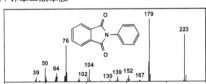

OI：2-(4-羟苯基)异二氢吲哚-1,3-二酮

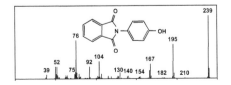

c：2-(4-氨基苯氧)苯基异二氢吲哚-1,3-二酮

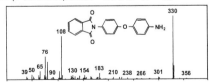

110 聚氨基双马来酰亚胺；PABM

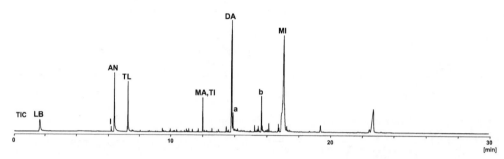

峰标记	主要峰的归属	分子量	保留指数	相对强度
LB	CO_2	44	150	10.2
I	异氰酸苯酯	119	963	1.3
AN	苯胺	93	984	24.9
TL	对甲苯胺 CH₃—⬡—NH₂	107	1081	15.5
MA	NH₂—⬡—CH₂—⬡	183	1799	7.3
TI	CH₃—⬡—N(CO-CH₂)(CO-CH₂)	189	1795	
DA	二氨基二苯基甲烷 NH₂—⬡—CH₂—⬡—NH₂	198	2169	53.3
a	未鉴定	—	2185	4.2
b	未鉴定	—	2613	8.6
MI	(CH₂-CO)(CH₂-CO)N—⬡—CH₂—⬡—NH₂	280	2982	100.0

[相关文献]

1) Crossland, B.; Knight, G. J.; Wright, W. W. *Br. Polym. J.* 1987, **19**, 291.

110
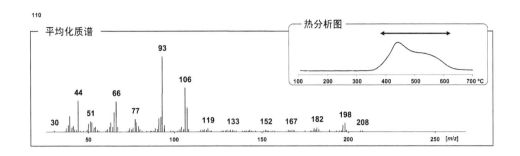

平均化质谱　　　　　　　　　　　　　　　　　热分析图

LB：CO₂

I：异氰酸苯酯
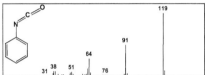

AN：苯胺
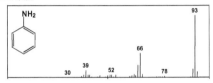

TL：对甲苯胺
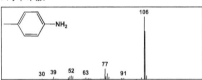

TI：1-甲苯吡咯烷-2,5-二酮
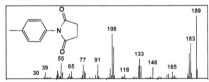

MA：4-苄苯胺
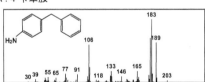

DA：二氨基二苯基甲烷
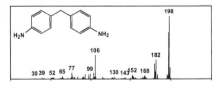

a：未鉴定
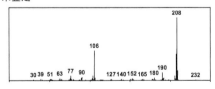

b：未鉴定
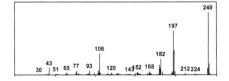

MI：1-[4-(4-氨苄基)苯基]吡咯烷-2,5-二酮
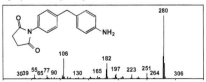

111　聚酰胺酰亚胺；PAI

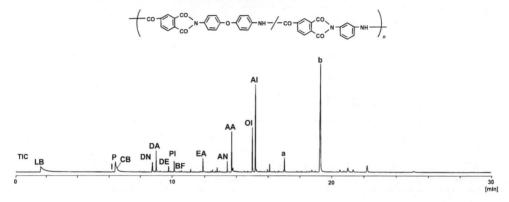

峰标记	主要峰的归属	分子量	保留指数	相对强度
LB	CO_2	44	150	18.4
I	异氰酸苯酯	119	967	0.3
P	苯酚 + 苯胺	94; 93	983	9.4
CB	苯甲腈	103	991	10.9
DN	对氨基酚 + 苯二甲腈	109; 128	1271	6.6
DA	间苯二胺	108	1304	7.7
DE	二苯醚	170	1419	1.9
PI	邻苯二甲酰亚胺	147	1474	4.4
BF	二苯丙呋喃	168	1547	0.5
EA		185	1776	4.6
AN	邻苯二甲酰苯胺	223	2081	3.8
AA		200	2140	14.3
OI		239	2443	17.6
AI		238	2490	35.1
a	未鉴定	-	2971	5.9
b		330	3414	100.0

111

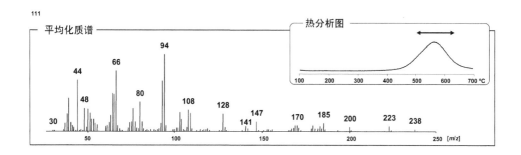

平均化质谱　　　热分析图

P：苯酚(+ 苯胺)

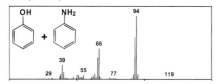

DN：对氨基酚(+苯二甲腈)

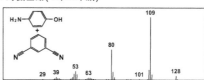

DA：间苯二胺

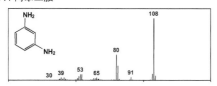

PI：邻苯二甲酰亚胺

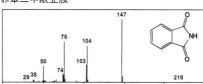

EA：对苯氧基苯胺

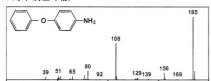

AN：邻苯二甲酰苯胺

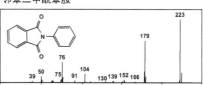

AA：二苯醚对二胺

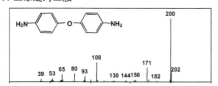

OI：2-(4-羟苯基)异二氢吲哚-1,3-二酮

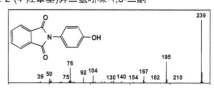

AI：2-(3-氨苯基)异二氢吲哚-1,3-二酮

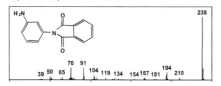

b：2-(4-(4-氨苯氧基)苯基)异二氢吲哚-1,3 -二酮

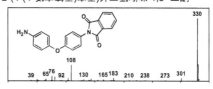

112　聚对苯二甲酰对苯二胺；Kevlar

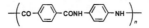

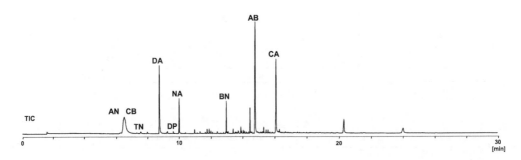

峰标记	主要峰的归属		分子量	保留指数	相对强度
AN	苯胺 + 苯腈		93; 103	989	89.2
TN	对甲苯腈　CH₃—⬡—CN		117	1117	2.7
DA	对苯二腈+对苯二胺	NC—⬡—CN + H₂N—⬡—NH₂	128; 108	1269	58.3
DP	联苯　⬡—⬡		154	1397	1.2
NA	对氰基苯胺　NC—⬡—NH₂		118	1457	19.6
BN	苯甲酰苯胺　⬡—CONH—⬡		197	1985	14.8
AB	4'-氨基苯甲酰苯胺　⬡—CONH—⬡—NH₂		212	2390	100.0
CA	4-氰基-4'-氨基苯甲酰苯胺　NC—⬡—CONH—⬡—NH₂		237	2724	63.0

［相关文献］

1) Brown, J. R.; Power, A. J. *Polym. Degrad. Stab.* 1982, **4**, 379.
2) Schulten, H. -R.; Plage, B.; Ohtani, H.; Tsuge, S. *Angew. Makromol. Chem.* 1987, **155**, 1.

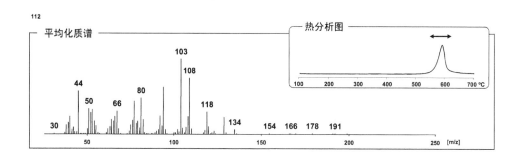

AN：苯胺 (+苯腈)

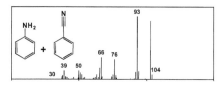

TN：对甲苯腈

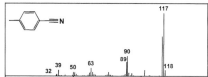

DA：对苯二腈(+对苯二胺)

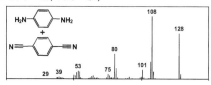

DP：联苯

NA：对氰基苯胺

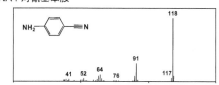

BN：苯甲酰苯胺

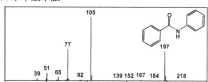

AB：4'-氨基苯甲酰苯胺

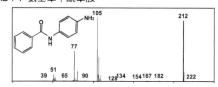

CA：4-氰基-4'-氨基苯甲酰苯胺

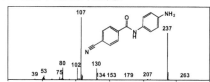

113　聚间苯二甲酰间苯二胺；Nomex

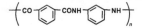

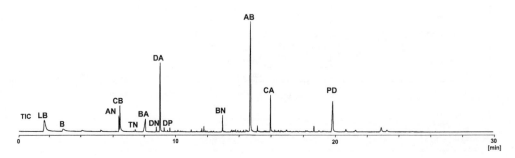

峰标记	主要峰的归属		分子量	保留指数	相对强度
LB	CO_2		44	150	30.2
B	苯		78	661	7.4
AN	苯胺		93	983	8.7
CB	苯腈		103	990	21.9
TN	间甲苯腈		117	1099	1.4
BA	苯甲酸		122	1181	17.9
DN	间苯二腈		128	1273	2.3
DA	间苯二胺		108	1307	46.5
DP	联苯		154	1398	1.6
BN	苯甲酰苯胺		197	1986	6.1
AB	3'-氨基苯甲酰苯胺		212	2377	100.0
CA	3-氰基-3'-氨基苯甲酰苯胺		237	2695	18.3

[相关文献]

1) Brown, J. R.; Power, A. J. *Polym. Degrad. Stab.* 1982, **4**, 379.
2) Schulten. H. -R.; Plage. B.; Ohtani. H.; Tsuge. S. *Angew. Makromol. Chem.* 1987. **155**. 1.

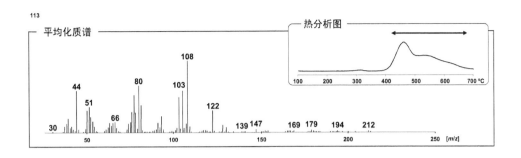

113

平均化质谱 ——————————————— 热分析图

AN：苯胺

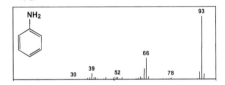

CB：苯腈

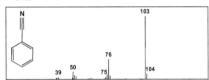

BA：苯甲酸

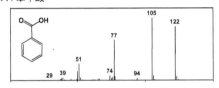

DN：间苯二腈

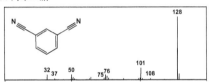

DA：间苯二胺

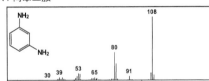

DP：联苯

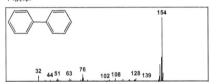

BN：苯甲酰苯胺

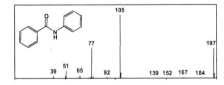

AB：3'-氨基苯甲酰苯胺

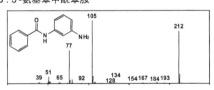

CA：3-氰基-3'-氨基苯甲酰苯胺

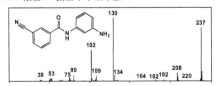

PD：N,N'-二苯甲酰-对亚苯基二胺

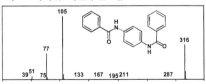

114　聚对苯二甲酰 /3,4- 二苯基对苯二胺

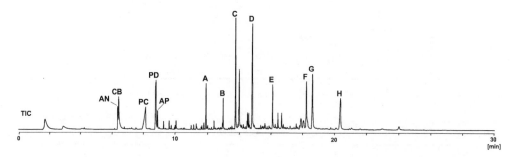

峰标记	主要峰的归属	分子量	保留指数	相对强度
AN	苯胺	93	983	20.6
CB	苯腈	103	990	43.4
PC	苯甲酸	122	1182	50.3
PD	对苯二胺	108	1277	58.9
AP	3-氨基酚	109	1291	11.6
A		185	1777	21.8
B		197	1987	13.2
C		200	2152	80.8
D		212	2394	100.0
E		237	2721	28.2
F		304	3230	54.0
G		304	3300	63.7
H		316	3551	50.9

114

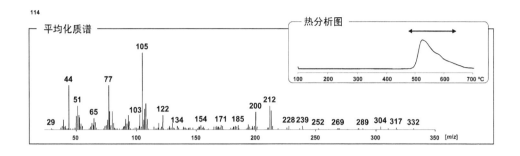

平均化质谱

热分析图

PC：苯甲酸

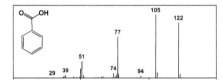

PD：对苯二胺

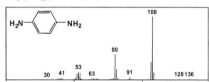

A：对苯氧基苯胺

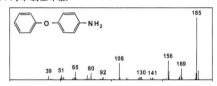

B：苯甲酰苯胺

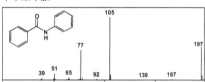

C：邻，对二氨基二苯醚

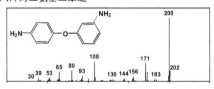

D：4'-氨基苯甲酰苯胺

E：4-氰基-4'-氨基苯甲酰苯胺

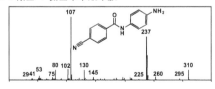

F：N-(3-(4-氨苯氧基)苯基苯甲酰胺

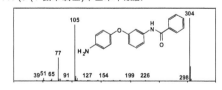

G：N-4'-(3-氨苯氧基)苯基苯甲酰胺

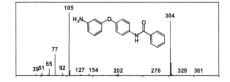

H：N,N'-二苯甲酰-对亚苯基二胺

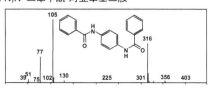

2.2.14　聚酯

115　聚对苯二甲酸乙二酯；PET

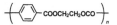

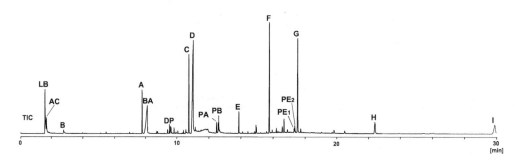

峰标记	主要峰的归属		分子量	保留指数	相对强度
LB	CO_2		44	150	25.2
AC	乙醛		44	408	8.8
B	苯		78	654	3.0
A	苯甲酸乙烯酯		148	1143	14.0
BA	苯甲酸		122	1186	44.7
DP	联苯		154	1398	1.8
C	对苯二甲酸二乙烯酯	$CH_2=CHOCOC_6H_4COOCH=CH_2$	218	1577	25.7
D	$CH_2=CHOCOC_6H_4COOH$		192	1622	100.0
PA	$C_6H_5-C_6H_4COOCH=CH_2$		224	1889	3.9
PB	$C_6H_5-C_6H_4COOH$		198	1914	6.0
E	$C_6H_5COOCH_2CH_2OCOC_6H_5$		270	2178	7.1
F	$C_6H_5COOCH_2CH_2OCOC_6H_4COOCH=CH_2$		340	2636	39.9
PE$_1$	$C_6H_5-C_6H_4COOCH_2CH_2OCOC_6H_5$		346	3050	1.5
PE$_2$	$HOCOC_6H_4COOCH_2CH_2OCOC_6H_4COOCH=CH_2$		384	3052	3.3
G	$CH_2=CHOCOC_6H_4COOCH_2CH_2OCOC_6H_4COOCH=CH_2$		410	3089	42.8
H	$C_6H_5COOCH_2CH_2OCOC_6H_4COOCH_2CH_2OCOC_6H_5$		462	3753	11.9
I	$C_6H_5(COOCH_2CH_2OCOC_6H_4)_2COOCH=CH_2$		532	4180	17.9

注：C_6H_5代表苯基；C_6H_4代表对亚苯基。

[相关文献]

1) Sugimura, Y.; Tsuge, S. *J. Chromatogr. Sci.* 1979, **17**, 269.
2) Bednas, M. E.; Day, M.; Ho, K.; Sander, R.; Wiles, D. M. *J. Appl. Polym. Sci.* 1981, **26**, 277.
3) Adams, E. R. *J. Polym. Sci., Polym. Chem. Ed.* 1982, **20**, 119.
4) Vijayakumar, C. T.; Fink, J. K. *Thermochim. Acta* 1982, **59**, 51.
5) Ohtani, H.; Kimura, T.; Tsuge, S. *Anal. Sci.* 1986, **2**, 179.
6) Montaudo, G.; Puglisi, C.; Samperi, F. *Polym. Degrad. Stab.* 1993, **42**, 13.

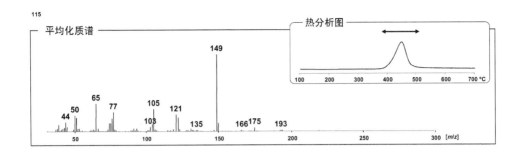

115

平均化质谱　　　　　　　　　　　　　　　　　　热分析图

AC：乙醛　　　　　　　　　　　　　　　　　　　B：苯

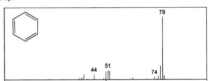

A：苯甲酸乙烯酯　　　　　　　　　　　　　　　C：对苯二甲酸二乙烯酯

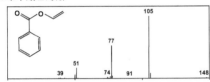

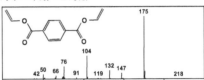

D：4-羧乙烯酯苯甲酸　　　　　　　　　　　　　E：二苯二甲酸1,2-乙酯

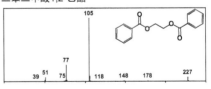

F：对苯二甲酸-2-苯甲酰氧基乙酯乙烯酯　　　　G：二(对苯二甲酸二乙烯酯)-1,2-乙酯

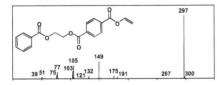

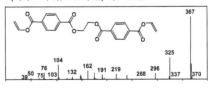

H：对苯二甲酸-2-双苯甲酰氧基乙酯　　　　　　I：对苯二甲酸-2-(4-苯甲酰乙氧基苯甲酸)
　　　　　　　　　　　　　　　　　　　　　　　乙酯乙烯酯

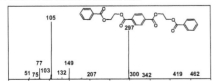

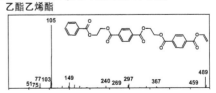

116　聚对苯二甲酸丁二酯；PBT

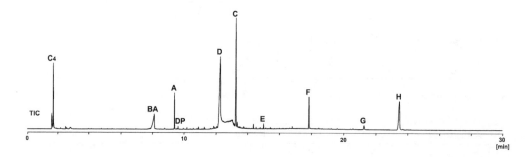

峰标记	主要峰的归属	分子量	保留指数	相对强度
C₄	1,3-丁二烯	54	395	21.0
BA	苯甲酸 C₆H₅COOH	122	1185	21.0
A	C₆H₅COOCH₂CH₂CH=CH₂	176	1362	9.3
DP	diphenyl C₆H₅-C₆H₅	154	1396	0.6
D	CH₂=CHCH₂CH₂OCOC₆H₄COOH	220	1848	100.0
C	CH₂=CHCH₂CH₂OCOC₆H₄COOCH₂CH₂CH=CH₂	274	2045	41.1
E	C₆H₅COO(CH₂)₄OCOC₆H₅	298	2441	1.2
F	C₆H₅COO(CH₂)₄OCOC₆H₄COOCH₂CH₂CH=CH₂	396	3154	12.0
G	CH₂=CHCH₂CH₂OCOC₆H₄COO(CH₂)₄OCOC₆H₄COOH	440	3649	3.0
H	CH₂=CHCH₂CH₂OCOC₆H₄COO(CH₂)₄OCOC₆H₄COOCH₂CH₂CH=CH₂	494	3838	33.3

注：C₆H₅代表苯基；C₆H₄代表对亚苯基。

[相关文献]

1) Sugimura, Y.; Tsuge, S. *J. Chromatogr. Sci.* 1979, **17**, 269.
2) Lum, B. M. *J. Polym. Sci., Polym. Chem. Ed.* 1979, **17**, 203
3) Adams, E. R. *J. Polym. Sci., Polym. Chem. Ed.* 1982, **20**, 119.
4) Vijayakumar, C. T.; Fink, J. K. *Thermochim. Acta* 1982, **59**, 51.
5) Ohtani, H.; Kimura, T.; Tsuge, S. *Anal. Sci.* 1986, **2**, 179.
6) Montaudo, G.; Puglisi, C.; Samperi, F. *Polym. Degrad. Stab.* 1993, **42**, 13.
7) Sato, H. ; Kondo, K. ; Tsuge, S. ; Ohtani. H. ; Sato, N. *Polym. Degrad. Stab.* 1998, **62**, 41.
8) Koshiduka, T.; Ohkawa, T.; Takeda, K. *Polym. Degrad. Stab.* 2003, **79**, 1.

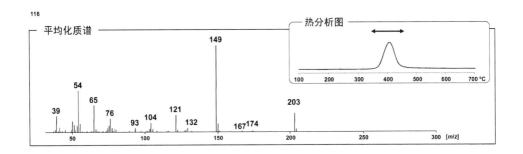

116 平均化质谱 / 热分析图

C₄：1,3-丁二烯
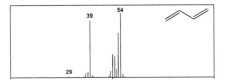

BA：苯甲酸
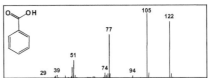

A：苯甲酸-3-丁烯酯
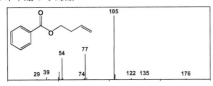

DP：联苯
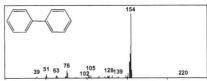

D：4-(羧酸-3-丁烯酯)苯甲酸
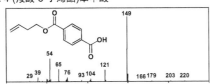

C：对苯二甲酸二3-丁烯酯
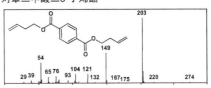

E：二苯甲酸1,4-丁酯
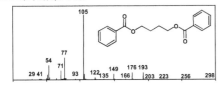

F：对苯二甲酸4-苯甲酸丁酯-3-丁烯酯
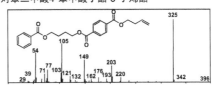

G：4-氧杂-3-丁烯基-4-苯甲酰基苯甲酸
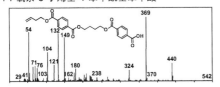

H：1,4-二对苯二甲酸二3-丁烯酯-1,4-丁酯
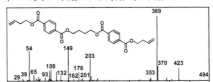

117 聚萘二甲酸乙二酯；PEN

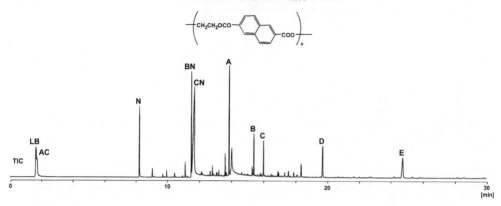

峰标记	主要峰的归属	分子量	保留指数	相对强度
LB	CO_2	44	150	24.0
AC	乙醛	44	408	15.1
N	萘	128	1200	21.2
BN	![萘-COOCH=CH₂]	198	1708	30.4
CN	![萘-COOH]	172	1741	100.0
A	![H₂C=CHOCO-萘-COOCH=CH₂]	268	2178	32.4
B	1,1'-二萘	254	2542	10.1
C	2,2'-二萘	254	2702	9.3
D	![萘-COOCH₂CH₂OCO-萘]	370	3468	16.7
E	![萘-COOCH₂CH₂OCO-萘-COOCH=CH₂]	440	3926	21.3

117

平均化质谱

热分析图

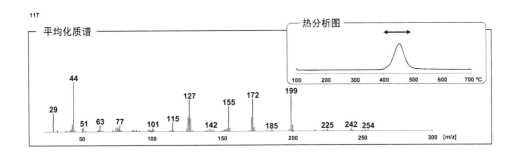

AC：乙醛

N：萘

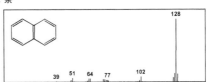

BN：萘甲酸-2-乙烯酯

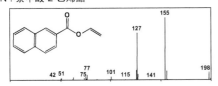

CN：萘甲酸

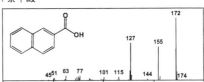

A：2,6-萘二甲酸二乙烯酯

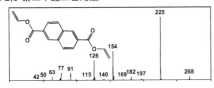

B：1,1'-联萘

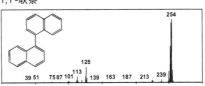

C：2,2'-联萘

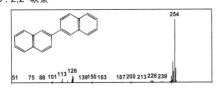

D：2-二萘甲酸-1,2-乙酯

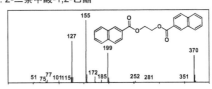

E：6-乙烯萘-2,6-二羧酸-2[2-(2-萘氧基)]乙酯

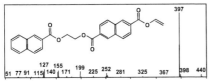

118 聚对羟基苯甲酸；A 型

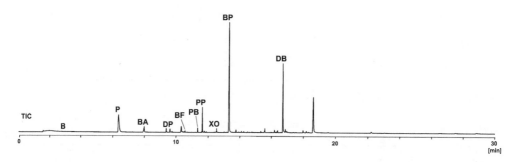

峰标记	主要峰的归属		分子量	保留指数	相对强度
B	苯		78	655	6.2
P	苯酚		94	984	34.0
BA	苯甲酸	⟨benzene⟩–COOH	122	1172	6.8
DP	联苯	⟨biphenyl⟩	154	1398	1.8
BF	二苯并呋喃	⟨dibenzofuran⟩	168	1546	0.7
PB	苯甲酸苯酯	⟨phenyl benzoate⟩	198	1678	1.8
PP	对苯基酚	⟨biphenyl⟩–OH	170	1731	11.9
XO	呫吨酮	⟨xanthone⟩	196	1901	1.8
BP	联二酚	HO–⟨biphenyl⟩–OH	186	2061	100.0
DB		⟨benzoyl⟩–COO–⟨biphenyl⟩–OH	290	2891	46.8

[相关文献]

1) Crossland, B.; Knight, G. J.; Wright, W. W. *Br. Polym. J.* 1986, **18**, 371.
2) Sueoka, K.; Nagata, M.; Ohtani, H.; Nagai, N.; Tsuge, S. *J. Polym. Sci. Part A* 1991, **29**, 1903.
3) Ohtani, H.; Fujii, R.; Tsuge, S. *J. High Res. Chromatogr.* 1991, **14**, 388.
4) Ishida, Y.; Ohtani, H.; Tsuge, S. *J. Anal. Appl. Pyrolysis.* 1995, **33**, 167.

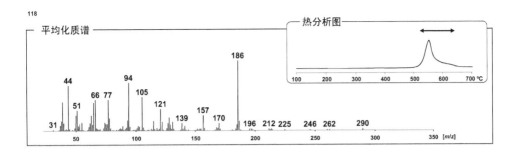

118

P：苯酚

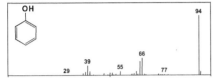

BA：苯甲酸

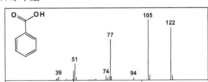

DP：联苯

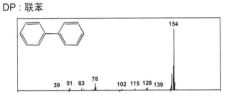

BF：二苯并呋喃

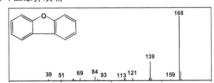

PB：苯甲酸苯酯

PP：对苯基酚

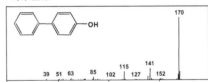

XO：呫吨酮

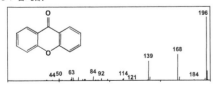

BP：联二酚

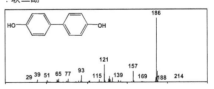

DB：4-羟二苯基-4-苯甲酸酯

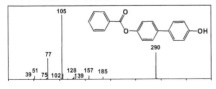

119 聚对羟基苯甲酸；B 型

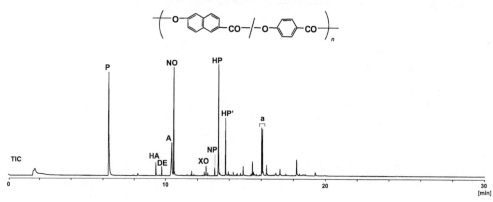

峰标记	主要峰的归属	分子量	保留指数	相对强度
P	苯酚	94	983	100.0
HA	对羟基苯甲醛	122	1364	6.8
DE	二苯醚	170	1419	4.1
A	对羟基苯甲酸　HO—⟨⟩—COOH （单体）	138	1518	44.8
NO	β-萘酚	144	1537	50.6
XO	呫吨酮	196	1901	4.7
NP	2-萘基苯醚	220	2011	3.5
HP	对羟基苯甲酸苯酯　HO—⟨⟩—COO—⟨⟩	214	2061	63.4
HP′	未鉴定($C_{13}H_{10}O_3$?)	214 ?	2155	26.3
a	1-羟基-2-萘甲酸苯酯	264	2703	22.8
	1-羟基-4-萘甲酸苯酯	264	2718	19.4

[相关文献]

1) Ohtani, H.; Fujii, R.; Tsuge, S. *J. High Res. Chromatogr*. 1991, **14**, 388.

119

平均化质谱

热分析图

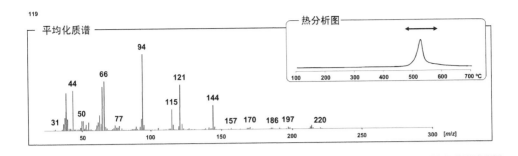

P：苯酚

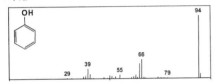

HA：对羟基苯甲醛

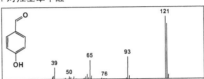

DE：二苯醚

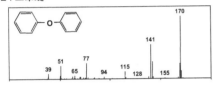

A：对羟基苯甲酸

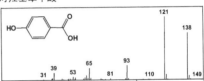

NO：β-萘酚

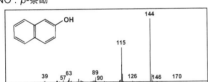

XO：呫吨酮

NP：2-萘基苯醚

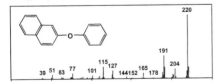

HP：对羟基苯甲酸苯酯

HP'：未鉴定

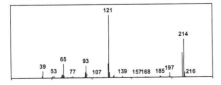

a：1-羟基-2-萘甲酸苯酯

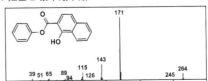

120 聚芳酯；PAR

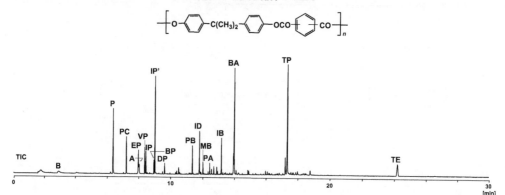

峰标记	主要峰的归属	分子量	保留指数	相对强度
B	苯	78	664	10.2
P	苯酚	94	985	49.3
PC	对甲酚	108	1078	21.1
EP	对乙基苯酚	122	1169	16.8
A	苯甲酸 ⬡—COOH	122	1176	9.9
VP	对乙烯基苯酚	120	1220	14.3
IP	对异丙基苯酚	136	1231	11.5
BP	对叔丁基苯酚	150	1298	7.0
IP'	对异丙烯基苯酚	134	1307	57.1
DP	联苯	154	1398	6.5
PB	苯甲酸苯酯	198	1678	15.1
ID	4-异丙烯基二苯醚	210	1759	26.1
MB	苯甲酸-对甲苯酯	212	1799	6.6
PA		212	1881	6.4
IB		238	2030	18.5
BA	双酚A	228	2202	71.8
TP		332 ?	3043	100.0
TE		436	3891	24.7

注：键合氢省略

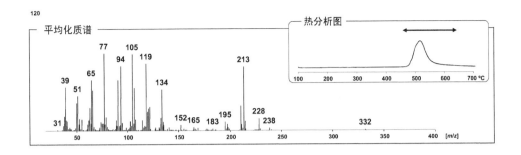

P：苯酚

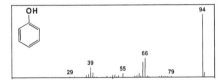

PC：对甲酚

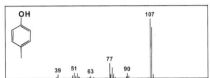

EP：对乙基苯酚

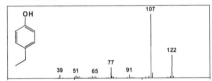

VP：对乙烯基苯酚

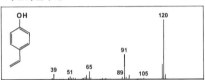

IP：对异丙基苯酚

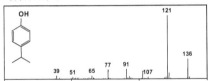

PB：苯甲酸苯酯

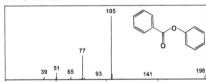

ID：4-异丙烯基二苯醚

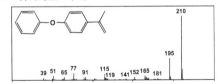

IB：苯甲酸4-烯丙基苯酯

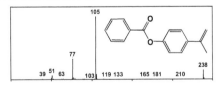

BA：双酚A

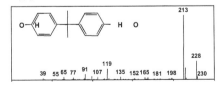

TP：对苯二甲酸苯酯-对甲苯酯

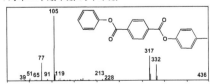

121 聚对苯二甲酸 -1,4- 环己基二甲酯

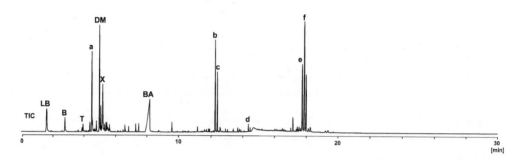

峰标记	主要峰的归属	分子量	保留指数	相对强度
LB	CO_2	44	150	30.1
B	苯	78	662	13.4
T	甲苯	92	768	5.3
a		108	813	47.6
DM	H_2C⬡CH_2	108	855	58.3
X	对二甲苯	106	873	33.2
BA	HOOC⬡	122	1199	100.0
b	未鉴定	—	1851	42.5
c	未鉴定	—	1877	25.4
d	未鉴定（含 CH_2=⬡$-CH_2-$）	—	2290	3.3
e	未鉴定	—	3138	45.6
f	未鉴定	—	3165	87.8

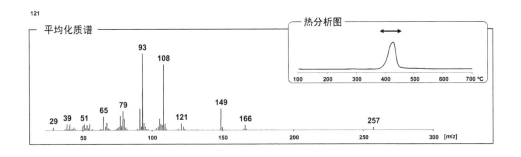

121

平均化质谱 ── 热分析图

a：二环-2,2,2-辛烷

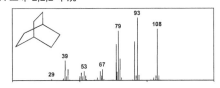

DM：1,4-二亚甲基环己烷

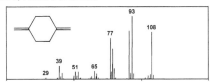

X：对二甲苯

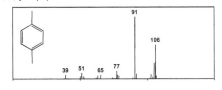

BA：苯甲酸

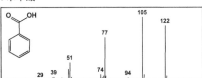

b：未鉴定

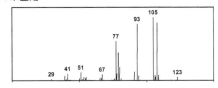

c：未鉴定

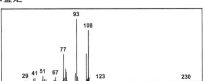

e：未鉴定

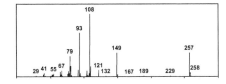

f：未鉴定

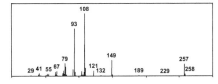

122　聚乳酸；PLA

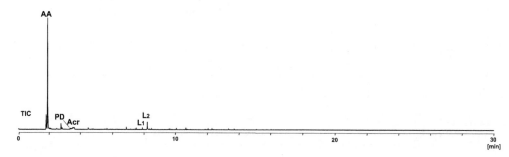

峰标记	主要峰的归属	分子量	保留指数	相对强度
AA	乙醛	44	411	100.0
PD	2,3-戊二酮	100	689	1.3
Acr	丙烯酸	72	714	1.8
L₁	(内消旋)	144	1133	1.2
L₂	(DL型)	144	1172	6.1

[相关文献]

1) Kopinke, F.-D.; Remmler, M.; Mackenzie, K. Moeder, M.; Wachsen, O. *Polym. Degrad. Stab.* 1996, **53**, 329.
2) Kopinke, F.-D.; Mackenzie, K. *J. Anal. Appl. Pyrolysis* 1997, **40-41**, 43.
3) Khabbaz, F.; Karlsson, S.; Albertsson, A.-C. *J. Appl. Polym. Sic.* 2000, **78**, 2369.
4) Aoyagi, Y.; Yamashita, K.; Doi, Y. *Polym. Degrad. Stab.* 2002, **76**, 53.
5) Fan, Y.; Nishida, H.; Hoshihara, S.; Shirai, Y.; Tokiwa, Y.; Endo, T. *Polym. Degrad. Stab.* 2003, **79**, 547.
6) Fan, Y.; Nishida, H.; Shirai, Y.; Endo, T. *Polym. Degrad. Stab.* 2003, **80**, 503.
7) Nishida, H.; Mori, T.; Hoshihara, S.; Fan, Y.; Shirai, Y.; Endo, T. *Polym. Degrad. Stab.* 2003, **81**, 515.
8) Fan, Y.; Nishida, H.; Shirai, Y.; Tokiwa, Y.; Endo, T. *Polym. Degrad. Stab.* 2004, **86**, 197.
9) Abe, H.; Takahashi, N.; Kim, K. J.; Mochizuki, M.; Doi, Y. *Biomacromolecules* 2004, **5**, 1606.
10) Fan, Y.; Nishida, H.; Mori, T.; Shirai, Y.; Endo, T. *Polymer* 2004, **45**, 1197.
11) Abe, H. *Macromol. Biosci.* 2006, **6**, 469.

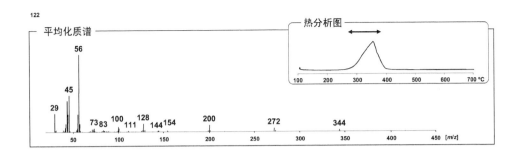

AA：乙醛

Acr：丙烯酸

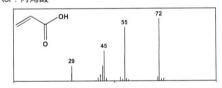

L2：3,6-二甲基-1,4-二噁-2,5-二酮(DL型)

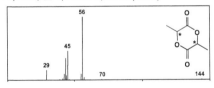

PD：2,3-戊二酮

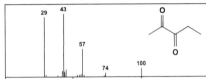

L1：3,6-二甲基-1,4-二噁-2,5-二酮(内消旋)

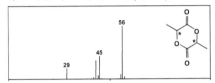

123 聚 ε- 己内酯；PCL

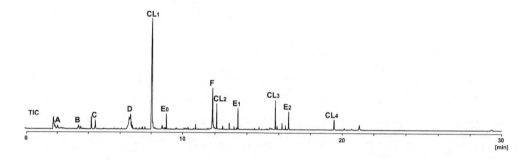

峰标记	主要峰的归属	分子量	保留指数	相对强度
A	戊烯	70	493	1.8
B	未鉴定	96	699	3.5
C	环戊酮	84	788	4.6
D	$CH_2=CH(CH_2)_3COOH$	114	998	16.7
CL_1	ε-己内酯 $[(CH_2)_5COO]$	114	1160	100.0
E_0	$CH_2=CH(CH_2)_2COO(CH_2)_4CH_3$	170	1278	3.8
F	$CH_2=CH(CH_2)_3COO(CH_2)_5COOH$	228	1742	23.0
CL_2	$[(CH_2)_5COO]_2$	228	1788	7.2
E_1	$CH_2=CH(CH_2)_2COO(CH_2)_4COO(CH_2)_4CH_3$	270	2053	5.1
CL_3	$[(CH_2)_5COO]_3$	342	2602	8.2
E_2	$CH_2=CH(CH_2)_2COO[(CH_2)_4COO]_2(CH_2)_4CH_3$	370	2825	5.9
CL_4	$[(CH_2)_5COO]_4$	456	3401	5.8

[相关文献]

1) Aoyagi, Y.; Yamashita, K.; Doi, Y. *Polym. Degrad. Stab.* 2002, **76**, 53.

2) Abe, H.; Takahashi, N.; Kim, K. J.; Mochizuki, M.; Doi, Y. *Biomacromolecules* 2004, **5**, 1480.

3) Abe, H. *Macromol. Biosci.* 2006, **6**, 469.

123

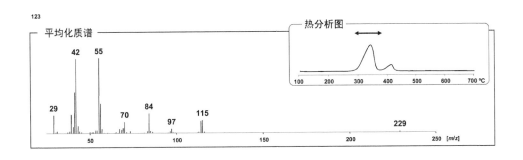

C：环戊酮

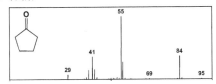

D：5-己烯酸

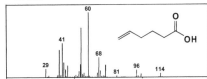

CL₁：ε-己内酯

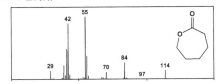

E₀：4-戊烯酸戊酯

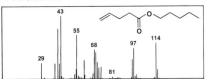

F：6-(5-烯酰氧基)己酸

CL₂：1,8-二氧杂十四环-2,9-二酮(ε-己内酯二聚体)

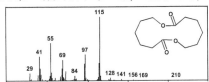

E₁：4-戊烯酸-5-氧代-5-(戊氧基)戊酯

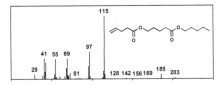

CL₃：ε-己内酯三聚体

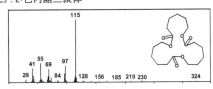

E₂：4-戊烯酸-5-氧代-5-(双氧代戊氧基)戊酯

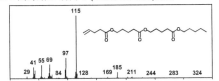

CL₄：ε-己内酯四聚体

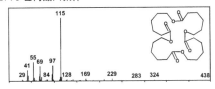

124 聚琥珀酸 / 己二酸丁二酯；PBSA

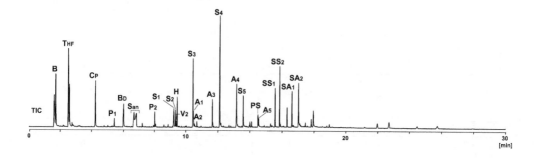

峰标记	主要峰的归属	分子量	保留指数	相对强度
B	1,3-丁二烯	54	395	64.9
T_{HF}	四氢呋喃	72	621	97.9
C_P	环戊酮	84	788	45.9
P_1	$CH_3CH_2COO(CH_2)_2CH=CH_2$	128	890	6.6
B_D	1,4-丁二醇	90	947	35.1
San	(结构式)	100	1034	33.7
P_2	$CH_3CH_2COO(CH_2)_4OH$	146	1174	10.0
S_1	$HOOC(CH_2)_2COO(CH_2)_2CH=CH_2$	172	1340	24.9
S_2	$\lceil OCO(CH_2)_2COO(CH_2)_4 \rceil$	172	1354	12.5
V_2	$CH_3(CH_2)_3COO(CH_2)_4OH$	174	1360	4.5
H	$OCN(CH_2)_6NCO$	168	1370	19.6
S_3	$CH_2=CH(CH_2)_2OOC(CH_2)_2COO(CH_2)_2CH=CH_2$	226	1526	46.4
A_1	$HOOC(CH_2)_4COO(CH_2)_2CH=CH_2$	200	1531	12.7
A_2	$\lceil OCO(CH_2)_4COO(CH_2)_4 \rceil$	200	1566	4.6
A_3	$CH_2=CH(CH_2)_2OCO(CH_2)_4COO(CH_2)_2CH=CH_2$	254	1733	20.4
S_4	$CH_2=CH(CH_2)_2OCO(CH_2)_2COO(CH_2)_4OH$	244	1817	100.0
A_4	$CH_2=CH(CH_2)_2OCO(CH_2)_4COO(CH_2)_4OH$	272	2026	42.3
S_5	$HO(CH_2)_4OCO(CH_2)_2COO(CH_2)_4OH$	262	2114	28.5
PS	$CH_3CH_2COO(CH_2)_4OCO(CH_2)_2COO(CH_2)_4OH$	318	2320	9.7
A_5	$HO(CH_2)_4OCO(CH_2)_4COO(CH_2)_4OH$	290	2330	8.2
SS_1	$\lceil OCO(CH_2)_2COO(CH_2)_4OCO(CH_2)_2COO(CH_2)_4 \rceil$	344	2580	26.8
SS_2	$CH_2=CH(CH_2)_2OCO(CH_2)_2COO(CH_2)_4OCO(CH_2)_2COO(CH_2)_2CH=CH_2$	398	2656	42.6
SA_1	$\lceil OCO(CH_2)_2COO(CH_2)_4OCO(CH_2)_4COO(CH_2)_4 \rceil$	372	2862	26.0
SA_2	$CH_2=CH(CH_2)_2OCO(CH_2)_2COO(CH_2)_4OCO(CH_2)_4COO(CH_2)_2CH=CH_2$	426	2966	42.8

[相关文献]

1) Plage, B.; Schulten, H.-R. *J. Anal. Appl. Pyrolysis* 1989, **15**, 197.

2) Plage, B.; Schulten, H.-R. *Macromolecules* 1990, **23**, 2642.

3) Sato, H.; Furuhashi, M.; Yang, D.; Ohtani, H.; Tsuge, S.; Okada, M.; Tsunoda, K.; Aoi, K. *Polym. Degrad. Stab.* 2001, **73**, 327.

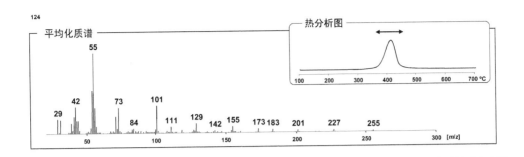

B：1,3-丁二烯

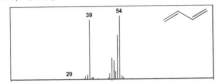

THF：四氢呋喃

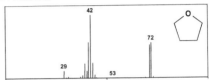

Cp：环戊酮

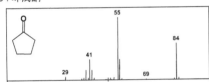

S₃：琥珀酸3-丁烯二酯

S₄：琥珀酸-3-丁烯酯-4-羟丁酯

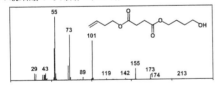

A₄：己二酸3-丁烯酯-4-羟丁酯

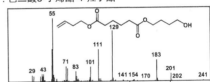

S₅：琥珀酸-4-羟丁二酯

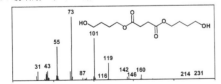

SS₁：1,6,11,16-四氧杂二十环-2,5,12,15-四酮

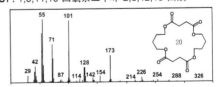

SS₂：二琥珀酸-3-二丁烯酯-1,4-二丁烯酯

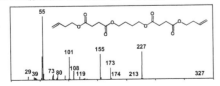

SA₂：己二酸-3-丁烯酯-4-(4(3-丁氧基)-4-氧杂丁氧基)丁酯

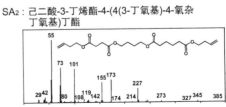

125　聚 3- 羟丁酸；PHB

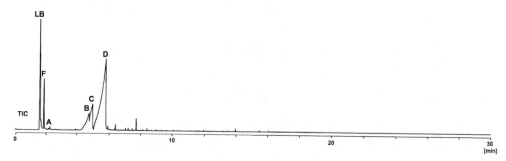

峰标记	主要峰的归属	分子量	保留指数	相对强度
LB	CO₂，丙烯等	44, 42	295	23.0
F	呋喃	68	555	8.6
A	乙酸	60	605	0.6
B	CH₂=C(CH₃)COOH	86	792	16.5
C	CH₃CH=CHCOOH（顺式）	86	853	18.1
D	CH₃CH=CHCOOH（反式）	86	927	100.0

[相关文献]

1) Watt, B. E.; Morgen, S. L. *J. Anal. Appl. Pyrolysis* 1991, **19**, 237.
2) Lehrle, R. S.; Williams, R. J. *Macromolecules* 1994, **27**, 3782.
3) Lehrle, R.; Williams, R.; French, C.; Hammond, T. *Macromolecules* 1995, **28**, 4408.
4) Kopinke, F.-D.; Remmler, M.; Mackenzie, K. *Polym. Degrad. Stab.* 1996, **52**, 25
5) Kopinke, F.-D.; Mackenzie, K. *J. Anal. Appl. Pyrolysis* 1997, **40-41**, 43.
6) Aoyagi, Y.; Yamashita, K.; Doi, Y. *Polym. Degrad. Stab.* 2002, **76**, 53.
7) Li, S.-D.; He, J.-D.; Yu, P. H.; Cheung, M. K. *J. Appl. Polym. Sci.* 2003, **89**, 1530.
8) Gonzalez, A.; Irusta, L.; Fernandez-Berridi, M. J.; Iriarte, M.; Iruin, J. J. *Polym. Degrad. Stab.* 2005, **87**, 347.
9) Abe, H. *Macromol. Biosci.* 2006, **6**, 469.

125

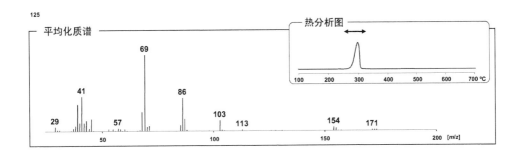

平均化质谱 ——————————————————— 热分析图

LB：丙烯

B：呋喃

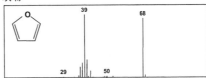

A：乙酸

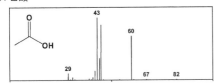

B：甲基丙烯酸

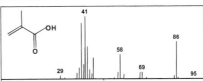

C：2-丁烯酸(顺式)

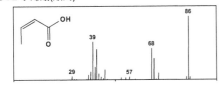

D：2-丁烯酸(反式)

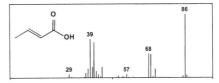

126　聚琥珀酸／碳酸丁二酯；PEC

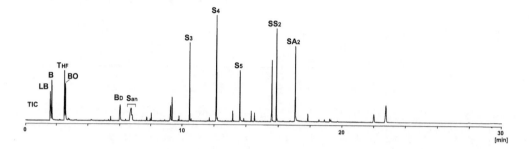

峰标记	主要峰的归属	分子量	保留指数	相对强度
LB	CO₂	44	150	36.6
B	1,3-丁二烯	54	395	39.2
T$_{HF}$	1,3-丁二烯	72	617	55.3
BO	CH₂=CH(CH₂)₂OH	72	625	39.1
B$_D$	1,4-丁二醇	90	947	30.2
San		100	1021	39.6
S₃	CH₂=CH(CH₂)₂OOC(CH₂)₂COO(CH₂)₂CH=CH₂	226	1516	50.2
S₄	CH₂=CH(CH₂)₂OCO(CH₂)₂COO(CH₂)₄OH	244	1818	100.0
S₅	HO(CH₂)₄OCO(CH₂)₂COO(CH₂)₄OH	262	2116	41.0
SS₂	CH₂=CH(CH₂)₂OCO(CH₂)₂COO(CH₂)₄OCO(CH₂)₂COO(CH₂)₂CH=CH₂	398	2657	62.6
SA₂	CH₂=CH(CH₂)₂OCO(CH₂)₂COO(CH₂)₄OCO(CH₂)₄COO(CH₂)₂CH=CH₂	426	2969	75.3

126

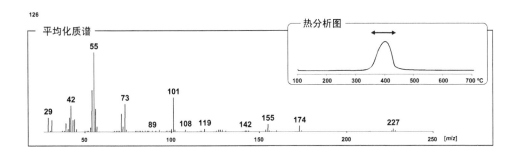

平均化质谱　　　　　　　　　　　　　　热分析图

B：1,3-丁二烯

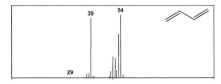

T_HF：四氢呋喃

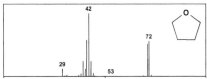

BO：3-丁烯-1-醇

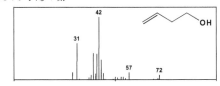

BD：1,4-丁二醇

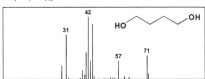

San：琥珀酸酐

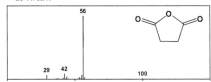

S₃：琥珀酸-3-丁烯二酯

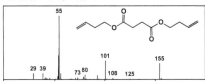

S₄：琥珀酸3-丁烯酯-4-羟丁酯

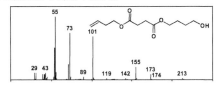

S₅：琥珀酸-4-羟丁二酯

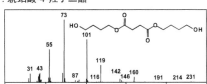

SS₂：二琥珀酸3-二丁烯酯-1,4-二丁烯酯

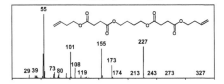

SA₂：己二酸-3-丁烯酯-4-3-丁氧基-4-氧代
丁酰羧丁酯

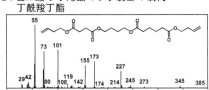

2.2.15　以亚苯基为骨架的其它工程塑料

127　聚碳酸酯（熔融法）; MM-PC

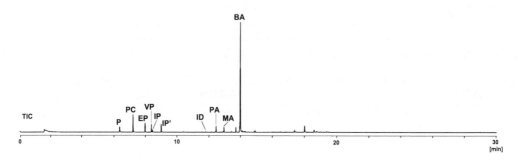

峰标记	主要峰的归属	分子量	保留指数	相对强度
P	苯酚	94	982	6.3
PC	对甲酚	108	1077	14.0
EP	对乙酚	122	1169	7.0
VP	对乙烯基酚	120	1220	5.8
IP	对异丙基酚	136	1230	1.5
IP'	对异丙烯基酚	134	1305	5.7
ID	4-异丙烯基二苯醚	210	1758	0.3
PA		212	1881	4.0
MA		226	1981	3.3
BA	双酚A	228	2200	100.0

注：键合氢省略。

[相关文献]
1) Lee, L. -H. *J. Polym. Sci., Part A* 1961, **2**, 2859.
2) Tsuge, S.; Okumoto, T.; Sugimura, Y.; Takeuchi, T. *J. Chromatogr. Sci.* 1969, **7**, 253.
3) Foti, S.; Giuffrida, M.; Maravigna, P.; Montaudo, G. *J. Polym. Sci., Polym. Chem. Ed.* 1983, **21**, 1567.
4) Ito, Y.; Ogasawara, H.; Ishida, Y.; Tsuge, S.; Ohtani, H.; *Polym. J.* 1996, **28**, 1090.

127

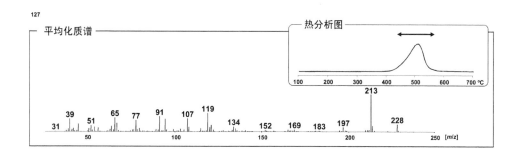

P：苯酚

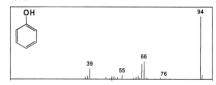

PC：对甲酚

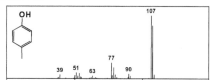

EP：对乙酚

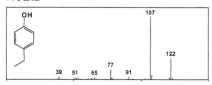

VP：对乙烯基酚

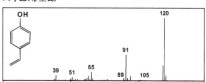

IP：对异丙基酚

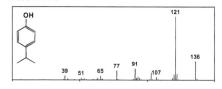

IP'：对异丙烯基酚

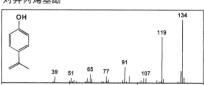

ID：4-异丙烯基二苯醚

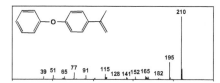

PA：对羟基-2,2'-二苯基丙烷

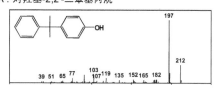

MA：对羟基-3-甲基-2,2'-二苯基丙烷

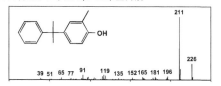

BA：双酚A

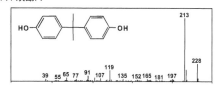

128　聚碳酸酯（溶剂法）; SM-PC

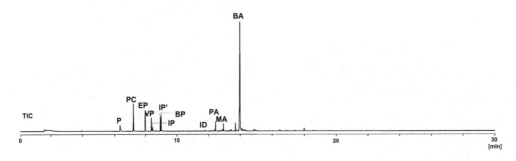

峰标记	主要峰的归属	分子量	保留指数	相对强度
P	苯酚	94	985	7.6
PC	对甲酚	108	1079	19.7
EP	对乙酚	122	1169	10.7
VP	对乙烯基酚	120	1219	7.9
IP	对异丙基酚	136	1229	2.4
BP	对叔丁基酚	150	1299	6.8
IP'	对异丙烯基酚	134	1307	8.6
ID	4-异丙基二苯醚	210	1761	0.4
PA		212	1885	5.2
MA		226	1985	3.7
BA	双酚A	228	2207	100.0

注：键合氢省略。

[相关文献]
1) Lee, L. –H. *J. Polym. Sci., Part A* 1961, **2**, 2859.
2) Tsuge, S.; Okumoto, T.; Sugimura, Y.; Takeuchi, T. *J. Chromatogr. Sci.* 1969, **7**, 253.
3) Foti, S.; Giuffrida, M.; Maravigna, P.; Montaudo, G. *J. Polym. Sci., Polym. Chem. Ed.* 1983, **21**, 1567.
4) Ito, Y.; Ogasawara, H.; Ishida, Y.; Tsuge, S.; Ohtani, H.; *Polym. J.* 1996, **28**, 1090.

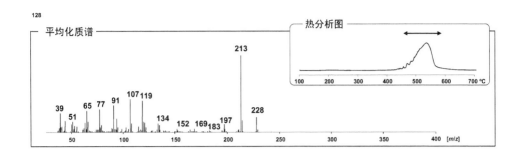

P：苯酚

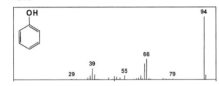

PC：对甲酚

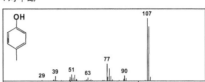

EP：对乙酚

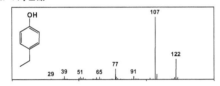

VP：对乙烯基酚

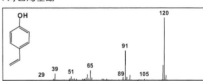

IP：对异丙基酚

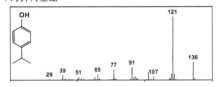

BP：对叔丁基酚

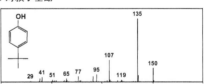

IP'：对异丙烯基酚

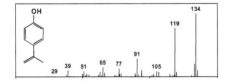

PA：对羟基-2,2-二苯基丙烷

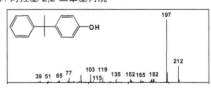

MA：对羟基-3-甲基-2,2-苯基丙烷

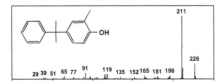

BA：双酚A

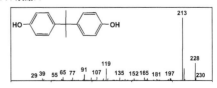

129　双酚 Z 聚碳酸酯

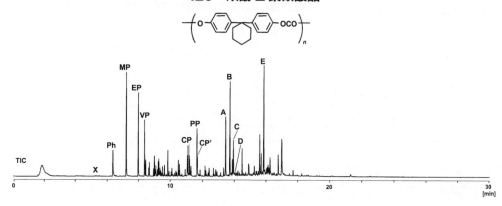

峰标记	主要峰的归属	分子量	保留指数	相对强度
X	对二甲苯	106	879	1.3
Ph	苯酚	94	984	35.4
MP	对甲酚	108	1079	100.0
EP	对乙酚	122	1170	67.6
VP	对乙烯基酚	120	1221	40.6
CP	对环己基酚	176	1650	12.9
PP	对苯基酚	170	1730	33.9
CP'	对环己烯基酚	174	1736	14.3
A	HO—⬡—CH₂—⬡—OH	200	2085	48.9
B	HO—⬡—CH(CH₃)—⬡—OH	214	2143	80.7
C	HO—⬡—C(CH₂)—⬡—OH	212	2191	24.8
D	HO—⬡—C(CH₃)(CH₃)—⬡—OH	228	2207	19.1
E	HO—⬡—C(⬡)—⬡—OH	268	2654	95.7

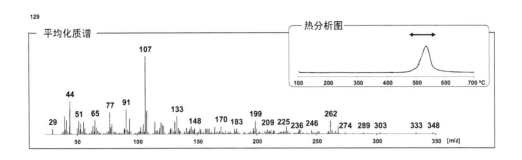

129

平均化质谱 ── 热分析图

X : 对二甲苯

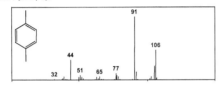

Ph : 苯酚

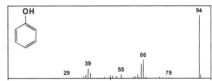

MP : 对甲酚

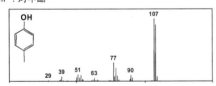

EP : 对乙酚

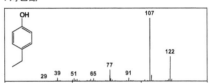

VP : 对乙烯基酚

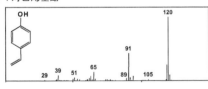

PP : 对苯基酚

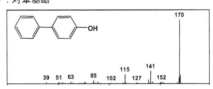

A : 亚甲基-4,4'-二酚

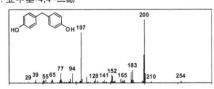

B : 亚乙基-4,4'-二酚

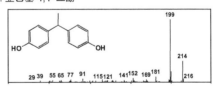

C : 1-乙烯基-4,4'-二酚

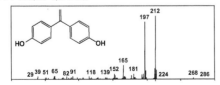

E : 1,1-环己烷-4,4-二酚

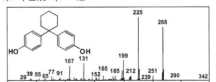

130 聚碳酸酯（热稳定化）

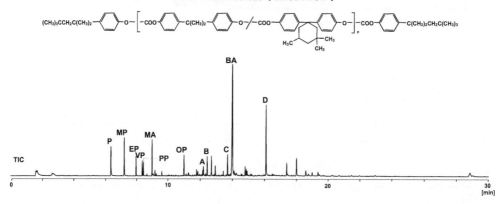

峰标记	主要峰的归属	分子量	保留指数	相对强度
P	苯酚	94	983	15.9
MP	对甲酚	108	1078	16.4
EP	对乙酚	122	1169	7.1
VP	对乙烯基酚	120	1220	5.4
PP	对异丙基酚	136	1231	5.2
MA	对异丙烯基酚	134	1306	13.0
OP	HO—⟨⟩—C(CH₃)₂CH₂C(CH₃)₃	206	1620	7.8
A	HO—⟨⟩—CH₂—⟨⟩	184	1834	4.5
B	HO—⟨⟩—C(CH₃)₂—⟨⟩	212	1881	7.5
C	HO—⟨⟩—CH(CH₃)—⟨⟩—OH	214	2142	8.7
BA	双酚A HO—⟨⟩—C(CH₃)₂—⟨⟩—OH	228	2207	100.0
D	HO—⟨⟩—C(⟨⟩)—⟨⟩—OH H₃C CH₃	310	2723	32.3

[相关文献]

1) Ishida, Y.; Kawaguchi, S.; Ito, Y.; Tsuge, S.; Ohtani, H. *J. Anal. Appl. Pyrolysis* 1997, **40-41**, 321.

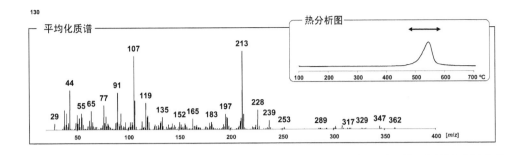

P：苯酚

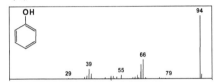

MP：对甲酚

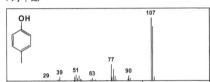

EP：对乙酚

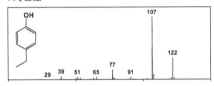

VP：对乙烯基酚

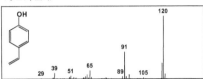

MA：对异丙烯基酚

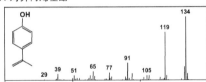

OP：1,1,3,3-四甲基丁烷-4-苯酚

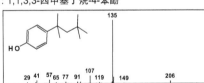

B：对羟基-2,2-二苯基丙烷

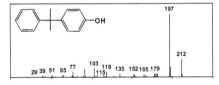

C：4,4'-亚乙基二酚

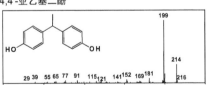

BA：双酚A

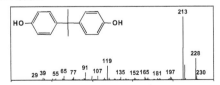

D：3,3,5-三甲基-1,1-环己烷-4,4'-二酚

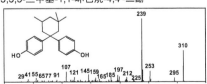

131　溴化聚碳酸酯；Br-PC

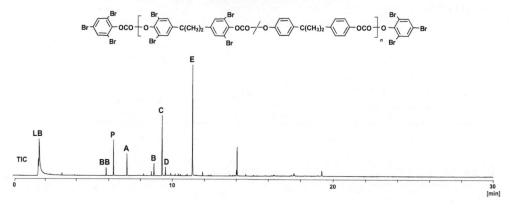

峰标记	主要峰的归属	分子量	保留指数	相对强度
LB	CO_2，溴化氢等	–	150	100.0
BB	溴代苯	156	937	6.4
P	苯酚	94	983	29.2
A	邻溴代酚	172	1078	17.7
B	对溴代酚	172	1292	10.3
C	2,6-二溴代酚	250	1365	49.3
D	2,4-二溴代酚	250	1397	6.8
E	2,4,6-三溴代酚	328	1669	98.8

[相关文献]

1) Sato, H.; Kondo, K.; Tsuge, S.; Ohtani. H.; Sato, N. *Polym. Degrad. Stab.* 1998, **62**, 41.

131

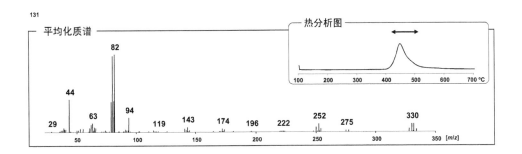

平均化质谱　　　　　　　　　热分析图

LB：溴化氢

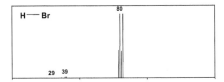

BB：溴代苯

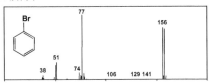

P：苯酚

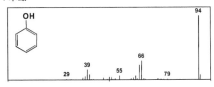

A：邻溴代酚

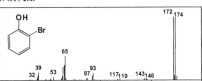

B：对溴代酚

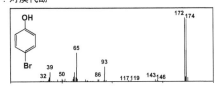

C：2,6-二溴代酚

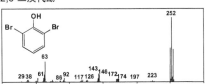

D：2,4-二溴代酚

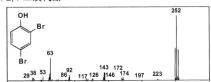

E：2,4,6-三溴代酚

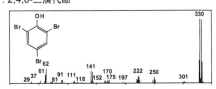

132　聚砜；PSF

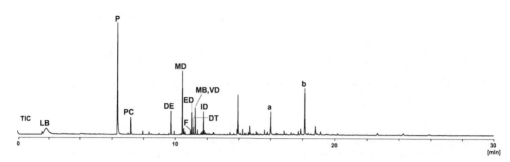

峰标记	主要峰的归属	分子量	保留指数	相对强度
LB	SO_2	64	–	43.5
P	苯酚	94	985	100.0
PC	对甲酚	108	1078	11.2
DE	二苯醚	170	1419	11.2
MD	4-甲基二苯醚	184	1532	32.8
F	芴	166	1614	2.1
ED	4-乙基二苯醚	198	1639	10.9
DT	二对甲苯基醚	198	1644	3.5
MB		182	1665	13.2
VD	4-乙烯基二苯醚	196		
ID	4-异丙基二苯醚	210	1758	10.1
a	未鉴定	–	2707	12.3
b	未鉴定	–	3218	37.9

注：键合氢省略。

[相关文献]
　　1) Crossland, B.; Knight, G. J.; Wright, W. W. *Br. Polym. J.* 1986, **18**, 156.
　　2) Almen, P.; Ericsson, I. *Polym. Degrad. Stab.* 1995, **50**, 223.
　　3) Perng, L. -H. *J. Polym. Sci., Part A Polym. Chem.* 2000, **38**, 583.
　　4) Ohtani, H.; Ishida, Y.; Ushiba, M.; Tsuge, S. *J. Anal. Appl. Pyrolysis* 2001, **61**, 35.

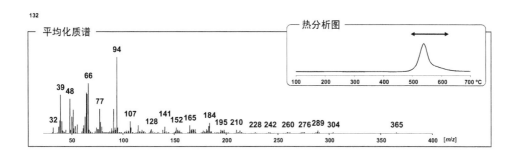

132

平均化质谱

热分析图

P：苯酚

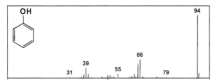

PC：对甲酚

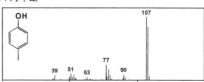

DE：二苯醚

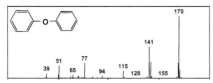

MD：4-甲基二苯醚

ED：4-乙基二苯醚

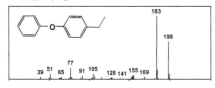

DT：二对甲苯基醚

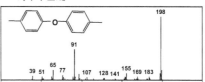

MB, VD：2-甲基二苯并呋喃+4-乙烯基二苯醚

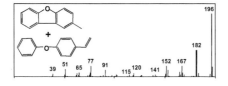

ID：4-异丙基二苯醚

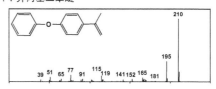

a：未鉴定

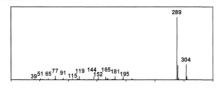

b：未鉴定

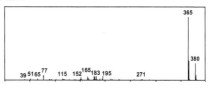

133　聚苯醚；PPO

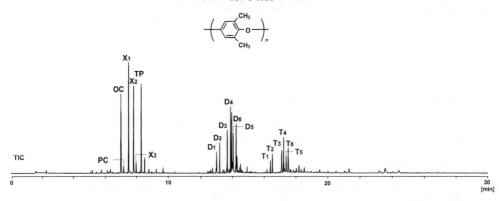

峰标记	主要峰的归属	分子量	保留指数	相对强度
OC	邻甲酚	108	1058	72.9
PC	对甲酚	108	1077	7.2
X$_1$	2,6-二甲酚 (单体)	122	1113	100.0
X$_2$	2,4-二甲酚	122	1153	74.7
X$_3$	3,5-二甲酚	122	1172	9.0
TP	2,4,6-三甲酚	136	1213	72.5
D$_1$		242	1996	15.6
D$_2$		256	2038	21.3
D$_3$	（二聚体组）	228	2139	31.4
D$_4$		242	2185	49.6
D$_5$		242	2221	28.3
D$_6$		256	2263	40.8
T$_1$		362	2810	9.6
T$_2$		376	2843	15.3
T$_3$	（三聚体组）	350 ?	2991	22.7
T$_4$		364 ?	3019	31.8
T$_5$		364 ?	3057	16.4
T$_6$		378 ?	3086	28.7

注：键合氢省略。

[相关文献]

1) Jachowicz, J.; Kryszewski, M.; Kowalski, P. *J. Appl. Polym. Sci.* 1978, **22**, 2891.

2) Chandra, R. *Prog. Polym. Sci.* 1982, **8**, 469.

3) Usami, T.; Keitoku, F.; Ohtani, H.; Tsuge, S. *Polymer* 1992, **33**, 3024.

4) Takayama, S.; Matsubara, N.; Arai, T.; Takeda, K. *Polym. Degrad. Stab.* 1995, **50**, 277.

133

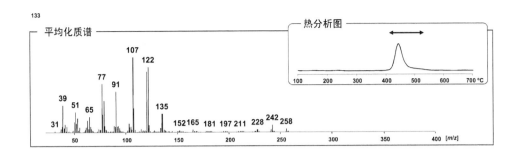

平均化质谱

热分析图

OC：邻甲酚

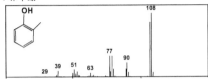

X₁：2,6-二甲酚

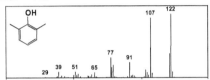

X₂：2,4-二甲酚

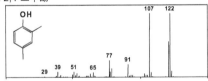

TP：2,4,6-三甲酚

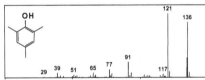

D₂：2,4-二甲基-羟基-2,4,6'-三甲基二酚

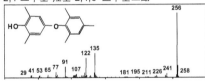

D₃：4,6'-甲基-2-二甲酚

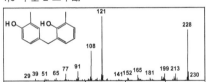

D₄：4-(2-羟基-3-甲苯基)-2,6-二甲酚

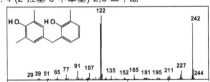

D₆：4-(2-羟基-3,5-二甲苯基)-2,6-二甲酚

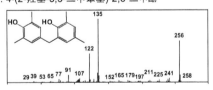

T₂：4-[4-(三甲苯氧基)-2,6-二甲苯氧基]-2,6-二甲酚

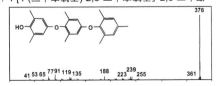

T₄：4-(4-(2-羟基-3-甲苯氧基)-2,6-二甲苯氧基)-2,6-二甲酚

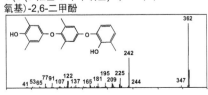

134 改性聚苯醚；改性 PPO

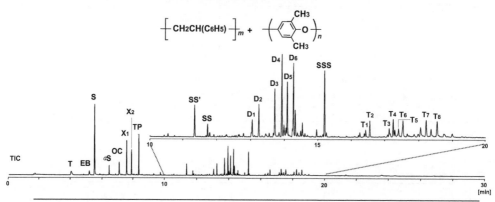

峰标记	主要峰的归属	分子量	保留指数	相对强度
T	甲苯	92	769	13.6
EB	乙苯	106	866	7.6
S	苯乙烯(S单体)	104	894	100.0
αS	α-甲基苯乙烯	118	987	9.1
OC	邻甲酚	108	1059	16.0
X₁	2,6-二甲酚(PO单体)	122	1114	35.7
X₂	2,4-二甲酚	122	1153	24.4
TP	2,4,6-三甲酚	136	1213	34.5
SS'	Ph-C-C-C-Ph	196	1674	8.5
SS	C=C(Ph)-C-C-Ph (S二聚体)	208	1734	3.2
D₁		242	1996	6.4
D₂		256	2038	8.6
D₃		228	2139	13.3
D₄	(PO二聚体组)	242	2185	22.9
D₅		242	2221	14.5
D₆		256	2263	19.7
SSS	C=C(Ph)-C-C(Ph)C-C-Ph (S三聚体)	312	2487	18.8
T₁		362	2810	2.2
T₂		376	2843	4.7
T₃		348	2991	2.8
T₄	(PO三聚体组)	362	3019	5.9
T₅		362	3057	2.8
T₆		376	3085	7.7
T₇		362	3227	6.9
T₈		376	3288	6.7

注：键合氢省略；Ph代表C₆H₅(苯基)。

[相关文献]

1) Jachowicz, J.; Kryszewski, M.; Kowalski, P. *J. Appl. Polym. Sci.* 1978, **22**, 2891.
2) Mukherji, A. K.; Butler, M. A.; Evans, D. L. *J. Appl. Polym. Sci.* 1980, **25**, 1145.
3) Wandelt, B.; Kryszewski, M.; Kowalski, P. *Polymer* 1981, **22**, 1236.
4) Chandra, R. *Prog. Polym. Sci.* 1982, **8**, 469.
5) Jachowicz, J.; Kryszewski, M.; Mucha, M. *Macromolecules* 1984, **17**, 1315.
6) Usami, T.; Keitoku, F.; Ohtani, H.; Tsuge, S. *Polymer* 1992, **33**, 3024.

134

平均化质谱

热分析图

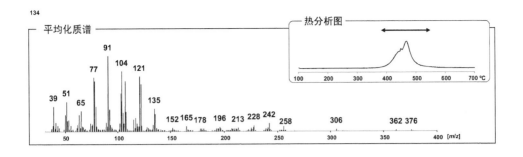

S：苯乙烯

OC：邻甲酚

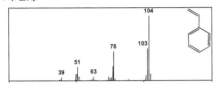

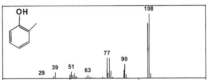

X₁：2,6-二甲酚

X₂：2,4-二甲酚

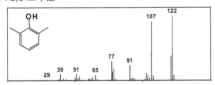

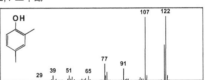

TP：2,4,6-三甲酚

SS'：1,3-二苯基丙烷

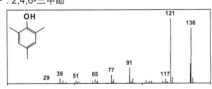

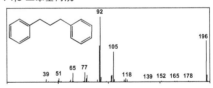

D₄：4-(2-羟基-3-甲苄基)-2,6-二甲酚

D₆：4-(2-羟基-3,5-二甲苄基)-2,6-二甲酚

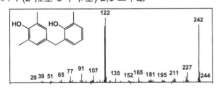

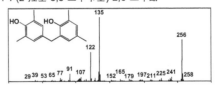

SSS：1,3,5-三苯基-5-己烯(苯乙烯三聚体)

T₂：4-(4-三甲苯氧基)-2,6-二甲苯氧基-2,6-二甲酚

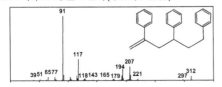

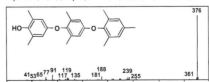

135 聚醚砜；PESF

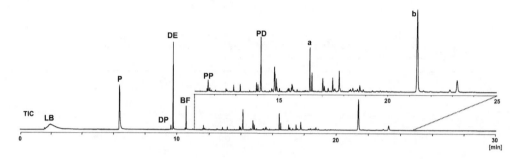

峰标记	主要峰的归属	分子量	保留指数	相对强度
LB	SO₂	64	–	99.81
P	苯酚	94	985	100.00
DP	联苯	154	1398	4.31
DE	二苯醚	170	1420	68.53
BF	二苯并呋喃	168	1546	18.90
PP	对苯基酚	170	1730	3.10
PD	4-苯基二苯醚	246	2230	16.83
a	1-苯氧基-4-苯磺酰苯	310	2806	12.90
b	4,4'-磺酰-二苯氧基苯	402	3659	64.29

[相关文献]

1) Crossland, B.; Knight, G. J.; Wright, W. W. *Br. Polym. J.* 1986, **18**, 156.
2) Almen, P.; Ericsson, I. *Polym. Degrad. Stab.* 1995, **50**, 223.
3) Botvay, A.; Mathe, A.; Poppl, L.; Rohonczy, J.; Kubatovics, F. *J. Appl. Polym. Sci.* 1999, **74**, 1.
4) Perng, L. -H. *J. Polym. Sci., Part A Polym. Chem.* 2000, **38**, 583.
5) Ohtani, H. ; Ishida, Y. ; Ushiba, M. ; Tsuge, S. *J. Anal. Appl. Pyrolysis* 2001, **61**, 35.

135

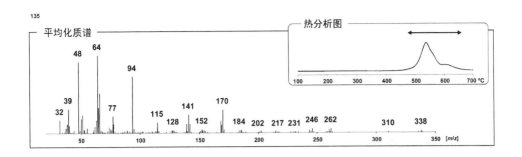

平均化质谱　　　热分析图

LB：二氧化硫

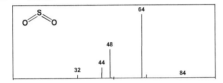

P：苯酚

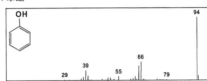

DP：联苯

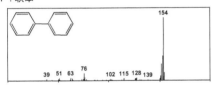

DE：二苯醚

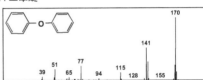

BF：二苯并呋喃

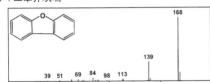

PP：对苯基酚

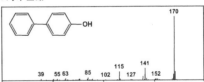

PD：4-苯基二苯醚

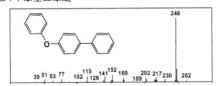

a：1-苯氧基-4-苯磺酰苯

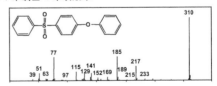

b：4,4'磺酰-二苯氧基苯

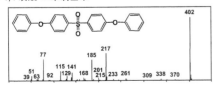

136　聚醚醚酮；PEEK

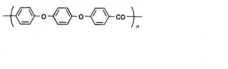

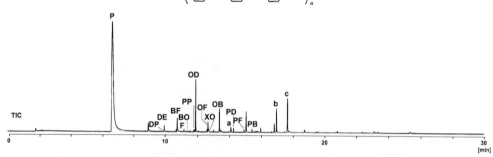

峰标记	主要峰的归属	分子量	保留指数	相对强度
P	苯酚	94	987	100.0
DP	联苯	154	1402	0.1
DE	二苯醚	170	1422	1.2
BF	二苯并呋喃	168	1551	2.4
F	芴	166	1620	0.4
BO	二苯甲酮	182	1658	0.2
PP	间苯基苯酚	170	1726	0.2
	对苯基苯酚	170	1735	0.3
OD		186	1748	6.6
OF		184	1893	1.5
XO	呫吨酮	196	1909	0.1
OB		198	2041	3.1
a	9-苯基芴	−	2193	0.6
	2-羟基-9-芴酮	−	2197	0.6
PD	1,4-二苯氧基苯	262	2233	0.5
PF		268	2387	0.3
PB		274	2510	0.4
b	未鉴定	−	2915	3.8
c	未鉴定	−	3076	6.9

136

平均化质谱

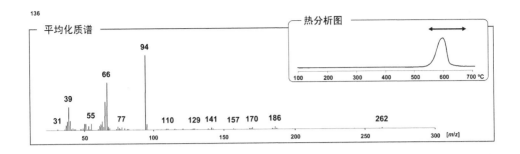

热分析图

P：苯酚

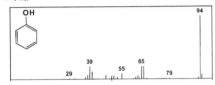

DE：二苯醚

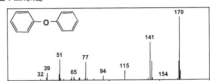

BF：二苯并呋喃

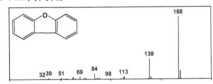

OD：4-苯氧基酚

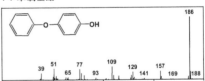

OF：2-二苯并呋喃酚

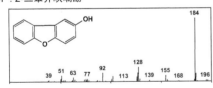

OB：4-羟苯基苯酮

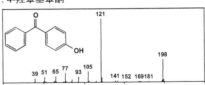

a：9-苯基芴

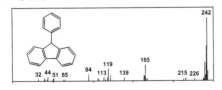

a：2-羟基-9-芴酮

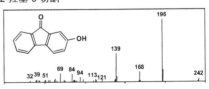

b：未鉴定

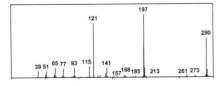

c：未鉴定

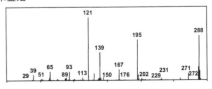

137 聚苯硫醚；PPS

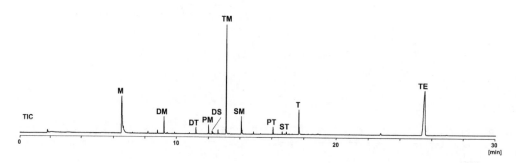

峰标记	主要峰的归属	分子量	保留指数	相对强度
M	苯硫醇 ⬡-SH	110	973	38.7
DM	HS-⬡-SH	142	1301	7.5
DT	二苯硫醚 ⬡-S-⬡	186	1617	2.4
PM	⬡-⬡-SH	186	1757	3.4
DS	二苯并噻吩 ⬡S⬡	184	1788	1.2
TM	⬡-S-⬡-SH	218	1974	41.4
SM	⬡S⬡-SH	216	2177	7.4
PT	⬡-S-⬡-S-⬡	294	2664	2.5
ST	⬡S⬡-S-⬡	292	2884	1.4
T	⬡-S-⬡-S-⬡-SH	326	3070	13.1
TE	⬡S⬡-S-⬡-S-⬡-SH	432	3943	100.0

[相关文献]

1) Ehlers, G. F. L.; Fisch, K. R.; Powell, W. R. *J. Polym. Sci., Part A Polym. Chem.* 1969, **7**, 2955.
2) Montaudo, G.; Puglisi, C.; Scamporrino, E.; Vitalini, D. *Macromolecules* 1986, **19**, 2157.
3) Montaudo, G.; Puglisi, C.; Samperi, F. *J. Polymer. Sci., Part A Polym. Chem.* 1994, **32**, 1807.
4) Perng, L. -H. *Polym. Degrad. Stab.* 2000, **69**, 323.

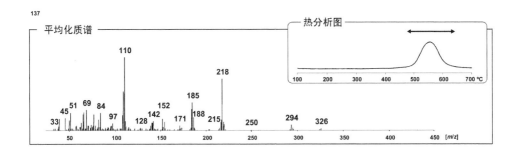

137

M：苯硫醇

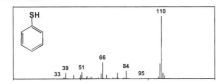

DT：二苯硫醚

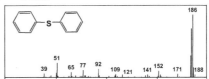

PM：二苯基硫醇

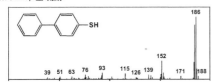

DS：二苯并噻吩

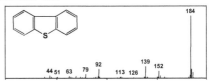

TM：4-硫代苯基苯硫醇

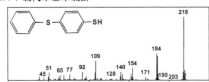

SM：二苯并[b,d]噻吩-2-硫醇

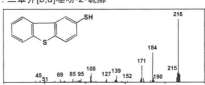

PT：1,4-二硫代苯基苯

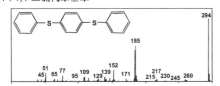

ST：2-硫代苯基[b,d]二苯并噻吩

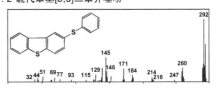

T：[4-(4-二硫代苯基)苯硫醇]苯硫醇

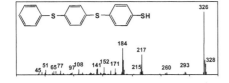

TE：4,4'-二苯并[b,d]噻吩二苯硫醚基苯硫醇

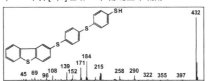

138　聚芳醚腈；PEN

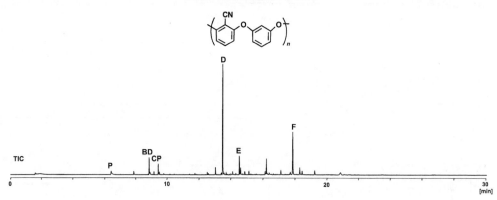

峰标记	主要峰的归属	分子量	保留指数	相对强度
P	苯酚	94	986	10.0
BD	1,3-苯二酚	110	1281	15.1
CP	对氰基酚	119	1364	8.8
D	未鉴定	228	2086	100.0
E		227	2318	15.0
F	未鉴定	283	3148	49.9

138

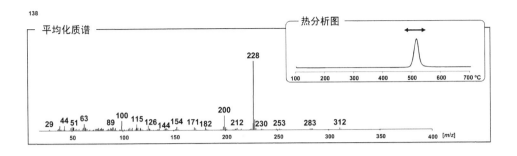

平均化质谱

热分析图

P：苯酚

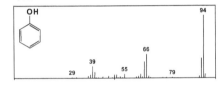

BD：1,3-苯二酚

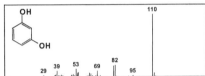

CP：对氰基酚

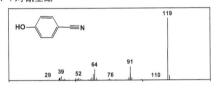

D：未鉴定

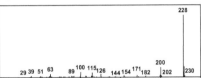

E：2-羟基-6-(羟苯氧基)苯腈

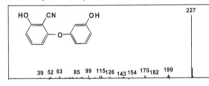

F：未鉴定

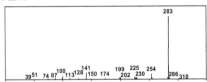

2.2.16 有机硅聚合物

139 聚二甲基硅氧烷；PDMS

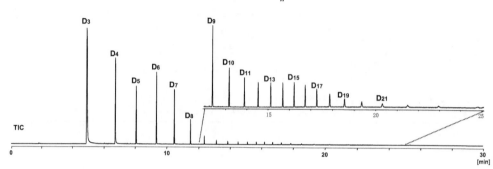

峰标记	主要峰的归属	分子量	保留指数	相对强度
D3	⟨Si(CH₃)₂- O⟩₃	222	825	100.0
D4	⟨Si(CH₃)₂- O⟩₄	296	996	36.5
D5	⟨Si(CH₃)₂- O⟩₅	370	1152	18.2
D6	⟨Si(CH₃)₂- O⟩₆	444	1324	24.3
D7	⟨Si(CH₃)₂- O⟩₇	518	1497	17.7
D8	⟨Si(CH₃)₂- O⟩₈	592	1668	6.7
D9	⟨Si(CH₃)₂- O⟩₉	666	1828	2.2
D10	⟨Si(CH₃)₂- O⟩₁₀	740	1984	1.1
D11	⟨Si(CH₃)₂- O⟩₁₁	814	2135	0.8
D13	⟨Si(CH₃)₂- O⟩₁₃	962	2425	0.7
D15	⟨Si(CH₃)₂- O⟩₁₅	1110	2705	0.7
D17	⟨Si(CH₃)₂- O⟩₁₇	1258	2981	0.6
D19	⟨Si(CH₃)₂- O⟩₁₉	1406	3245	0.4
D21	⟨Si(CH₃)₂- O⟩₂₁	1554	3509	0.3

[相关文献]
1) Grassie, N.; MacFarlane, I. G. *Eur. Polym. J.* 1978, **14**, 875.
2) Ballistreri, A.; Garozzo, D.; Montaudo, G. *Macromolecules* 1984, **17**, 1312.
3) Fujimoto, S.; Ohtani, H.; Tsuge, S. *Fresenius Z. Anal. Chem.* 1988, **331**, 342.
4) Fujimoto, S.; Ohtani, H.; Yamagiwa, K.; Tsuge, S. *J. High Res. Chromatogr.* 1990, **13**, 397.
5) Radhakrishnan, T. S. *J. Appl. Polym. Sci.* 1999, **73**, 441.

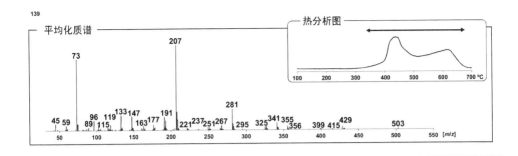

D₃：六甲环三硅氧烷

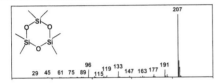

D₄：八甲环四硅氧烷

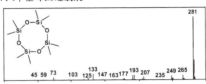

D₅：十甲环五硅氧烷

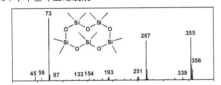

D₆：十二甲环六硅氧烷

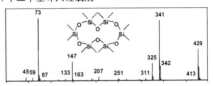

D₇：十四甲环七硅氧烷

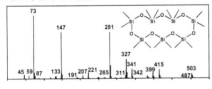

D₈：十六甲环八硅氧烷

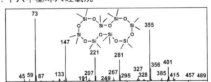

D₉：十八甲环九硅氧烷

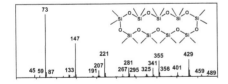

D₁₀：二十甲环十硅氧烷

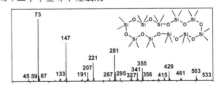

D₁₁：二十二甲环十一硅氧烷

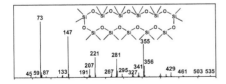

D₁₃：二十六甲环十三硅氧烷

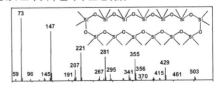

140 聚甲基苯基硅氧烷；PMPS

$$\left[Si(CH_3)(C_6H_5) - O \right]_n$$

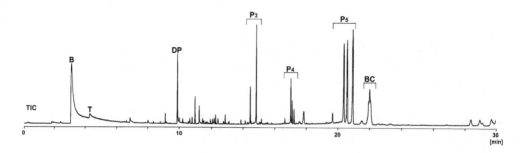

峰标记	主要峰的归属		分子量	保留指数	相对强度
B	苯		78	651	100.0
T	甲苯		92	767	6.0
DP	联苯		154	1402	10.8
P₃	$\left[Si(CH_3)(C_6H_5) - O \right]_3$	(顺式)	408	2336	4.6
	$\left[Si(CH_3)(C_6H_5) - O \right]_3$	(反式)	408	2357	12.8
P₄	$\left[Si(CH_3)(C_6H_5) - O \right]_4$	(顺-顺-顺-顺)	544	2826	0.9
	$\left[Si(CH_3)(C_6H_5) - O \right]_4$	(顺-顺-反-反)	544	2924	6.6
	$\left[Si(CH_3)(C_6H_5) - O \right]_4$	(顺-反-顺-反)	544	2944	2.9
	$\left[Si(CH_3)(C_6H_5) - O \right]_4$	(反-反-反-反)	544	2973	1.9
P₅	$\left[Si(CH_3)(C_6H_5) - O \right]_5$	(顺-顺-顺-顺-顺)	680	3427	2.9
	$\left[Si(CH_3)(C_6H_5) - O \right]_5$	(顺-顺-顺-反-反)	680	3519	23.4
	$\left[Si(CH_3)(C_6H_5) - O \right]_5$	(顺-顺-反-顺-顺)	680	3543	25.9
	$\left[Si(CH_3)(C_6H_5) - O \right]_5$	(顺-反-反-反-反)	680	3583	31.9
BC	$CH_3 \left[Si(CH_3)(C_6H_5) - O \right]_4 Si(CH_3)_2 - C_6H_5$ (立体异构体)		694	3689	15.3

[相关文献]
1) Grassie, N.; MacFarlane, I. G.; Francey, K. F. *Eur. Polym. J.* 1979, **15**, 415.
2) Fujimoto, S.; Ohtani, H.; Tsuge, S. *Fresenius Z. Anal. Chem.* 1988, **331**, 342.
3) Fujimoto, S.; Ohtani, H.; Yamagiwa, K.; Tsuge, S. *J. High Res. Chromatogr.* 1990, **13**, 397.

140

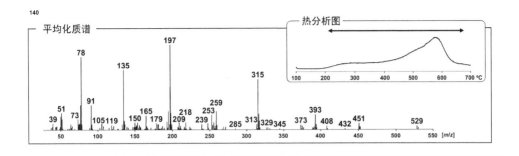

平均化质谱　　　　　　　　　　　　　　热分析图

DP：联苯

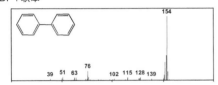

P₃：2,4,6-三甲基-2,4,6-三苯基-1,3,5-环三硅氧烷(反式)

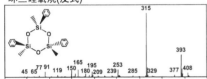

P₄：2,4,6,8-四甲基-2,4,6,8-四苯基-1,3,5,7-环四硅氧烷(顺-反-顺-反)

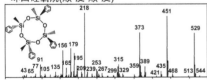

P₅：2,4,6,8,10-五甲基-2,4,6,8,10-五苯基-1,3,5,7,9-环五硅氧烷(顺-顺-顺-反-反)

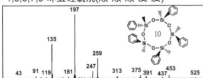

P₅：2,4,6,8,10-五甲基-2,4,6,8,10-五苯基-1,3,5,7,9-环五硅氧烷(顺-反-反-反-反)

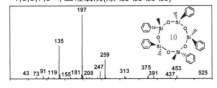

P₃：2,4,6-三甲基-2,4,6-三苯基-1,3,5-环三硅氧烷(顺式)

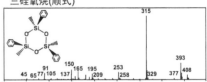

P₄：2,4,6,8-四甲基-2,4,6,8-四苯基-1,3,5,7-环四硅氧烷(顺-顺-反-反)

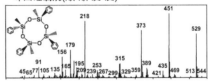

P₄：2,4,6,8-四甲基-2,4,6,8-四苯基-1,3,5,7-环四硅氧烷(反-反-反-反)

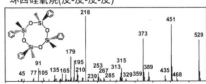

P₅：2,4,6,8,10-五甲基-2,4,6,8,10-五苯基-1,3,5,7,9-环五硅氧烷(顺-顺-反-顺-顺)

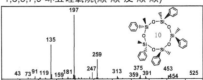

BC：2,4,6,8,10-五甲基-2,4,6,8,10-五苯基-1,3,5,7,9-五硅氧烷(立体异构体)

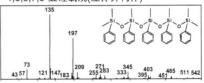

141 二甲基硅氧烷 - 甲基苯基硅氧烷共聚物

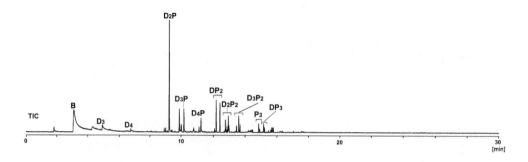

峰标记	主要峰的归属		分子量	保留指数	相对强度
B	苯		78	655	100.0
D3	Si(CH3)2-O三聚		222	824	6.9
D4	Si(CH3)2-O四聚		296	997	2.2
D2P	Si(CH3)2-O二聚 Si(CH3)(C6H5)-O		284	1304	33.0
D3P	Si(CH3)2-O三聚 Si(CH3)(C6H5)-O		358	1447	7.8
D4P	Si(CH3)2-O四聚 Si(CH3)(C6H5)-O		432	1620	5.4
DP2	Si(CH3)2-O Si(CH3)(C6H5)-O二聚	(顺式)	346	1789	8.2
	Si(CH3)2-O Si(CH3)(C6H5)-O二聚	(反式)	346	1833	7.8
D2P2	Si(CH3)2-O二聚 Si(CH3)(C6H5)-O二聚	(顺式)	420	1911	3.4
	Si(CH3)2-O - Si(CH3)(C6H5)-O二聚	(顺式)	420	1921	1.5
	Si(CH3)2-O二聚 Si(CH3)(C6H5)-O二聚	(反式)	420	1938	5.0
	Si(CH3)2-O - Si(CH3)(C6H5)-O二聚	(反式)	420	1947	1.7
D3P2	Si(CH3)2-O二聚 Si(CH3)(C6H5)-O三聚	(顺式)	556	2047	1.7
	Si(CH3)2-O - Si(CH3)(C6H5)-O二聚 Si(CH3)2-O	(顺式)	494	2076	4.2
	+ Si(CH3)2-O二聚 Si(CH3)(C6H5)-O三聚	(反式)	556		
	Si(CH3)2-O - Si(CH3)(C6H5)-O二聚 Si(CH3)2-O	(反式)	494	2092	2.0
P3	Si(CH3)(C6H5)-O三聚	(顺式)	408	2266	0.7
	Si(CH3)(C6H5)-O三聚	(反式)	408	2355	2.1
DP3	Si(CH3)(C6H5)-O三聚 Si(CH3)2-O	(顺-顺)	482	2371	0.8
	Si(CH3)(C6H5)-O三聚 Si(CH3)2-O	(顺-反)	482	2430	2.1
	Si(CH3)(C6H5)-O三聚 Si(CH3)2-O	(反-反)	482	2444	1.1

[相关文献]

1) Grassie, N.; Francey, K.F. *Polym. Degrad . Stab.* 1980, **2**, 53.
2) Fujimoto, S.; Ohtani, H.; Tsuge, S. *Fresenius Z. Anal. Chem.* 1988, **331**, 342.
3) Fujimoto, S.; Ohtani, H.; Yamagiwa, K.; Tsuge, S. *J. High Res. Chromatogr.* 1990, **13**, 397.

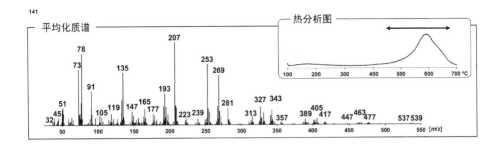

D₂P：2,2,4,4,6-五甲基-6-苯基-1,3,5-环三硅氧烷

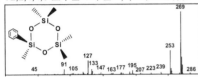

D₃P：2,2,4,4,6,6,8-七甲基-8-苯基-1,3,5,7-环四硅氧烷

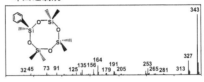

D₄P：2,2,4,4,6,6,8,8,10-七甲基-8-苯基-1,3,5,7,9-环五硅氧烷

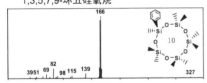

DP₂：2,2,4,6-四甲基-4,6-二苯基-1,3,5-环三硅氧烷(顺式)

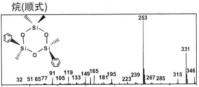

D₂P₂：2,2,4,4,6,8-六甲基-6,8-二苯基-1,3,5,7-环四硅氧烷(顺式)

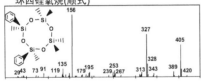

D₂P₂：2,2,4,4,6,8-六甲基-6,8-二苯基-1,3,5,7-环四硅氧烷(反式)

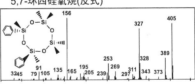

D₃P₂：2,2,4,4,6,8,8,10-八甲基-6,10-二苯基-环五硅氧烷(反式)

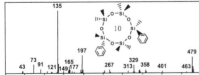

P₃：2,4,6-三甲基-2,4,6-三苯基-1,3,5-环三硅氧烷(顺式)

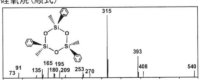

DP₃：2,2,4,6,8-五甲基-4,6,8-三苯基-1,3,5,7-环四硅氧烷(顺-反)

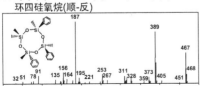

142　聚甲基倍半硅氧烷；PMSQ

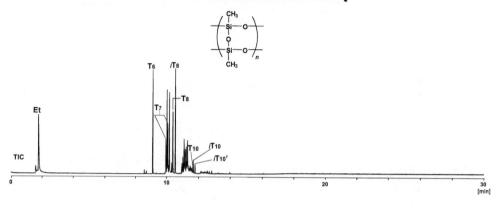

峰标记	主要峰的归属	分子量	保留指数	相对强度
Et	乙醇	46	465	100.0
T_6	六甲基-T_6	402	1321	69.1
T_7	七甲基-乙氧基-T_7	506	1448	32.5
			1467	42.6
T_8	八甲基-T_8	536	1517	50.6
iT_8	异八甲基- iT_8	536	1544	72.2
T_{10}	十甲基-T_{10}	670	1732	4.1
iT_{10}	异十甲基- iT_{10}	670	1738	8.1
iT_{10}'	异十甲基- iT_{10}'	670	1758	7.2

142

平均化质谱

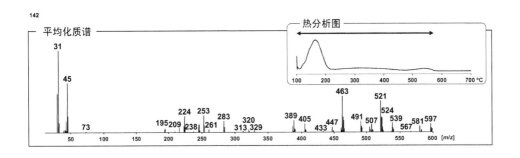

热分析图

Et：乙醇

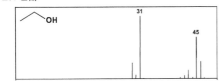

T₆：六甲基-T₆

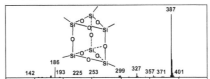

T₇-1：七甲基-乙氧基-T7

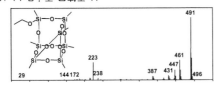

T₇-2：七甲基-乙氧基-T7

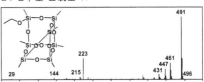

T₈：八甲基-T₈

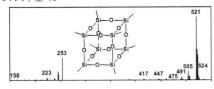

iT₈：异八甲基-iT₈

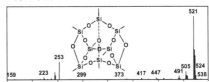

T₁₀：十甲基-T₁₀

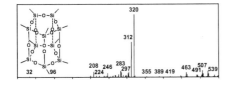

iT₁₀：异十甲基-iT₁₀

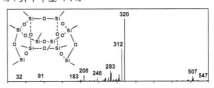

iT₁₀'：异十甲基-iT₁₀'

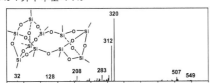

143　聚甲基苯基倍半硅氧烷；PMPSQ

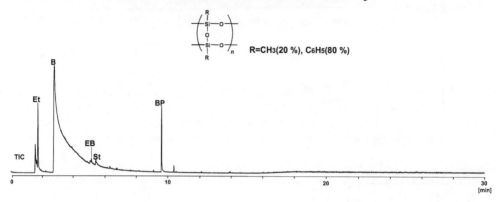

R=CH₃(20 %), C₆H₅(80 %)

峰标记	主要峰的归属	分子量	保留指数	相对强度
Et	乙醇	46	466	3.2
B	苯	78	656	100.0
EB	乙基苯	106	872	0.2
St	苯乙烯	104	895	0.5
BP	联苯	154	1398	2.5

143

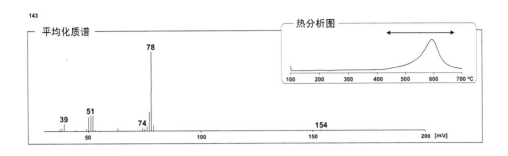

Et：乙醇

B：苯

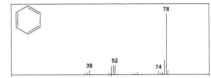

EB：乙基苯

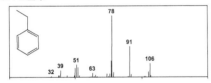

St：苯乙烯

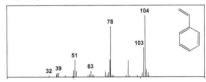

BP：联苯

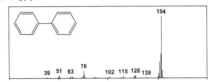

2.2.17 聚氨酯

144 甲苯二异氰酸酯 - 聚酯聚氨酯；PU

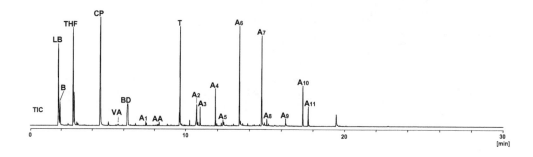

$$\left[CONHC_6H_3(CH_3)NHCO(O(CH_2)_4OCO(CH_2)_4CO)_mO(CH_2)_4O \right]_n$$

峰标记	主要峰的归属	分子量	保留指数	相对强度
LB	CO_2等	–	150	53.2
B	1,3-丁二烯	54	395	13.9
THF	四氢呋喃	72	618	55.0
CP	环戊酮	84	790	100.0
VA	戊酸 $CH_3(CH_2)_3COOH$	102	819	1.4
BD	1,4-丁二醇	90	952	31.5
A_1	$CH_3(CH_2)_3COO(CH_2)_2CH=CH_2$	156	1077	1.4
AA	未鉴定	128	1183	1.4
T	2,4-亚甲苯二异氰酸酯2,6-亚甲苯二异氰酸酯 $OCNC_6H_3(CH_3)NCO$	174	1370	50.4
A_2	$CH_2=CH(CH_2)_2OCO(CH_2)_4COOH$	200	1535	15.8
A_3	$\llcorner (CH_2)_4OCO(CH_2)_4COO \lrcorner$	200	1571	6.8
A_4	$CH_2=CH(CH_2)_2OCO(CH_2)_4COO(CH_2)_2CH=CH_2$	254	1735	11.5
A_5	$HO(CH_2)_4OCO(CH_2)_4COOH$	218	1824	2.5
A_6	$CH_2=CH(CH_2)_2OCO(CH_2)_4COO(CH_2)_4OH$	272	2034	43.0
A_7	$HO(CH_2)_4OCO(CH_2)_4COO(CH_2)_4OH$	290	2342	46.8
A_8	$CH_2=CH(CH_2)_2OCO(CH_2)_4COO(CH_2)_4OCO(CH_2)_3CH_3$	356	2418	2.1
A_9	$HO(CH_2)_4OCO(CH_2)_4COO(CH_2)_4OCO(CH_2)_3CH_3$	374	2723	3.6
A_{10}	$\llcorner COO(CH_2)_4OCO(CH_2)_4COO(CH_2)_4OCO(CH_2)_4 \lrcorner$	400	3003	18.1
A_{11}	$CH_2=CH(CH_2)_2OCO(CH_2)_4COO(CH_2)_4OCO(CH_2)_4COO(CH_2)_2CH=CH_2$	454	3080	8.7

[相关文献]

1) Ohtani, H.; Kimura, T.; Okamoto, K.; Tsuge, S.; Nagataki, Y.; Miyata, K. *J. Anal. Appl. Pyrolysis* 1987, **12**, 115.

2) Lattimer, R. P.; Muenster, H.; Budzikiewicz, H. *J. Anal. Appl. Pyrolysis* 1990, **17**, 237.

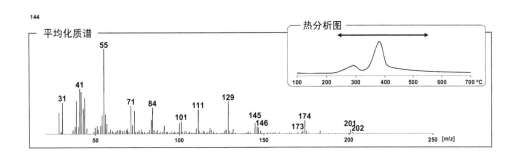

144

平均化质谱 ── 热分析图

B：1,3-丁二烯

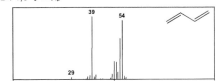

THF：四氢呋喃

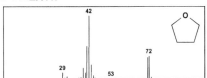

CP：环戊酮

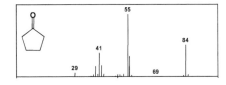

BD：1,4-丁二醇

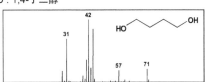

AA：未鉴定

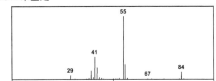

A₂：己二酸4-丁烯酯

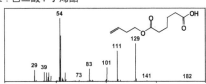

A₄：己二酸3-丁烯二酯

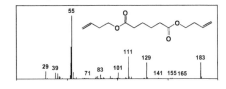

A₆：己二酸3-丁烯酯-4-羟丁酯

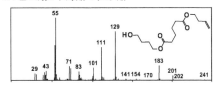

A₁₁：1,4-二己二酸3-丁烯丁二酯

145　甲苯二异氰酸酯 - 聚醚聚氨酯；PU

$$-[CONHC_6H_3(CH_3)NHCO(O(CH_2)_4O)_m]_n-$$

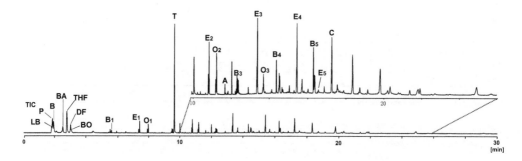

峰标记	主要峰的归属	分子量	保留指数	相对强度
LB	CO_2	44	150	6.3
P	丙烷	44	300	25.2
B	正丁烷	58	400	22.5
BA	丁醛	72	608	10.1
THF	四氢呋喃	72	620	42.7
DF	2,3-二氢呋喃	70	651	11.9
BO	1-丁醇	74	655	4.7
B_1	二丁醚　$CH_3(CH_2)_3O(CH_2)_3CH_3$	130	885	2.2
E_1	$CH_3CH_2O(CH_2)_4OCH=CH_2$	144	1074	7.8
O_1	$CH_3(CH_2)_3O(CH_2)_4OH$	146	1141	5.3
T	2,4-亚甲苯二异氰酸酯, 2,6-亚甲苯二异氰酸酯 $OCNC_6H_3(CH_3)NCO$	174	1371	100.0
E_2	$CH_3CH_2O[(CH_2)_4O]_2CH=CH_2$	216	1552	8.5
O_2	$CH_3(CH_2)_3O[(CH_2)_4O]_2H$	218	1618	6.5
A	未鉴定	–	1694	1.6
B_3	$CH_3(CH_2)_3O[(CH_2)_4O]_2(CH_2)_3CH_3$	274	1821	2.2
E_3	$CH_3CH_2O[(CH_2)_4O]_3CH=CH_2$	288	2028	11.2
O_3	$CH_3(CH_2)_3O[(CH_2)_4O]_3H$	290	2095	3.3
B_4	$CH_3(CH_2)_3O[(CH_2)_4O]_3(CH_2)_3CH_3$	346	2245	5.5
E_4	$CH_3CH_2O[(CH_2)_4O]_4CH=CH_2$	360	2501	15.3
B_5	$CH_3(CH_2)_3O[(CH_2)_4O]_4(CH_2)_3CH_3$	418	2725	7.4
E_5	$CH_3CH_2O[(CH_2)_4O]_5CH=CH_2$	432	2794	0.8
C	未鉴定	–	2973	14.7

145

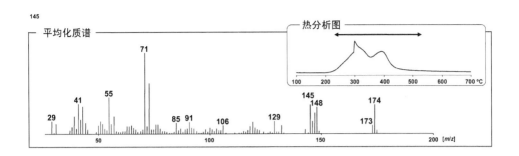

BA：丁醛

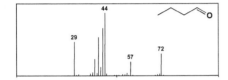

E₁：乙烯-4-乙氧基丁醚

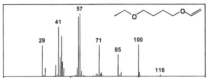

T：亚甲苯基-2,4-二异氰酸酯

E₂：1-乙氧基-4-乙烯氧丁氧基丁烷

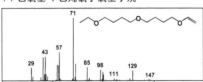

O₂：4-(4-二丁氧基)-1-丁醇

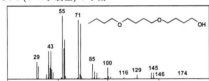

E₃：3,8,13,18-四氧杂-1-二十烯

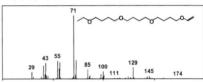

B₄：5,10,15,20-四氧杂廿四烷

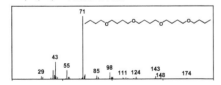

E₄：3,8,13,18,23-五氧杂-1-廿五烯

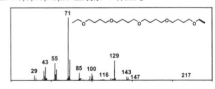

B₅：5,10,15,20,25-五氧杂廿九烷

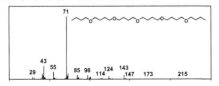

C：未鉴定

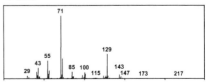

146　二苯基甲烷二异氰酸酯 - 聚内酯聚氨酯；PU

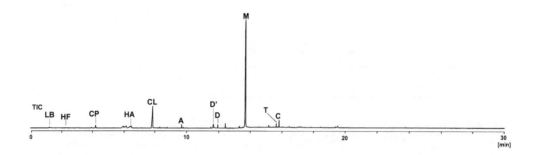

峰标记	主要峰的归属	分子量	保留指数	相对强度
LB	丙烯等	–	295	0.4
HF	四氢呋喃	72	613	0.2
CP	环戊酮	84	789	1.9
HA	5-戊烯酸　CH₂=CH(CH₂)₃COOH	114	994	2.6
CL	ε-己内酰胺	114	1157	24.3
A	CH₃(CH₂)₄OCO(CH₂)₅OH	202	1408	1.3
D'	CH₂=CH(CH₂)₃COO(CH₂)₅COOH	228	1735	4.4
D	⌐(CH₂)₅COO(CH₂)₅COO　(CL二聚体)	228	1785	1.6
M	二苯基甲烷二异氰酸酯　OCNC₆H₄CH₂C₆H₄NCO	250	2139	100.0
T	⌐(CH₂)₅COO(CH₂)₅COO(CH₂)₅COO⌐　(CL三聚体)	342	2598	1.5
C	CH₂=CH(CH₂)₃COO(CH₂)₅COO(CH₂)₅COO(CH₂)₃CH=CH₂	410	2645	3.2

146

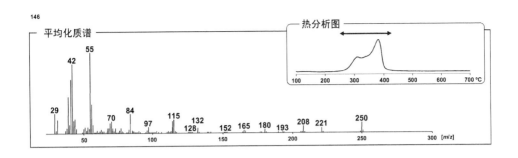

HF：四氢呋喃

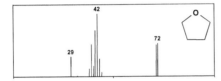

CP：环戊酮

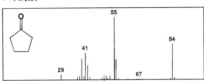

HA：5-戊烯酸

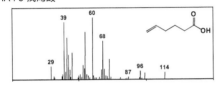

CL：ε-己内酰胺

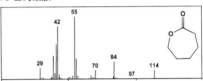

A：6-羟己酸戊酯

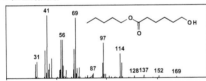

D'：6-(5-己烯酰氧基)己酸

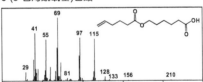

D：1,8-二氧杂十四环-2,9-二酮(ε-己内酰胺二聚体)

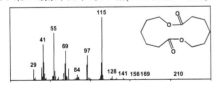

M：二苯基甲烷二异氰酸酯

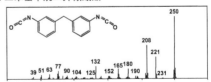

T：1,8,15-三氧杂二十一环-2,9,16-三酮(CL三聚体)

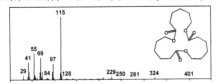

C：6,13,20-三氧代-7,14,21-三氧杂二十六烷-α,ω-二烯

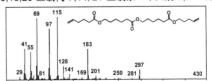

147   聚氨酯橡胶；U

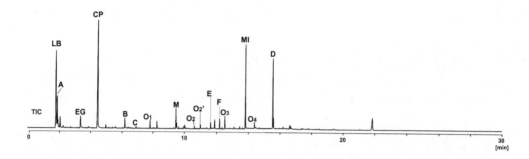

$$\left[\begin{array}{c} CONHC_6H_4CH_2C_6H_4NHCO(O(CH_2)_2OCO(CH_2)_4CO)_mO(CH_2)_2O \end{array}\right]_n$$

峰标记	主要峰的归属	分子量	保留指数	相对强度
LB	CO_2	44	150	58.2
A	丙烯醛？	44	409	20.3
EG	乙二醇	62	705	12.4
CP	环戊酮	84	790	100.0
B	1,4-丁二醇	90	947	6.5
C	未鉴定	124	1024	0.9
O_1	$CH_3(CH_2)_3COO(CH_2)_2OH$	146	1129	3.6
M	$\overline{(CH_2)_2OCO(CH_2)_4COO}$	172	1350	9.3
O_2	$CH_2=CHOCO(CH_2)_4COO(CH_2)_2OH$	216	1531	1.1
$O_{2'}$	$CH_3CH_2OCO(CH_2)_4COO(CH_2)_2OH$	218	1592	2.2
E	$CH_3(CH_2)_3COO(CH_2)_2OCO(CH_2)_3CH_3$	230	1748	4.4
F	未鉴定	–	1803	4.2
O_3	$HO(CH_2)_2OCO(CH_2)_4COO(CH_2)_2OH$	234	1867	6.2
M	二苯基甲烷二异氰酸酯 $OCNC_6H_4CH_2C_6H_4NCO$	250	2137	39.6
O_4	$CH_3(CH_2)_3COO(CH_2)_2OCO(CH_2)_4COO(CH_2)_2OH$	318	2262	3.8
D	$\left[(CH_2)_2OCO(CH_2)_4COO\right]_2$	344	2543	33.0

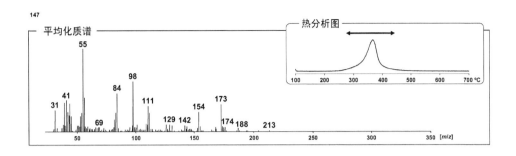

A：丙烯醛

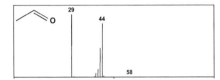

EG：乙二醇

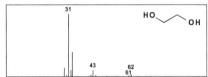

CP：环戊酮

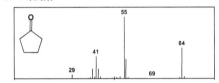

B：1,4-丁二醇

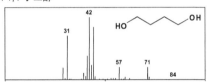

O_1：戊酸-2-羟乙酯

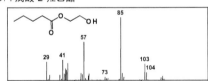

M：1,4-二氧杂十环-5,10-二酮

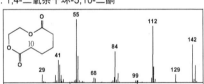

O_2'：己二酸乙酯-2-羟乙酯

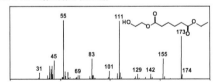

E：1,2-戊二酸乙二酯

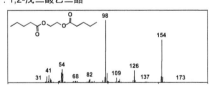

M：二苯基甲烷二异氰酸酯

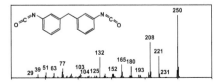

D：1,4,11,14-四氧杂二十环-5,10,15,20-四酮

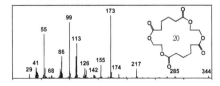

2.2.18 纤维素类聚合物

148 纤维素

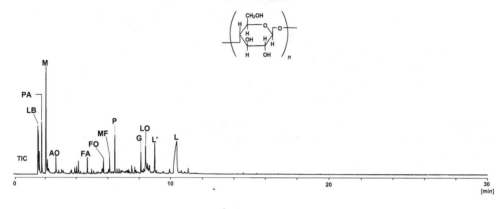

峰标记	主要峰的归属	分子量	保留指数	相对强度
LB	CO₂	44	150	18.7
PA	丙烯醛　CH₃COCHO	72	650	23.2
M	羟丙醛	–	654	58.9
AO	丙酮醇　CH₃COCH₂OH	74	651	8.8
FA	2-糠醛	96	833	7.5
FO		98	924	6.9
MF	5-甲基-2-糠醛	110	963	6.8
P		110	998	17.6
G	3,6-二脱水-α-吡喃葡萄糖	144 ?	1190	8.9
LO	左旋葡萄糖酮	126	1229	20.8
L'		144	1309	18.7
L	左旋葡萄糖	162	1483	100.0

[相关文献]

1) Schulten, H. -R.; Toertz, W. *Anal. Chem.* 1978, **50**, 428.
2) Schulten, H. -R.; Bahr, U.; Goertz, W. *J. Anal. Appl. Pyrolysis* 1981, **3**, 137.
3) Shafizadeh, F. *J. Anal. Appl. Pyrolysis* 1982, **3**, 283.
4) Shafizadeh, F. *J. Appl. Polym. Sci., Appl. Polym. Symp.* 1983, **37**, 723.
5) van der Kaaden, A. V.; Haverkamp, J.; Boon, J. J.; de Leeuw, J. W.; *J. Anal. Appl. Pyrolysis* 1983, **5**, 199.
6) Evans, R. J.; Milne, T. A.; Soltys, M. N.; Schulten, H. –R. *J. Anal. Appl. Pyrolysis* 1984, **6**, 273.
7) Piskorz, J.; Radlein, D.; Scott, D. S. *J. Anal. Appl. Pyrolysis* 1986, **9**, 121.
8) Funazukuri, T.; Hudgins, R. R.; Silveston, P. L. *Ind. Eng. Process Des. Dev.* 1986, **25**, 172.
9) Richards, G. N. *J. Anal. Appl. Pyrolysis* 1987, **10**, 251.
10) Pouwels, A.; Eijkel, G. B.; Boon, J. J *J. Anal. Appl. Pyrolysis* 1989, **14**, 237.
11) Yano, T.; Ohtani, H.; Tsuge, S.; Obokata, T. *Tappi J.* 1991, **74**, 197.
12) Kelly, J.; Mackey, M.; Helleur, R. J. *J. Anal. Appl. Pyrolysis* 1991, **19**, 105.
13) Yano, T.; Ohtani, H.; Tsuge, S.; Obokata, T. *Analyst*, 1992, **117**, 849.
14) Ishida, Y. ; Ohtani, H. ; Tsuge, S. ; Yano, T. *Anal. Chem.* 1994, **66**, 1444.

148

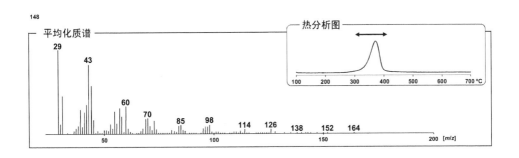

平均化质谱

热分析图

PA：丙烯醛

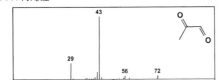

M：羟丙醛

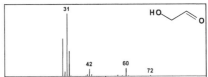

AO：丙酮醇

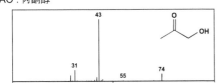

FA：2-糠醛

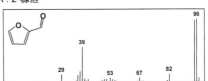

FO：5-甲基-2(3H)-呋喃酮

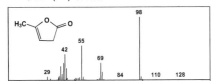

P：5-羟甲基-2(3H)-二氢呋喃酮

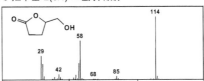

G：3,6-二脱水-α-吡喃葡萄糖

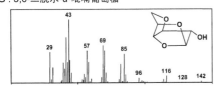

LO：左旋葡萄糖酮

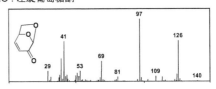

L'：2-羟基-6,8-二氧二环[3.2.1]辛酮

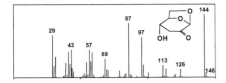

L：左旋葡萄糖

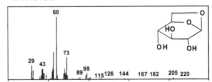

149 甲基纤维素；MC

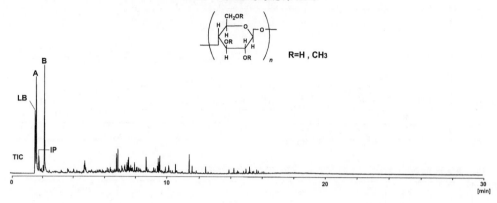

R=H , CH₃

峰标记	主要峰的归属	分子量	保留指数	相对强度
LB	CO₂ + 乙醛	44; 44	150	80.3
A	甲醇	32	320	100.0
IP	异戊烷	72	454	19.5
B		74	580	94.5

[相关文献]

1) Schwarzinger, C.; Tanczos, I.; Schmidt, H. *J. Anal. Appl. Pyrolysis* 2002, **62,** 179.

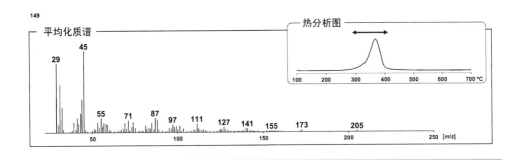

149

平均化质谱

热分析图

A：甲醇

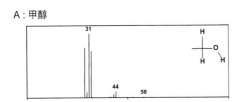

B：甲氧基乙醛

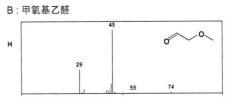

150　乙基纤维素

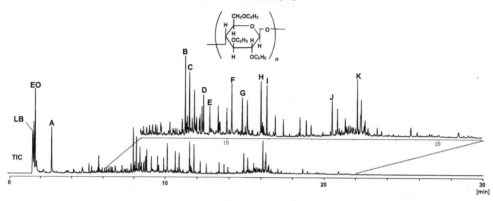

峰标记	主要峰的归属	分子量	保留指数	相对强度
LB	丙烯等	－	295	65.5
EO	乙醇	46	465	100.0
A	未鉴定	82 ?	654	53.5
B	未鉴定	156	1175	29.2
C	未鉴定	150	1199	25.0
D	未鉴定	172 ?	1270	7.1
E	未鉴定	－	1293	16.1
F	未鉴定	200	1490	21.3
G	未鉴定	198	1611	16.9
H	未鉴定	262	1724	18.6
I	未鉴定	290	1775	17.4
J	未鉴定	246	2438	16.5
K	未鉴定	318	2752	24.3

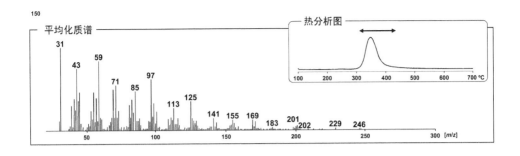

EO：乙醇

A：未鉴定

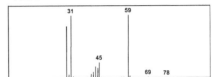

B：未鉴定

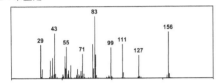

C：未鉴定

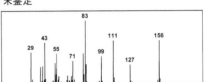

E：未鉴定

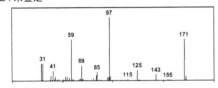

F：未鉴定

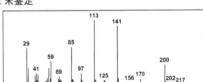

H：未鉴定

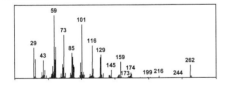

I：未鉴定

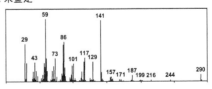

J：未鉴定

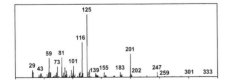

K：未鉴定

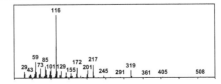

151 乙酸纤维素；CA

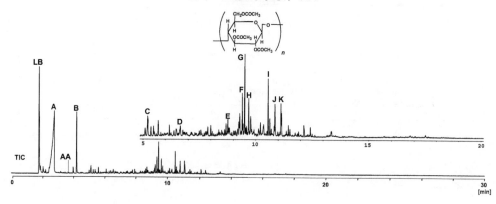

峰标记	主要峰的归属		分子量	保留指数	相对强度
LB	CO_2，乙烯酮，$H_2C=CO$等		–	150	40.6
A	乙酸		60	623	100.0
AA	乙酸酐		102	721	0.4
B	乙酸2-羟乙酯		104	766	15.2
C	未鉴定	(乙酸酯)	110	846	2.8
D	未鉴定		110	984	0.8
E	(结构式)		124	1288	0.9
F	未鉴定		186	1328	3.3
G	未鉴定		158	1344	6.1
H	未鉴定	(乙酸酯)	170	1371	2.8
I	未鉴定		186	1505	4.1
J	未鉴定		184	1556	2.8
K	未鉴定		228	1599	2.6

151

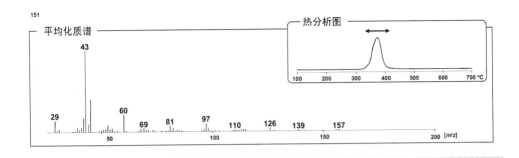

平均化质谱　　　　　　　　　　热分析图

A：乙酸

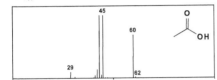

AA：乙酸酐

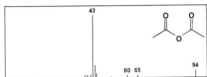

B：乙酸2-羟乙酯

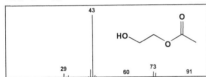

C：未鉴定

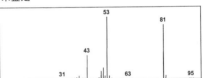

E：4,6-二甲基-2H-吡喃酮

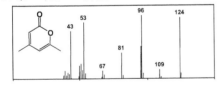

F：未鉴定

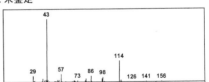

G：未鉴定

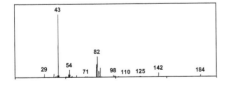

H：未鉴定

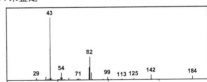

I：未鉴定

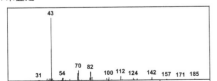

J：未鉴定

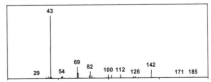

152　乙酸 - 丙酸纤维素；CAP

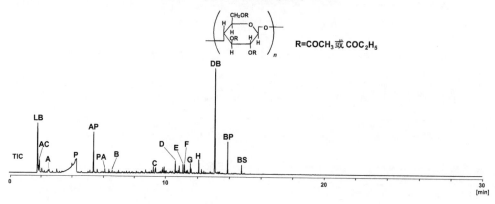

R=COCH₃或COC₂H₅

峰标记	主要峰的归属		分子量	保留指数	相对强度
LB	CO₂，丙烯等		–	150	37.5
AC	丙烯醛		56	490	8.1
A	乙酸		60	607	3.9
P	丙酸		74	773	100.0
AP	1-羟基-3-丁酮?		88	868	23.6
PA	丙酸酐		130	937	2.2
B	未鉴定		130	985	1.1
C	未鉴定		180	1335	2.6
D	未鉴定		182	1528	5.2
E	未鉴定		222 ?	1607	3.8
F	未鉴定		206 ?	1624	4.4
G	未鉴定		212	1686	4.7
H	未鉴定		256	1782	5.9
DB	邻苯二甲酸二丁酯	(增塑剂)	278	1981	73.4
BP	棕榈酸丁酯	CH₃(CH₂)₁₄COO(CH₂)₃CH₃ (增塑剂)	312	2150	12.5
BS	硬脂酸丁酯	CH₃(CH₂)₁₆COO(CH₂)₃CH₃ (增塑剂)	340	2350	3.8

152

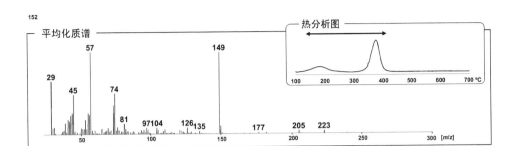

平均化质谱　　　　　　　　　　　　　热分析图

AC：丙烯醛

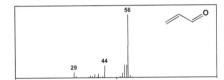

A：乙酸

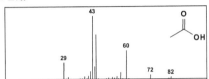

P：丙酸

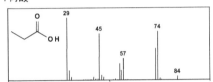

AP：1-羟基-3-丁酮

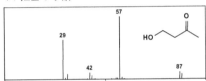

PA：丙酸酐

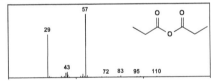

D：未鉴定

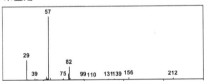

E：未鉴定

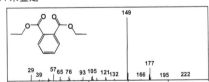

F：1,1,3,3-四甲基-4-丁基酚

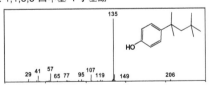

G：未鉴定

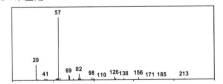

H：未鉴定

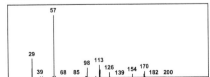

153 乙酸 - 丁酸纤维素；CAB

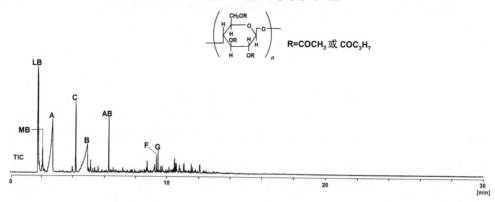

R=COCH$_3$ 或 COC$_3$H$_7$

峰标记	主要峰的归属	分子量	保留指数	相对强度
LB	CO$_2$	44	150	27.8
MB	2-甲基-2-丁烯	70	480	7.4
A	乙酸	60	608	100.0
C	乙酸2-羟乙酯	–	766	22.5
B	正丁酸	88	829	79.8
AB	CH$_3$CH$_2$CH$_2$COOCOCH$_3$	130	955	14.6
F	未鉴定	–	1328	4.1
G	未鉴定	–	1344	5.2

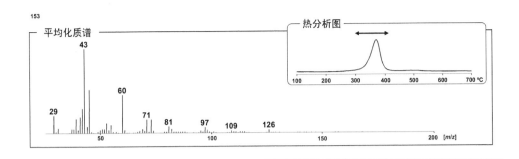

153

平均化质谱　　　　　　　　　　　　　热分析图

MB：2-甲基-2-丁烯

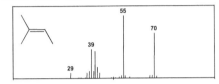

A：乙酸

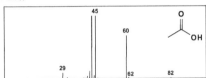

C：乙酸2-羟乙酯

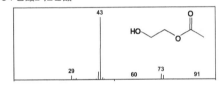

B：正丁酸

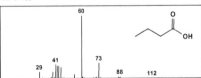

AB：乙酸丁酸酐

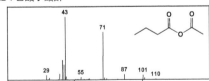

F：未鉴定

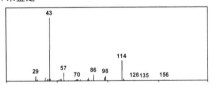

G：未鉴定

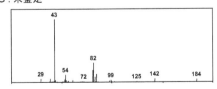

154 羟乙基纤维素；HEC

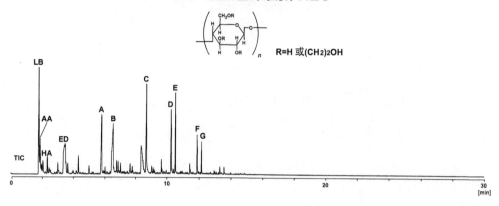

R=H 或(CH2)2OH

峰标记	主要峰的归属	分子量	保留指数	相对强度
LB	CO_2	44	150	94.9
AA	乙醛	44	403	35.3
HA	羟乙醛	60	650	14.5
ED	乙二醇	62	706	89.4
A		104	906	66.4
B	二乙二醇	110	982	100.0
C	$HO(CH_2CH_2O)_3H$	150	1239	84.0
D	$HO(CH_2CH_2O)_3CH_2CHO$	192	1470	44.9
E	$HO(CH_2CH_2O)_4H$	194	1514	43.0
F	$HO(CH_2CH_2O)_4CH_2CHO$	236	1745	19.2
G	$HO(CH_2CH_2O)_5H$	238	1796	14.7

[相关文献]

1) Arisz, P. W.; Boon, J. J. *J. Anal. Appl. Pyrolysis* 1993, **25**, 371.

154

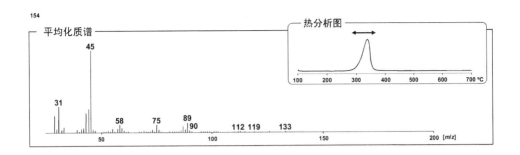

平均化质谱

热分析图

AA：乙醛

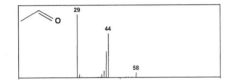

HA：羟乙醛

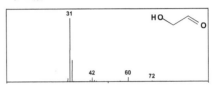

ED：乙二醇

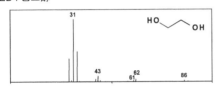

A：1,4-二氧杂环己基-2-乙醇

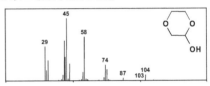

B：二乙二醇

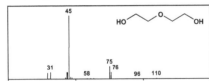

C：二缩三乙二醇

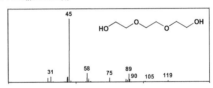

D：2-羟乙氧基-2-二乙氧基乙醛

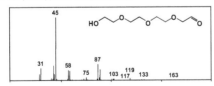

E：三缩四乙二醇

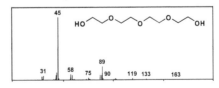

F：1,4-羟基-3,6,9,12-四氧杂-1-十四醛

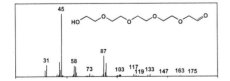

G：四缩五乙二醇

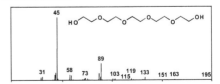

155　羧甲基纤维素；CMC

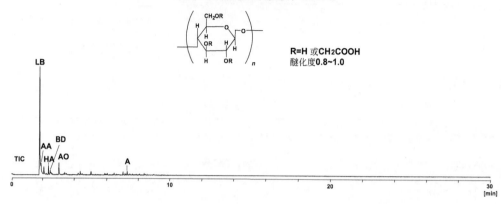

R=H 或CH₂COOH
醚化度0.8~1.0

峰标记	主要峰的归属	分子量	保留指数	相对强度
LB	CO₂	44	150	100.0
AA	乙醛	44	403	6.8
HA	羟乙醛	60	653	4.4
BD	1,3-丁二酮	86	690	3.2
AO	丙酮醇	74	707	8.5
A		126	1061	2.0

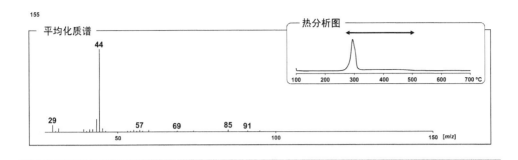

155

平均化质谱

热分析图

AA：乙醛

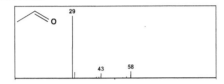

HA：羟乙醛

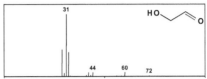

BD：1,3-丁二酮

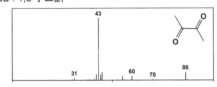

AO：丙酮醇

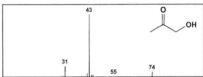

A：2-羟基-3,4-二甲基-2-环戊烯酮

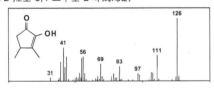

2.2.19 其它天然聚合物

156 动物胶

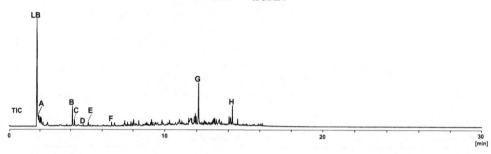

峰标记	主要峰的归属	分子量	保留指数	相对强度
LB	CO_2	44	150	100.0
A	乙醛	44	408	5.4
B	吡咯	67	755	15.3
C	甲苯	92	766	6.4
D	1-乙基吡咯	95	814	1.1
E	2-甲基吡咯	81	844	3.3
F	苯酚	94	985	2.7
G		154	1781	45.5
H		210	2221	13.0

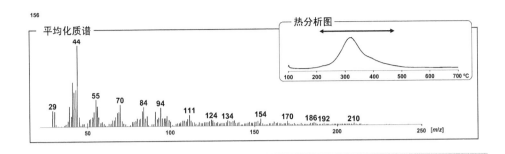

156

平均化质谱

热分析图

A：乙醛
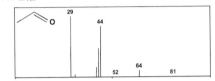

B：吡咯
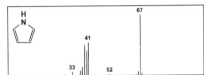

C：甲苯
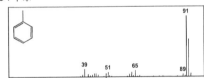

D：1-乙基吡咯
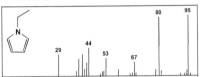

E：2-甲基吡咯
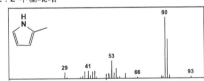

F：苯酚
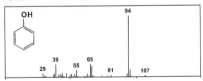

G：六氢吡咯[1,2-a]吡嗪-1,4-二酮
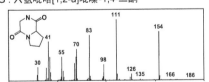

H：2-羟基八氢二吡咯[1,2-a:1',2']吡嗪-5,10-二酮
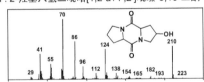

157 紫胶

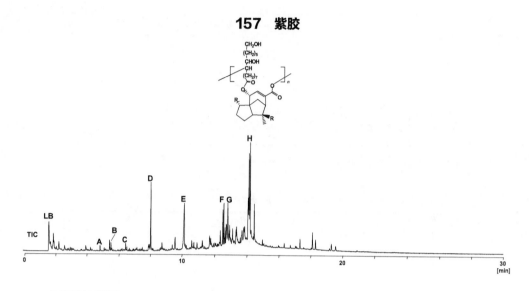

峰标记	主要峰的归属	分子量	保留指数	相对强度
LB	CO₂	44	150	54.1
A	未鉴定	–	842	4.3
B	CH₃(CH₂)₅CHO	114	902	7.4
C	(CH₃)₂C=CH(CH₂)₂CH=C(CH₃)₂	138	995	5.9
D	未鉴定	–	1181	56.7
E	未鉴定	–	1485	88.1
F	未鉴定	–	1912	25.3
G	未鉴定	–	1961	38.3
H	未鉴定	–	2256	100.0

[相关文献]

1) Wang, L.; Ishida, Y.; Ohtani, H.; Tsuge, S.; Nakayama, T. *Anal. Chem.* 1999, 71, 1316.

157

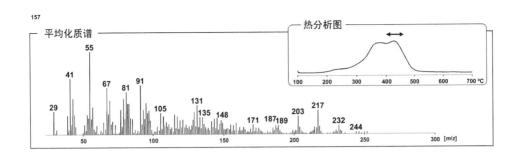

平均化质谱　　　　　　　　　　　　　　　　　热分析图

A：未鉴定

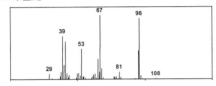

B：庚醛

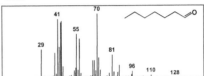

C：2,7-二甲基-2,6-辛二烯

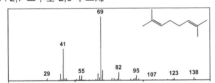

D：未鉴定

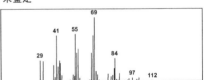

E：未鉴定

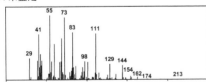

F：未鉴定

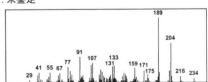

G：未鉴定

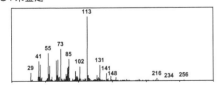

H：未鉴定

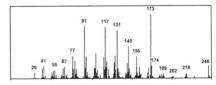

158 甲壳质

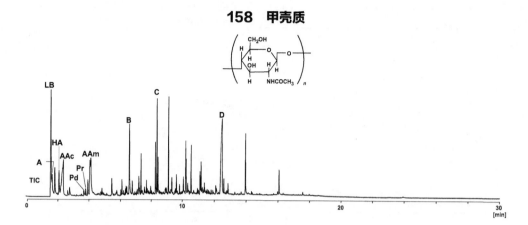

峰标记	主要峰的归属	分子量	保留指数	相对强度
LB	CO₂等	–	150	65.7
A	乙醛	44	408	13.6
HA	羟乙醛	60	651	12.6
AAc	乙酸	60	607	56.9
Pd	吡啶	79	748	3.7
Pr	吡啶	67	757	3.6
AAm	乙酰胺	59	782	33.4
B	$C_6H_7NO_2$?	125?	1010	33.7
C	$C_7H_7NO_2$?	137?	1224	25.0
D	未鉴定	185?	1894	100.0

[相关文献]

1) van der Kaaden, A.; Boon, J. J.; de Leeuw, J. W.; de Lange, F.; Schuyl, P. J. W. *Anal. Chem.* 1984, **56**, 2160.

2) Lal, G. S.; Hayes, E. R. *J. Anal. Appl. Pyrolysis* 1984, **6**, 183.

3) Franich, R. A.; Goodin, S. J. *J. Anal. Appl. Pyrolysis* 1984, **7**, 91.

4) Davies, D. H.; Hayes, E. R.; Lal, G. S. *R. A. A. Muzzarelli, C. Jeuniaux, G. W. Gooday (Eds.), Chitin in Nature and Technology, Plenum Press, New York* 1986, 365.

5) Sato, H. ; Tsuge, S. ; Ohtani, H. ; Aoi, K. ; Takasu, A. ; Okada, M. *Macromolecules* 1997, **30**, 4030.

6) Sato, H. ; Mizutani, S. ; Tsuge, S. ; Ohtani, H. ; Aoi, K. ; Takasu, A. ; Okada, M. ; Kobayashi, S. ; Kiyosato, T.; Shoda, S. *Anal. Chem.* 1998, **70**, 7.

7) Sato, H. ; Ohtani, H. ; Tsuge, S. ; Aoi, K. ; Takasu, A. ; Okada, M. *Macromolecules* 2000, **33**, 357.

158

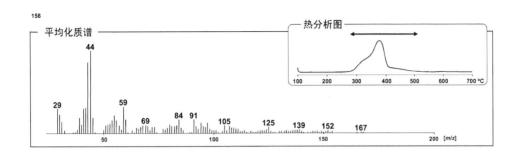

平均化质谱

热分析图

A：乙醛

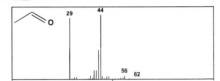

HA：羟乙醛

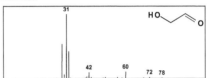

AAc：乙酸

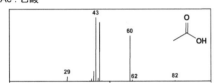

Pd：吡啶

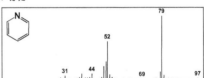

Pr：吡咯

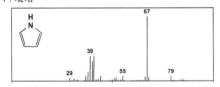

AAm：乙酰胺

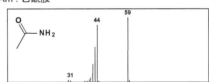

B：$C_6H_7NO_2$

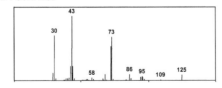

C：$C_7H_7NO_2$

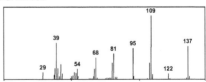

D：$C_7H_9NO_2$

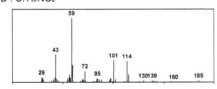

159 壳聚糖

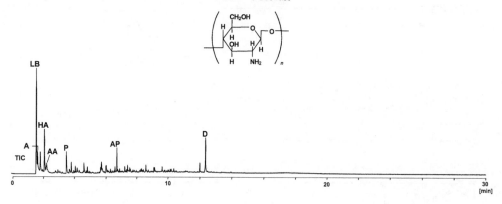

峰标记	主要峰的归属	分子量	保留指数	相对强度
LB	CO_2	44	150	100.0
A	乙醛	44	408	31.0
HA	羟乙醛?	60?	656	38.0
AA	乙酸	60	602	23.0
P	吡嗪	80	732	20.6
AP	吡嗪	122	1025	15.4
D	$C_7H_9NO_2$?	139?	1869	35.3

[相关文献]
1) Mattai, J.; Hayes, E. R. *J. Anal. Appl. Pyrolysis* 1982, **3**, 327.
2) Lal, G. S.; Hayes, E. R. *J. Anal. Appl. Pyrolysis* 1984, **6**, 183.
3) Sato, H. ; Mizutani, S. ; Tsuge, S. ; Ohtani, H. ; Aoi, K. ; Takasu, A. ; Okada, M. ; Kobayashi, S. ; Kiyosato, T. ; Shoda, S. *Anal. Chem.* 1998, **70**, 7.

159

平均化质谱 —— 热分析图

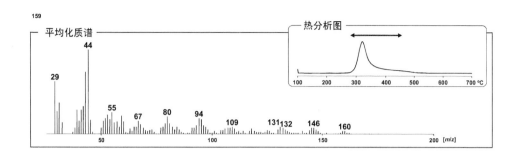

A：乙醛

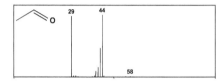

HA：羟乙醛

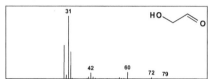

AA：乙酸

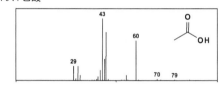

P：吡嗪

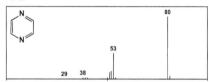

AP：乙酰吡嗪

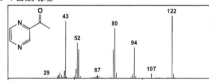

D：C₇H₉NO₂

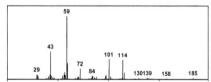

160 象牙

峰标记	主要峰的归属	分子量	保留指数	相对强度
LB	CO_2	44	150	100.0
AN	乙腈	41	470	22.4
CP	1-乙烯基氮丙啶	69	681	20.0
P	吡咯	67	757	33.8
MP	1-甲基吡咯	81	842	8.3
	2-甲基吡咯	81	852	5.4
C	对甲酚	108	1078	16.6
D		154	1772	82.1

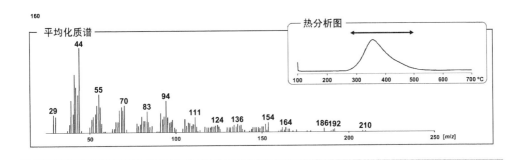

160

平均化质谱

热分析图

AN：乙腈

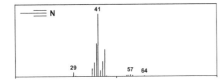

CP：1-乙烯基氮丙啶

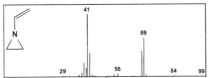

P：吡咯

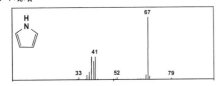

MP：1-甲基吡咯

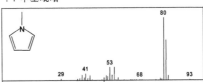

MP：2-甲基吡咯

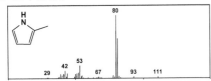

C：对甲酚

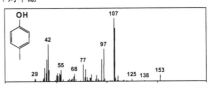

D：六氢吡咯[1,2-*a*]吡嗪-1,4-二酮

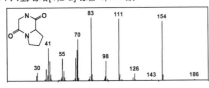

161　合成木质素；DHP

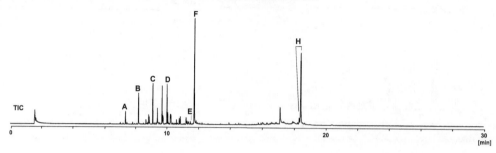

峰标记	主要峰的归属	分子量	保留指数	相对强度
A	H₃CO—〈〉 HO	124	1095	8.6
B	H₃CO—〈〉—CH₃ HO	138	1200	22.7
C	H₃CO—〈〉—CH=CH₂ HO	150	1325	27.2
D	H₃CO—〈〉—CH=CHCH₃ HO	164	1462	27.2
E	H₃CO—〈〉—CH₂OH HO	180	1685	2.0
F	H₃CO—〈〉—CHO HO	178	1756	100.0
H	H₃CO—〈〉—〈〉—OH HO　　　　OCH₃	358	3263 3272	95.8

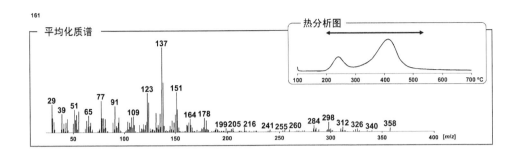

161

平均化质谱 ——— 热分析图 ———

A：2-甲氧基酚

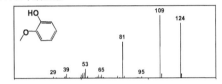

B：2-甲氧基-4-甲酚

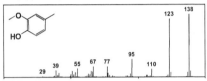

C：2-甲氧基-4-乙烯基酚

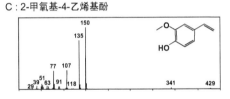

D：(E)-2-甲氧基-4-(1-丙基)酚

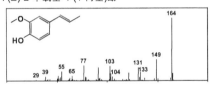

E：4-(1E)-3-羟基-1-丙基-2-甲氧基酚

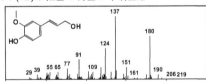

F：4-羟基-2-甲氧基肉桂醛

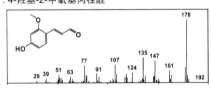

H₁：4,4'-(六氢糠醛[3,4-c]呋喃基)-2-双甲氧基酚

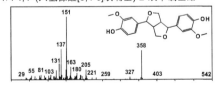

H₂：4,4'-(六氢糠醛[3,4-c]呋喃基)-2-双甲氧基酚

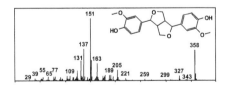

162 木粉

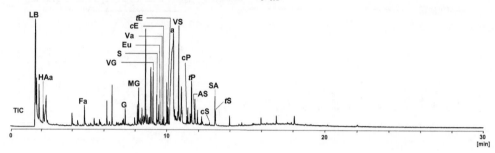

峰标记	主要峰的归属	分子量	保留指数	相对强度
LB	CO₂等	–	150	30.6
HAa	羟乙醛	60	652	4.1
Fa	糠醛	96	835	3.5
G	邻甲氧基酚	124	1095	2.1
MG	4-甲基邻甲氧基酚	138	1200	5.2
VG	4-乙烯基邻甲氧基酚	150	1325	6.0
S	丁香醇	154	1360	4.0
Eu	丁子香酚	164	1368	0.5
Va	香草醛	152	1411	0.8
cE	顺式异丁子香酚	164	1420	0.2
fE	反式异丁子香酚	164	1462	2.0
a	左旋葡萄糖	162	1475	100.0
VS	乙烯基丁香醇	180	1576	10.3
cP	顺式丙基丁香醇	194	1663	1.2
fP	反式丙基丁香醇	194	1713	7.8
AS	乙酰丁香酮	196	1748	1.4
cS	顺式芥子醇	210	1929	0.3
SA	反式芥子醛	208	1999	3.2
tS	反式芥子醇	210	2005	2.0

[相关文献]

1) Genuit, W.; Boon, J. J.; Faix, O. *Anal. Chem.* 1987, **59**, 508.

2) Faix, O.; Meier, D.; Fortmann, I. *Holz als Roh- und Werstoff* 1990, **48**, 281

3) Kleen, M.; Gellerstedt, G. *J. Anal. Appl. Pyrolysis* 1991, **19**, 139.

2) Kuroda, K.; Yamaguchi, A. *J. Anal. Appl. Pyrolysis* 1995, **33**, 51.

5) Rodrigues, J.; Meier, D.; Faix, O.; Pereira, H. *J. Anal. Appl. Pyrolysis* 1999, **48**, 121.

6) Yokoi, H. ; Ishida, Y. ; Ohtani, H. ; Tsuge, S. ; Sonoda, T. ; Ona, T. *Analyst* 1999, **124**, 669.

7) del Rio, J. C.; Gutierrez, A.; Martinez, M. J.; Martinez, A. T. *J. Anal. Appl. Pyrolysis* 2001, **58-59**, 441.

8) Martinez, A. T.; Camarero, S.; Gutierrez, A.; Bocchini, P.; Galletti, G. C. *J. Anal. Appl. Pyrolysis* 2001, **58-59**, 401.

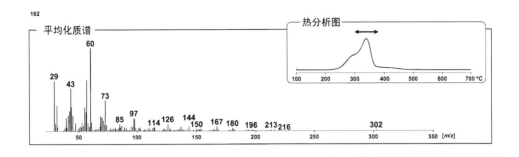

HAa：羟乙醛
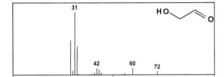

Fa：糠醛
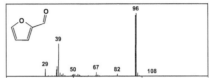

G：邻甲氧基酚
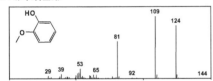

MG：4-甲基邻甲氧基酚
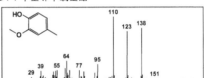

VG：4-乙烯基邻甲氧基酚
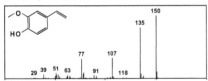

S：丁香醇
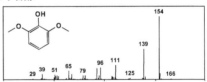

a：左旋葡萄糖
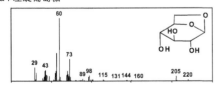

VS：乙烯基丁香酮
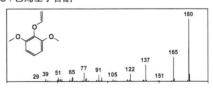

tP：反式丙基丁香醇
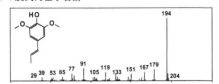

AS：乙酰丁香酮
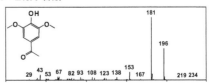

163 谷蛋白

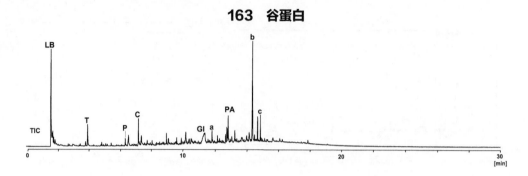

峰标记	主要峰的归属	分子量	保留指数	相对强度
LB	CO₂等	–	150	98.3
T	甲苯	92	767	23.7
P	苯酚	94	983	5.4
C	对甲酚	108	1078	21.8
GI	谷氨酸	147	1688	58.6
a		154	1767	8.4
b	未鉴定	208	2292	100.0
c		244	2410	15.9

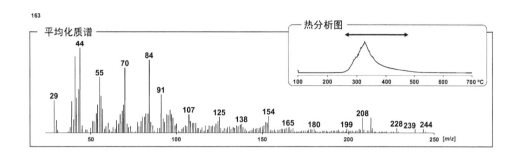

163

T：甲苯

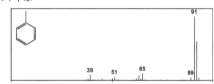

P：苯酚

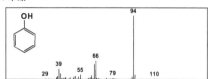

C：对甲酚

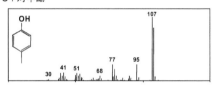

Gl：谷氨酸

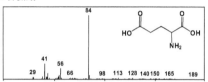

a：1,4-二氮杂二环[4.3.0]壬-2,5-二酮

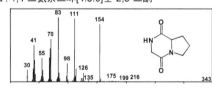

b：未鉴定

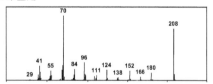

c：六氢-3-(苯甲基)吡咯[1,2-a]吡嗪-1,4-二酮

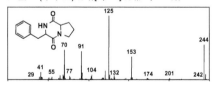

第3章

有机碱存在时 33 种缩聚物的裂解色谱－质谱图及主要裂解产物的质谱数据

3.1 实验测量条件及说明

3.1.1 聚合物样品

在第 2 章作常规裂解的 163 种聚合物中，选取了 33 种缩聚物进行分析。

3.1.2 测量条件

图 3.1 为一种有机碱 - 四甲基氢氧化铵 [(CH₃)₄NOH,TMAH] 存在时的反应 Py-GC-MS 测量系统示意图。有机碱试剂为 25% TMAH 的甲醇溶液（Aldrich，德国 Steinheim），裂解器预先调至 420℃，将约 2µl 试剂溶液和 50µg 粉末状聚合物样品称重放入不锈钢样品皿中（见 2.1.2 节），使它们在裂解器中进行水解和裂解产物的甲酯化。除了进样方式和较低（420℃）的反应温度以外，其它实验系统和 Py-GC-MS 条件与图 2.1 相同。对于给定的聚合物，通过反应得到的产物用不锈钢毛细柱（Frontier Lab；Ulfra ALLOY-5）分离，该柱用 5% 二苯基 -95% 二甲基硅氧烷涂渍，柱温由 40℃（保温 2min）起，以速度 20℃ /min 速度程序升温至 320℃（保温 13min）。

裂解色谱图上所有峰的质谱数据显示在 TIC 上，选取其中 6 个主要峰的质谱记录在本书中，并给出裂解色谱图上这些峰的 RI。

TMAH 存在时缩聚物典型的裂解 - 衍生化反应过程如下：

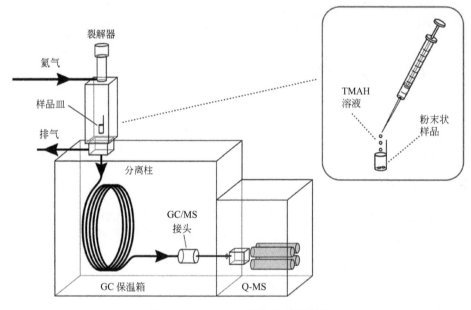

图 3.1　Py-GC-MS 系统流程示意图

从上到下：（a）载气：He，裂解器中流量 100ml/min，经 1/100 分流器后分离柱流量 1ml/min ；（b）微管炉裂解器（Frontier Lab, PY-2020 iD）温度 420℃ ；（c）裂解器 /GC 界面温度 320℃ ；（d）GC 进样口温度 320℃ ；（e）样品量约 50μg，放入外径 4.2mm× 高 8mm 失活不锈钢样品皿（ECO CUP-L）中；（f）GC 分离柱：0.25mm×30m ；涂渍 0.25μm 厚的 5% 二苯基 -95% 二甲基聚硅氧烷固定相；柱温40℃ (2min) → 320℃ (13min)，升温速度 20℃ /min ；（g）GC/MS 界面温度 320℃ ；（h）EI 源：70eV，230℃ ；（i）MS 扫描速度 2000u/s，扫描范围 29 ～ 600(*m/z*)。

3.1.3　谱图说明

在下面 3.2 节，对每种样品，第 1 页首先说明缩聚物名称，例如第 338 页是聚丙烯酸相关的数据，该页上方可看到如下标识：

R01[042]　聚丙烯酸；PAA

$$\left[CH_2CH(COOH) \right]_n$$

这里 R01[042] 是样品编号，"聚丙烯酸"是样品全称，"PPA"是缩写，下方为化学结构式；编号 R01 表示反应裂解数据的序号，[042] 对应于第 2 章 2.2 节中常规裂解数据编号。

标识以下为有 TMAH 时通过 420℃ 裂解 - 衍生化所得色谱图；谱图下方为裂解色谱图中峰的归属表，并有分子量（MW），保留指数（RI）和相对峰强数据；后面则是选出的 6 个主要峰的质谱。

另一方面，对某些缩聚物，它们生成多于 6 个产物，质谱又能很好归属其裂解产物时，也将它们另页录入。例如在第 342 页和第 343 页，在左侧页面上方可看到不饱和聚酯的标识：

R04[104]　不饱和聚酯；UP

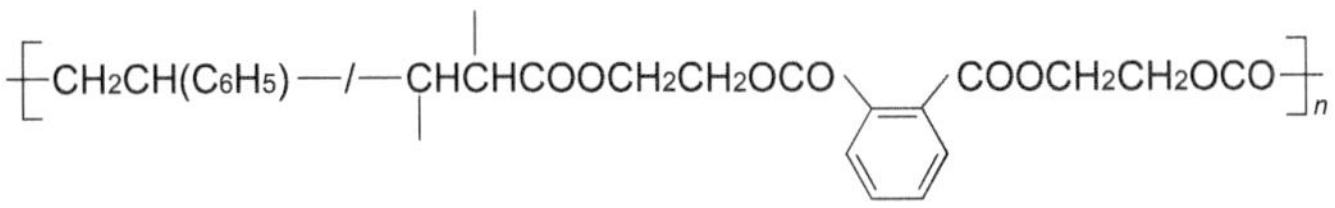

$$\left[CH_2CH(C_6H_5) \right] - CHCHCOOCH_2CH_2OCO \underset{\bigcirc}{\qquad} COOCH_2CH_2OCO \right]_n$$

这里记入了样品编号，样品全称和缩写，以及其化学结构式。

标识以下为 420℃ 反应裂解色谱图，以及图中峰归属、MW、RI 和相对峰强数据，表下附录了相关文献，可由此查到它的裂解信息，在右侧页面上，则给出了 12 个主要峰的质谱图。

3.2　33 种缩聚物反应裂解色谱图数据集

R01［042］　聚丙烯酸（全同立构）; PAA

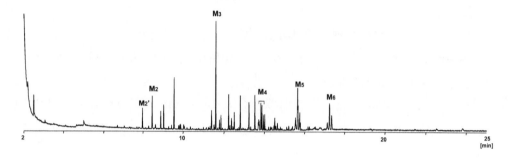

峰标记	主要峰的归属	分子量	保留指数	相对强度
M₂'	C(COOC)-C-C-COOC	160	1150	19.9
M₂	C=C(COOC)-C-C-COOC（二聚体）	172	1211	31.4
M₃	C=C(COOC)-C-C(COOC)-C-C-COOC（三聚体）	258	1691	100.0
M₄	C=C(COOC)⊢C-C(COOC)⊣₂C-C-COOC [内消旋(m)]　C=C(COOC)⊢C-C(COOC)⊣₂C-C-COOC [外消旋(r)]（四聚体） 344		2127　2138	26.5　25.2
M₅	C=C(COOC)⊢C-C(COOC)⊣₃C-C-COOC（五聚体）	430	2556	77.9
M₆	C=C(COOC)⊢C-C(COOC)⊣₃C-C-COOC（六聚体）	516	2966	47.8

注：键合氢省略。

M2′：戊二酸二甲酯

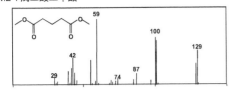

M2：2-亚甲基戊二酸二甲酯

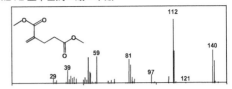

M3：5-己烯-1,3,5-三酸三甲酯

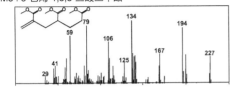

M4：7-辛烯-1,3,5,7-四酸四甲酯(内消旋四聚体)

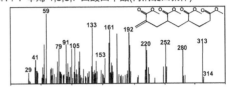

M5：9-癸烯-1,3,5,7,9-五酸五甲酯(五聚体)

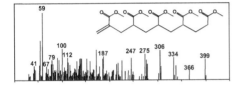

M6：11-十二碳烯-1,3,5,7,9,11-六酸六甲酯(六聚体)

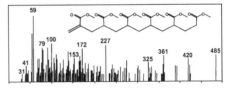

R02 [099] 邻苯二甲酸二烯丙酯树脂；DAP

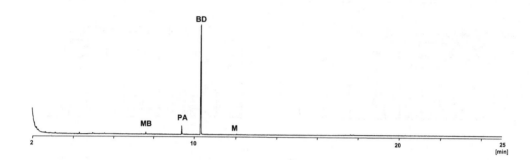

$$+CH_2CHCH_2OCO \quad COOCH_2CHCH_2+_n$$

峰标记	主要峰的归属		分子量	保留指数	相对强度
MB	苯甲酸甲酯	⌬-COOCH₃	136	1102	1.4
PA	邻苯二甲酸酐		148	1328	6.6
DB	邻苯二甲酸二甲酯	COOCH₃ COOCH₃	194	1470	100.0
M		COOCH₂CH=CH₂ COOCH₂CH=CH₂ (单体)	246	1761	0.3

BM：苯甲酸甲酯

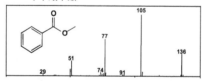

PA：邻苯二甲酸酐

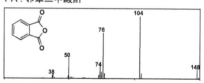

DB：邻苯二甲酸二甲酯

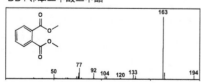

M：邻苯二甲酸二烯丙酯(单体)

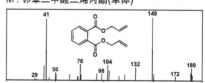

R03 [100]　聚双烯丙基碳酸乙二醇酯；CR-39

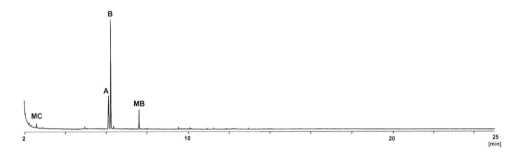

峰标记	主要峰的归属	分子量	保留指数	相对强度
MC	$CH_3OCOOCH_3$	90	613	3.2
A	$CH_3OCH_2CH_2OCH_2CH_2OH$	120	944	51.5
B	$CH_3OCH_2CH_2OCH_2CH_2OCH_3$	134	954	100.0
MB	苯甲酸甲酯 ⬡—COOCH₃	136	1102	16.0

MC：碳酸二甲酯

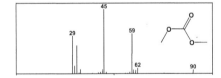

A：二乙二醇独甲醚

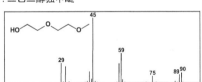

B：二乙二醇二甲醚

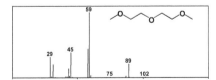

MB：苯甲酸甲酯

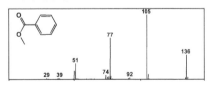

R04 [104] 不饱和聚酯；UP

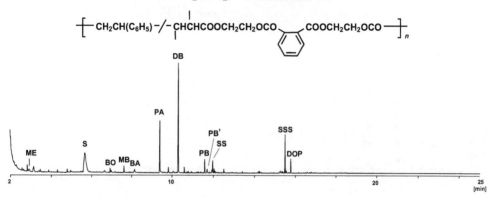

峰标记	主要峰的归属	分子量	保留指数	相对强度
ME	CH₃OCH₂CH₂OCH₃	90	652	2.8
S	苯乙烯	104	899	100.0
BO	CH₃OCOCH=CHCOOCH₃	144	1023	4.3
MB	苯甲酸甲酯	136	1102	6.3
BA	苯甲酸	122	1168	6.0
PA	邻苯二甲酸酐	148	1334	56.4
DB		194	1146	97.3
PB	CH₂(C₆H₅)CH₂CH₂(C₆H₅)	196	1677	10.0
PB'	CH(C₆H₅)=CHCH₂(C₆H₅)	194	1697	6.6
SS	CH₂=C(C₆H₅)CH₂CH₂(C₆H₅) （苯乙烯二聚体）	208	1746	9.0
SSS	CH₂=C(C₆H₅)CH₂CH₂(C₆H₅) CH₂CH₂(C₆H₅) （苯乙烯三聚体）	312	2493	28.1
DOP	邻苯二甲酸二辛酯	390	2563	11.2

[相关文献]

1) Challinor, J. M. *J. Anal. Appl. Pyrolysis* 1989, **16**, 323.

R04 [104]

ME：乙基二甲醚

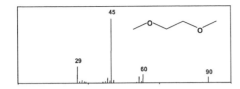

S：苯乙烯

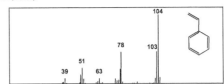

BO：富马酸二甲酯

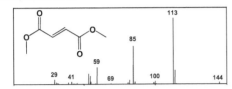

MB：苯甲酸甲酯

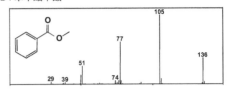

BA：苯甲酸

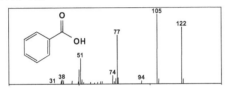

PA：邻苯二甲酸酐

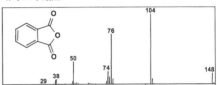

DB：邻苯二甲酸二甲酯

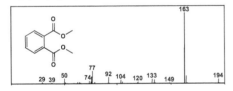

PB：1,3-二苯基丙烷

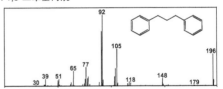

PB'：1,3-二苯基-1-丙烯

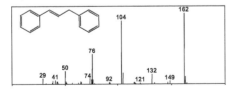

SS：1,3-二苯基-3-丁烯（苯乙烯二聚体）

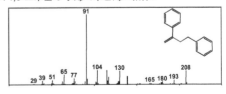

SSS：1,3,5-三苯基-5-己烯（苯乙烯二聚体）

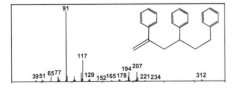

DOP：邻苯二甲酸二辛酯

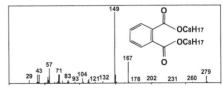

R05 [105] 环氧树脂；EP

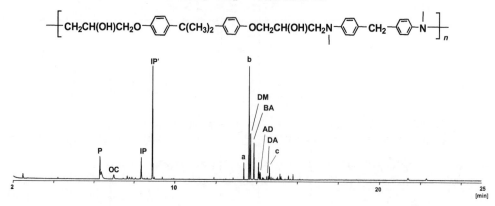

峰标记	主要峰的归属	分子量	保留指数	相对强度
P	苯酚	94	982	31.6
OC	邻甲苯酚	108	1059	9.6
IP	对异丙基酚	136	1228	21.6
IP'	对异丙烯基酚	134	1304	100.0
a	H₃CO—⬡—C(CH₃)₂—⬡—OCH₃	256	2088	13.2
b	HO—⬡—C(CH₃)₂—⬡—OCH₃	242	2144	94.0
DM	H₂N—⬡—CH₂—⬡—NH₂	198	2161	39.3
BA	双酚A HO—⬡—C(CH₃)₂—⬡—OH	228	2197	29.9
AD	H₂N—⬡—CH₂—⬡—N(CH₃)₂	226	2270	14.1
DA	H₃CHN—⬡—CH₂—⬡—N(CH₃)₂	240	2360	3.0
c	(H₃C)₂N—⬡—CH₂—⬡—N(CH₃)₂	254	2378	11.6

[相关文献]

1) Challinor, J. M. *J. Anal. Appl. Pyrolysis* 1989, **16**, 323.

R05 [105]

P：苯酚

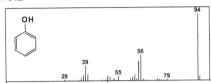

OC：邻甲苯酚

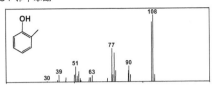

IP：对异丙基酚

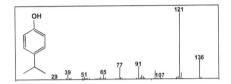

IP'：对异丙烯基酚

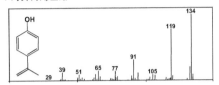

a：2,2-双(4-甲氧苯基)丙烷

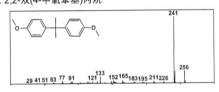

b：2-(4-羟苯基)-2-(4'-甲氧苯基)丙烷

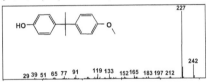

DM：二氨基二苯甲烷

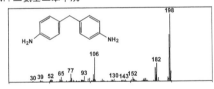

BA：双酚A

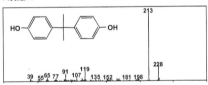

AD：4-(4-氨苄基)-N,N-二甲苯胺

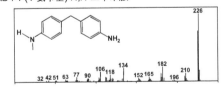

DA：N,N-二甲基-4-[4-(甲氨基)苄基]苯胺

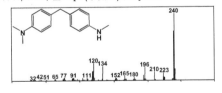

c：4,4'-亚甲基二(N,N'-二甲苯胺)

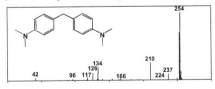

R06 [107]　双马来酰亚胺三嗪树脂；BT 树脂

峰标记	主要峰的归属	分子量	保留指数	相对强度
a	未鉴定	171	1394	8.4
b	H₃CO—⟨⟩—C(CH₃)₂—⟨⟩—OCH₃	256	2105	100.0
c	HO—⟨⟩—C(CH₃)₂—⟨⟩—OCH₃	242	2150	1.1
d	H₂N—⟨⟩—CH₂—⟨⟩—NH₂	198	2166	1.3
e	H₂N—⟨⟩—CH₂—⟨⟩—NHCH₃	212	2260	6.1
f	H₂N—⟨⟩—CH₂—⟨⟩—N(CH₃)₂	226	2279	2.9
g	H₃CHN—⟨⟩—CH₂—⟨⟩—NHCH₃	226	2353	7.0
h	H₃CHN—⟨⟩—CH₂—⟨⟩—N(CH₃)₂	240	2371	4.1

R06 [107]

a：未鉴定

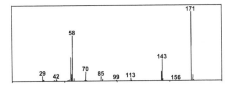

b：2,2-双(4'-甲氧苯基)丙烷

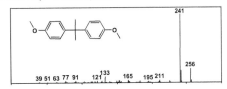

c：2-(4'-羟苯基)-2-(4'-甲氧苯基)丙烷

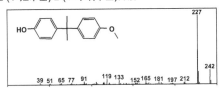

d：二氨基二苯基甲烷

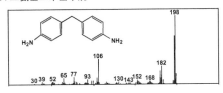

e：4-(4'-氨苄基)-N-甲基苯胺

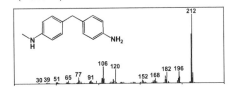

f：4-(4'-氨苄基)-N,N-二甲基苯胺

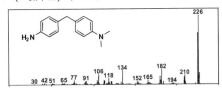

g：4,4'-亚甲基二(N-甲基苯胺)

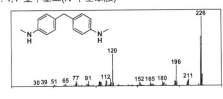

h：N,N-二甲基-4-[4'-(甲氨基)-苄基]苯胺

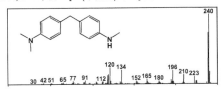

R07〔108〕 聚醚酰亚胺；PEI

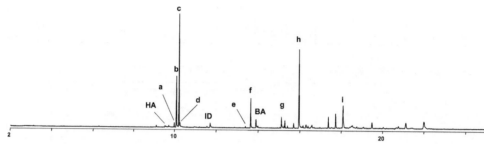

峰标记	主要峰的归属	分子量	保留指数	相对强度
HA	对羟基苯甲醛	122	1396	1.9
a	COOCH₃ COOCH₃	194	1464	4.8
b	H₃CHN NHCH₃	136	1481	51.0
c	H₃CHN N(CH₃)₂	150	1500	100.0
d	(H₃C)₂N N(CH₃)₂	164	1507	2.2
ID		210	1759	10.6
e	H₃CO C(CH₃)₂ OCH₃	256	2093	1.7
f	HO C(CH₃)₂ OCH₃	242	2147	30.8
BA	HO C(CH₃)₂ OH	228	2203	1.5
g	H₂N N CO CO	238	2492	1.7
h	未鉴定	—	2714	8.6
i	未鉴定	—	3228	4.0

R07 [108]

HA：对羟基苯甲醛

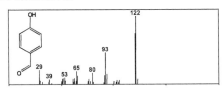

a：邻苯二甲酸二甲酯

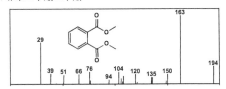

b：N1,N3-二甲基-1,3-苯二胺

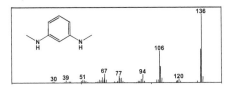

c：N,N,N'-三甲基-1,3-苯二胺

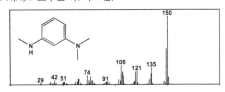

d：N,N,N',N'-四甲基-1,3-苯二胺

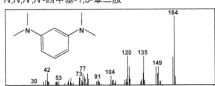

ID：4-异丙基二苯醚

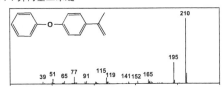

e：2,2-双(4'-甲氧苯基)丙烷

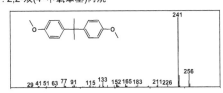

f：2-(4'-羟苯基)-2-(4'-甲氧苯基)丙烷

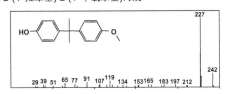

BA：双酚A

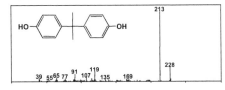

g：2-(3-氨苯基)异二氢吲哚-1,3-二酮

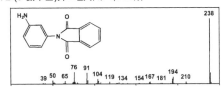

h：未鉴定

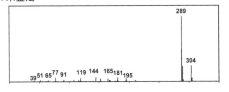

i：未鉴定

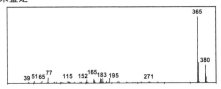

R08 [109] 聚均苯四酰亚胺；PI

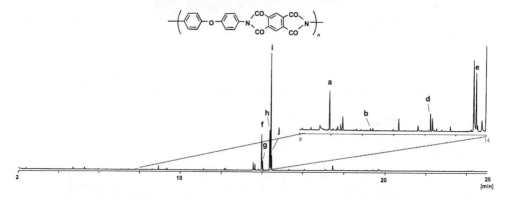

峰标记	主要峰的归属	分子量	保留指数	相对强度
a	H₃CO—⟨⟩—NHCH₃	137	1309	3.4
b	COOCH₃ / COOCH₃ 及其异构体	194	1512	0.1
c	H₃COCO—⟨⟩—COOCH₃ / COOCH₃	252	1855	1.4
d	H₃COCO / H₃COCO—⟨⟩—COOCH₃ / COOCH₃	310	2164	4.7
e	H₂N—⟨⟩—O—⟨⟩—NHCH₃	214	2238	29.8
f	H₂N—⟨⟩—O—⟨⟩—N(CH₃)₂	228	2249	7.3
g	H₃CHN—⟨⟩—O—⟨⟩—NHCH₃	228	2330	40.4
h	H₃CHN—⟨⟩—O—⟨⟩—N(CH₃)₂	242	2344	100.0
i	(H₃C)₂N—⟨⟩—O—⟨⟩—N(CH₃)₂	256	2354	10.5

R08 [109]

a：对甲氧基-*N*-甲苯胺

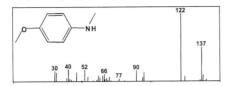

b：邻苯二甲酸二甲酯

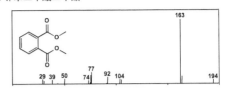

c：1,2,4-苯三甲酸三甲酯

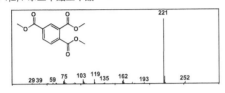

d：1,2,4,5-苯四甲酸四甲酯

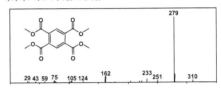

e：4-(4′-氨苯氧基)-*N*-甲苯胺

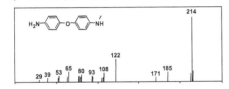

f：4-(4′-氨苯氧基)-*N,N*-二甲苯胺

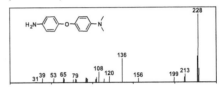

g：4,4′-氧双(*N*-甲苯胺)

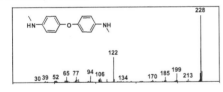

h：*N,N*-二甲基-4-[4′-(甲氨)苯氧]苯胺

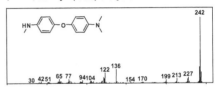

i：4,4′-氧双(*N,N*′-二甲苯胺)

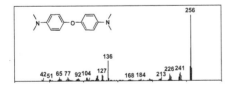

R09 [110] 聚氨基双马来酰亚胺；PABM

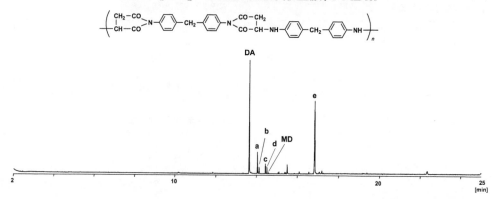

峰标记	主要峰的归属	分子量	保留指数	相对强度
DA	H₂N—⬡—CH₂—⬡—NH₂	198	2164	100.0
a	H₂N—⬡—CH₂—⬡—NHCH₃	212	2255	17.0
b	H₂N—⬡—CH₂—⬡—N(CH₃)₂	226	2274	4.6
c	H₃CHN—⬡—CH₂—⬡—NHCH₃	226	2348	6.7
d	H₃CHN—⬡—CH₂—⬡—N(CH₃)₂	240	2366	4.5
MD	(H₃C)₂N—⬡—CH₂—⬡—N(CH₃)₂	254	2384	0.7
e	⬡—CH₂—⬡—NHCH₃	294	2974	85.0

R09 [110]

DA：二氨基二苯甲烷

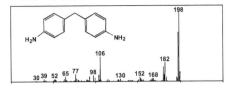

a：4-(4-氨苄基)-N-甲基苯胺

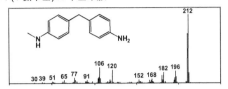

b：4-(4'-氨苄基)-N,N-二甲苯胺

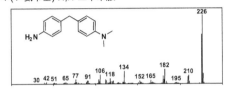

c：4,4'-亚甲基双(N-甲基苯胺)

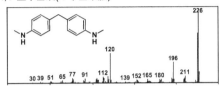

d：N,N-二甲基-4-[4'-(甲氨基)苄基]苯胺

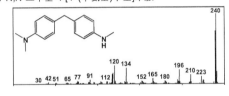

MD：4,4'-亚甲基双(N,N-二甲基苯胺)

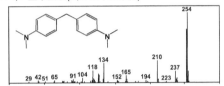

e：1-[4-(4'-甲氨基)苄基]吡咯烷-2,5-二酮

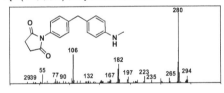

R10〔115〕 聚对苯二甲酸乙二酯；PET

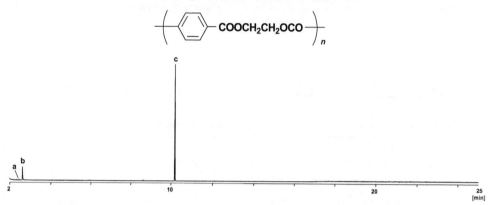

峰标记	主要峰的归属	分子量	保留指数	相对强度
a	CH₃OCH₂CH₂OH	76	627	1.2
b	CH₃OCH₂CH₂OCH₃	90	645	15.5
c	H₃COCO—⬡—COOCH₃	194	1516	100.0

［相关文献］

1) Challinor, J. M. *J. Anal. Appl. Pyrolysis* 1989, **16**, 323.

a：甲氧基乙醇

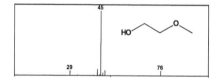

b：乙基二甲基醚

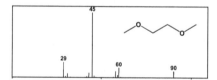

c：对苯二甲酸二甲酯

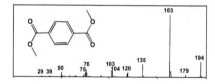

R11 [116] 聚对苯二甲酸丁二酯；PBT

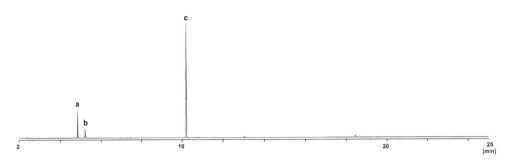

峰标记	主要峰的归属	分子量	保留指数	相对强度
a	CH₃O(CH₂)₄OCH₃	118	851	18.0
b	CH₃O(CH₂)₄OH	104	882	6.1
c	H₃COCO-⬡-COOCH₃	194	1516	100.0

a：1,4-二甲氧基丁烷

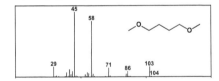

b：丁二醇甲醚

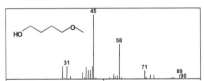

c：对苯二甲酸二甲酯

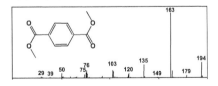

R12 [117] 聚萘二甲酸乙二酯；PEN

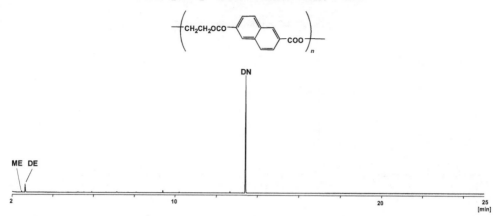

峰标记	主要峰的归属	分子量	保留指数	相对强度
ME	CH₃OCH₂CH₂OH	76	626	1.1
DE	CH₃OCH₂CH₂OCH₃	90	645	8.5
DN		244	2118	100.0

ME：甲氧基乙醇

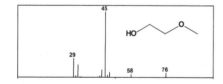

DE：乙基二甲醚

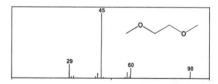

DN：2,6-萘二甲酸二甲酯

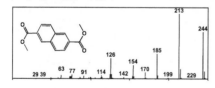

R13 [118]　聚对羟基苯甲酸；A 型

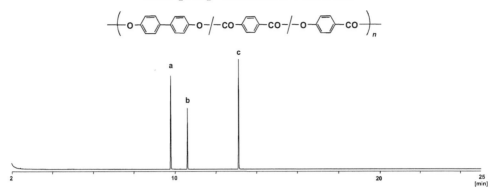

峰标记	主要峰的归属	分子量	保留指数	相对强度
a	H₃CO—〇—COOCH₃	166	1387	96.4
b	H₃COCO—〇—COOCH₃	194	1512	50.7
c	H₃CO—〇〇—OCH₃	214	1965	100.0

[相关文献]

1) Ohtani, H. ; Fujii, R. ; Tsuge, S. *J. High Resolut. Chromatogr.* 1991, **14**, 388.
2) Ishida, Y. ; Ohtani, H. ; Tsuge, S. *J. Anal. Appl. Pyrolysis* 1995, **33**, 167.

a : 4-甲氧基苯甲酸甲酯

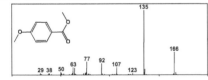

b : 邻苯二甲酸二甲酯

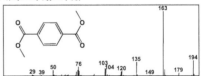

c : 4,4'-二甲氧基-1,1'-联苯

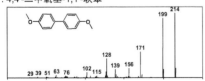

R14［119］　聚对羟基苯甲酸；B 型

$$\left[\!-\!O\!-\!\bigcirc\!\bigcirc\!-\!CO\!-\!\middle|\!-\!O\!-\!\bigcirc\!-\!CO\!-\!\right]_n$$

峰标记	主要峰的归属	分子量	保留指数	相对强度
a	H₃CO—⬡	108	920	0.6
b	H₃CO—⬡—COOCH₃	166	1396	100.0
c	H₃CO—⬡⬡—COOCH₃	216	1974	78.1

［相关文献］

　　1) Ohtani, H. ; Fujii, R. ; Tsuge, S. *J. High Resolut. Chromatogr.* 1991, **14**, 388.
　　2) Oba, K. ; Ishida, Y. ; Ohtani, H. ; Tsuge, S. *Polym. Degrad. Stab.* 2002, **76**, 85.

a：苯甲醚

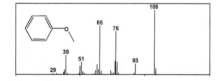

b：4-甲氧基苯甲酸甲酯

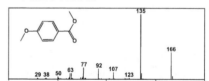

c：6-甲氧基-2-萘甲酸甲酯

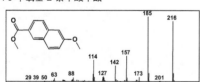

R15 [120]　聚芳酯；PAR

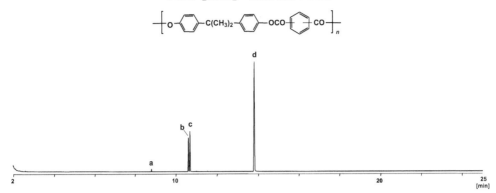

峰标记	主要峰的归属	分子量	保留指数	相对强度
a	H₃CO—⬡—C(CH₃)₃	164	1251	1.0
b	H₃COCO—⬡—COOCH₃	194	1517	21.2
c	H₃COCO—⬡—COOCH₃	194	1530	23.0
d	H₃CO—⬡—C(CH₃)₂—⬡—OCH₃	256	2107	100.0

a：对甲氧基叔丁苯

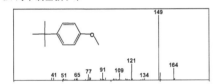

b：对苯二甲酸二甲酯

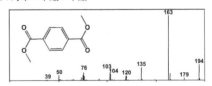

c：间苯二甲酸二甲酯

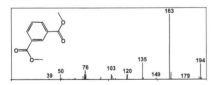

d：2,2'-双(4'-甲氧苯基)-丙烷

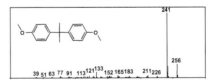

R16［121］ 聚对苯二甲酸-1，4-环己基二甲酯

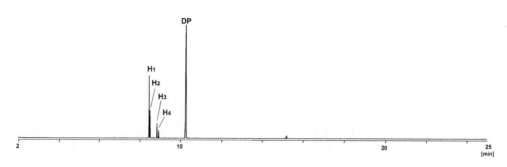

峰标记	主要峰的归属		分子量	保留指数	相对强度
H₁	H₃COH₂C─◯─CH₂OCH₃	反式	172	1246	28.6
H₂		顺式	172	1253	12.2
H₃	H₃COH₂C─◯─CH₂OH	反式	158	1300	7.9
H₄		顺式	158	1311	3.4
DP	H₃COCO─◯─COOCH₃		194	1516	100.0

H₁：1,4-双(甲氧甲基)环己烷(反式)

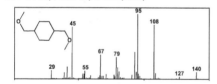

H₂：1,4-双(甲氧甲基)环己烷(顺式)

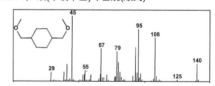

H₃：[4-(甲氧甲基)环己基]甲醇(反式)

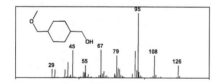

H₄：[4-(甲氧甲基)环己基]甲醇(顺式)

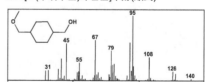

DP：对苯二甲酸二甲酯

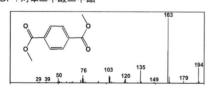

R17 [122]　聚乳酸；PLA

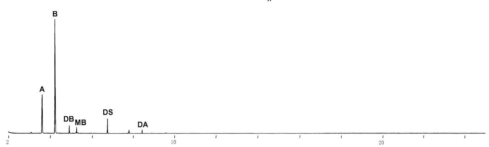

峰标记	主要峰的归属	分子量	保留指数	相对强度
A	CH₃ OHCHCOOCH₃	104	749	38.1
B	CH₃ CH₃OCHCOOCH₃	118	799	100.0
DB	CH₃O(CH₂)₄OCH₃	118	856	4.8
MB	CH₃O(CH₂)₄OH	104	886	3.8
DS	CH₃OCO(CH₂)₂COOCH₃	146	1033	8.1
DA	CH₃OCO(CH₂)₄COOCH₃	174	1242	1.7

[相关文献]

1) Urakami, K.; Higashi, A.; Umemoto, K.; Godo, M.; Watanabe, C.; Hashimoto, K. *Chem. Pharm. Bull.* 2001, **49**, 203.

A：2-羟丙酸甲酯

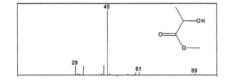

B：2-甲氧基丙酸甲酯

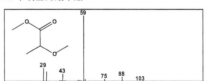

DB：1,4-二甲氧基丁烷

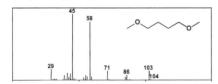

MB：丁二醇甲醚

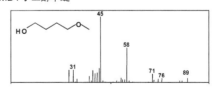

DS：琥珀酸二甲酯

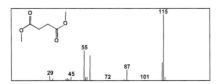

DA：己二酸二甲酯

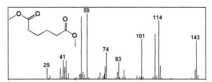

R18 [123]　聚 ε- 己内酯；PCL

$$\text{-}\!\!\left[\!(CH_2)_5COO\right]_{\!n}$$

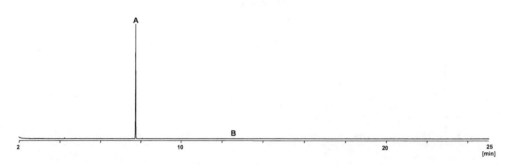

峰标记	主要峰的归属	分子量	保留指数	相对强度
A	CH₃O(CH₂)₅COOCH₃	160	1150	100.0
B	CH₃O─[(CH₂)₅COO]₂ CH₃	274	1926	0.2

[相关文献]

1) Sato, H. ; Kiyono, Y. ; Ohtani, H. ; Tsuge, S. ; Aoi, H. ; Aoi, K. *J. Anal. Appl. Pyrolysis* 2003, **68**, 37.

A：6-甲氧基己酸甲酯

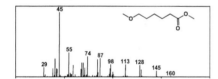

B：6-甲氧基己酸6-甲氧基-6-氧代己酯

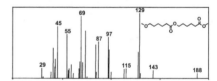

R19 [124]　聚琥珀酸 / 己二酸丁二酯；PBSA

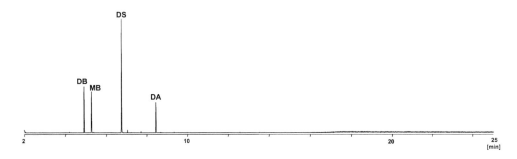

峰标记	主要峰的归属	分子量	保留指数	相对强度
DB	CH₃O(CH₂)₄OCH₃	118	856	45.0
MB	CH₃O(CH₂)₄OH	104	886	46.2
DS	CH₃OCO (CH₂)₂COOCH₃	146	1033	100.0
DA	CH₃OCO (CH₂)₄COOCH₃	174	1241	26.8

DB：1,4-二甲氧基丁烷

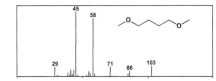

MB：丁二醇甲醚

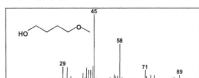

DS：琥珀酸二甲酯

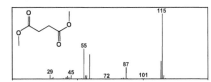

DA：己二酸二甲酯

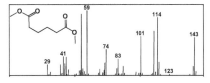

R20 [125]　聚 3- 羟丁酸；PHB

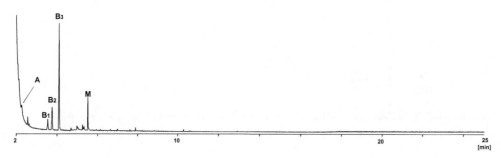

峰标记	主要峰的归属		分子量	保留指数	相对强度
A	乙酸甲酯		74	487	6.1
B₁	CH₂=CHCH₂COOCH₃		100	718	10.7
B₂	CH₃CH=CHCOOCH₃	(顺式)	100	735	25.3
B₃	CH₃CH=CHCOOCH₃	(反式)	100	765	100.0
M	CH₃ CH₃OCHCH₂COOCH₃		132	886	19.6

[相关文献]

1) Sato, H. ; Hoshino, M. ; Aoi, H. ; Seino, T. ; Ishida, Y. ; Aoi, K. ; Ohtani, H. *J. Anal. Appl. Pyrolysis* 2005, **74**, 193.

A：乙酸甲酯

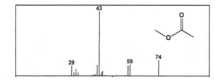

B₁：3-丁烯酸甲酯

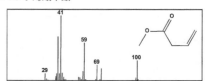

B₂：2-丁烯酸甲酯(顺式)

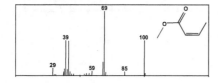

B₃：2-丁烯酸甲酯(反式)

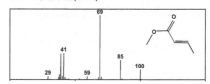

M：3-甲氧基丁酸甲酯

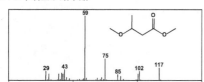

R21 [126]　聚琥珀酸 / 碳酸丁二酯；PEC

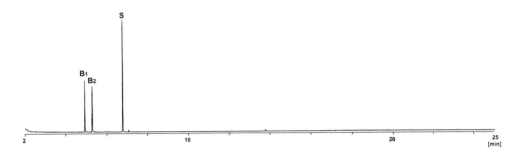

$$\left[O(CH_2)_4OCO(CH_2)_2CO - / - O(CH_2)_4 - OCO \right]_n$$

峰标记	主要峰的归属	分子量	保留指数	相对强度
B₁	CH₃O(CH₂)₄OCH₃	118	855	37.7
B₂	CH₃O(CH₂)₄OH	104	886	47.0
S	CH₃OCO(CH₂)₂COOCH₃	146	1034	100.0

B₁：1,4-二甲氧基丁烷

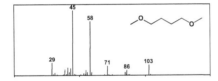

B₂：丁二醇甲醚

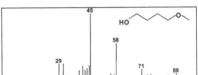

S：琥珀酸二甲酯

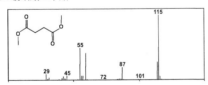

R22 [127] 聚碳酸酯（熔融法）; MM-PC

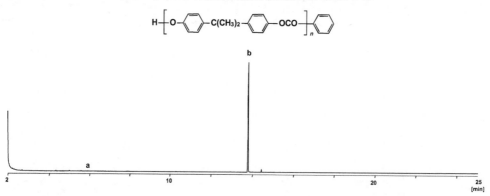

峰标记	主要峰的归属	分子量	保留指数	相对强度
a	H₃CO—⬡	108	922	0.2
b	H₃CO—⬡—C(CH₃)₂—⬡—OCH₃	256	2103	100.0

[相关文献]

1) Ito, Y. ; Ogasawara, H. ; Ishida, Y. ; Ohtani, H. ; Tsuge, S. *Polym. J.* 1996, **28**, 1090.
2) Oba, K. ; Ishida, Y. ; Ito, Y. ; Ohtani, H. ; Tsuge, S. *Macromolecules* 2000, **33**, 8173.
3) Hayashida, K. ; Ohtani, H. ; Tsuge, S. ; Nakanishi, K. *Polym. Bull.* 2002, **48**, 483.

a：苯甲醚

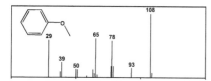

b：2,2-双(4′-甲氧苯基)丙烷

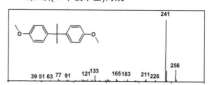

R23 [128]　聚碳酸酯（溶剂法）; SM-PC

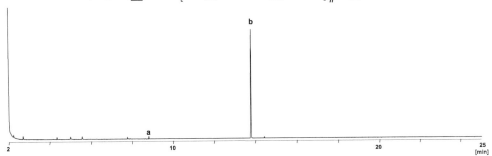

峰标记	主要峰的归属	分子量	保留指数	相对强度
a	H₃CO—⟨⟩—C(CH₃)₃	164	1252	1.5
b	H₃CO—⟨⟩—C(CH₃)₂—⟨⟩—OCH₃	256	2103	100.0

[相关文献]

1) Ito, Y. ; Ogasawara, H. ; Ishida, Y. ; Ohtani, H. ; Tsuge, S. *Polym. J.* 1996, **28**, 1090.
2) Oba, K. ; Ishida, Y. ; Ito, Y. ; Ohtani, H. ; Tsuge, S. *Macromolecules* 2000, **33**, 8173.
3) Oba, K. : Ohtani, H. ; Tsuge, S. *Polym. Degrad. Stab.* 2001, **74**, 171.
4) Hayashida, K. ; Ohtani, H. ; Tsuge, S. ; Nakanishi, K. *Polym. Bull.* 2002, **48**, 483.

a：对甲氧基叔丁苯

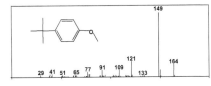

b：2,2-双(4′-甲氧苯基)丙烷

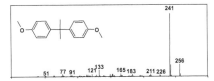

R24 [129] 双酚 Z 聚碳酸酯

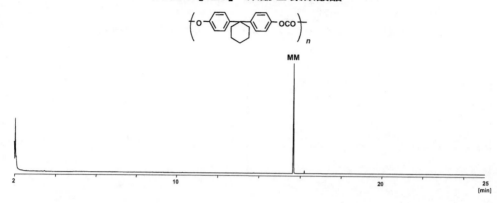

峰标记	主要峰的归属	分子量	保留指数	相对强度
MM	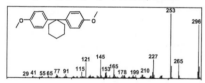	296	2536	100.0

MM：1-2(2-甲氧苯基)-1-(4-甲氧苯基)环己烷

R25 [130]　聚碳酸酯（热稳定化）

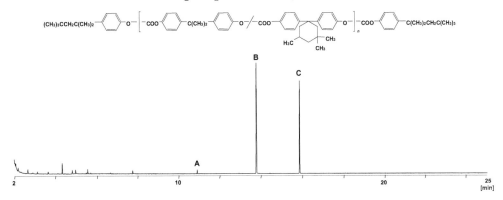

峰标记	主要峰的归属	分子量	保留指数	相对强度
A	H₃CO—⬡—C(CH₃)₂CH₂C(CH₃)₃	220	1564	2.1
B	H₃CO—⬡—C(CH₃)₂—⬡—OCH₃	256	2101	100.0
C	H₃CO—⬡—⬡—OCH₃ (H₃C/CH₃/CH₃)	338	3584	75.1

[相关文献]

1) Ishida, Y.; Kawaguchi, S.; Ito, Y.; Tsuge, S.; Ohtani, H. *J. Anal. Appl. Pyrolysis* 1997, **40-41**, 321.

A：1-甲氧基-4-(2,4,4-三甲基-2-戊基)苯

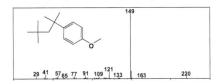

B：2,2-双(4′-甲氧苯基)丙烷

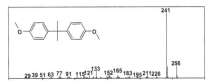

C：4,4′-(3,3,5-三甲基环己烷)-1,1-双甲氧基苯

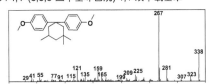

R26 [132] 聚砜；PSF

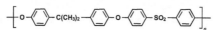

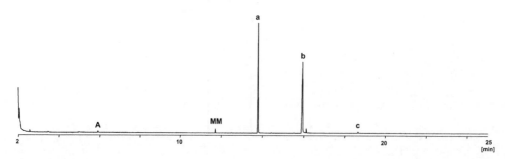

峰标记	主要峰的归属	分子量	保留指数	相对强度
A	H₃CO⟨苯环⟩	108	922	1.3
MM	H₃CSO₂⟨苯环⟩OCH₃	186	1699	2.4
a	H₃CO⟨苯环⟩C(CH₃)₂⟨苯环⟩OCH₃	256	2103	92.8
b	H₃CO⟨苯环⟩SO₂⟨苯环⟩OCH₃	278	2607	100.0
c	未鉴定	380	3232	1.2

[相关文献]

1) Ohtani, H. ; Ishida, Y. ; Ushiba, M. ; Tsuge, S. *J. Anal. Appl. Pyrolysis* 2001, **61**, 35、

A：苯甲醚

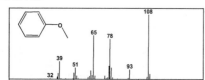

MM：甲基4-甲氧基苯砜

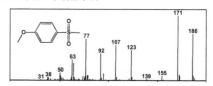

a：2,2-双(4'-甲氧苯基)丙烷

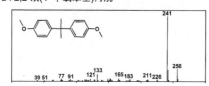

b：4,4'-双(甲氧基)苯砜

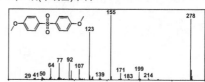

c：未鉴定

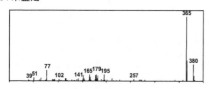

R27 [135] 　聚醚砜；PESF

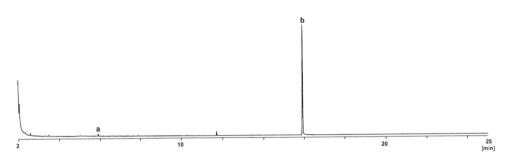

峰标记	主要峰的归属	分子量	保留指数	相对强度
a	H₃CO─〈 〉	108	108	1.5
b	H₃CO─〈 〉─SO₂─〈 〉─OCH₃	278	278	100.0

[相关文献]

1) Ohtani, H. ; Ishida, Y. ; Ushiba, M. ; Tsuge, S. *J. Anal. Appl. Pyrolysis* 2001, **61**, 35.

a：苯甲醚

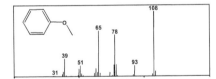

b：4,4'-双(甲氧基)苯砜

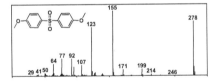

R28 [136] 聚醚醚酮；PEEK

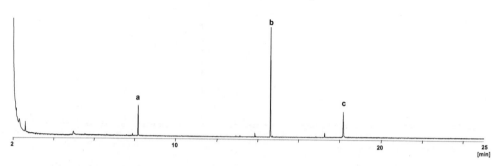

峰标记	主要峰的归属	分子量	保留指数	相对强度
a	H₃CO⟨⟩OCH₃	138	1170	27.2
b	H₃CO⟨⟩CO⟨⟩OCH₃	242	2285	100.0
c	H₃CO⟨⟩CO⟨⟩O⟨⟩OCH₃	334	3140	33.7

a：对甲氧基苯甲醚

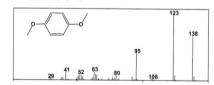

b：4,4′-二甲氧苯基苯酮

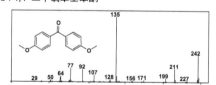

c：[4-(4-甲氧苯氧)苯基](4-甲氧苯基)甲酮

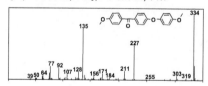

R29 [151] 乙酸纤维素；CA

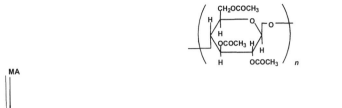

峰标记	主要峰的归属	分子量	保留指数	相对强度
DF	二甲基缩甲醛	76	471	100.0
MA	乙酸甲酯	74	487	1.7
MA'	甲氧基乙醛	74	584	5.7

[相关文献]

1) Schwarzinger, C.; Tanczos, I.; Schmidt, H. *J. Anal. Appl. Pyrolysis* 2002, **62**, 179.

DF：二甲基缩甲醛

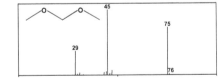

MA：乙酸甲酯

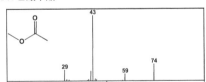

MA'：甲氧基乙醛

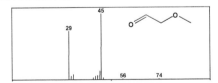

R30 [152] 乙酸 - 丙酸纤维素；CAP

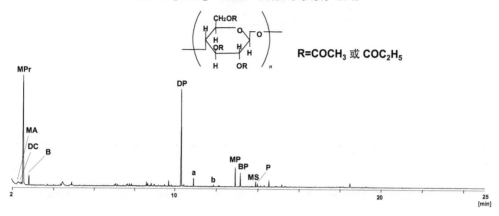

R=COCH₃ 或 COC₂H₅

峰标记	主要峰的归属		分子量	保留指数	相对强度
MA	甲氧基乙醛		74	584	8.4
DC	碳酸二甲酯		90	613	1.6
MPr	丙酸甲酯		88	623	100.0
B	正丁醇		74	654	6.3
DP	邻苯二甲酸二甲酯	(增塑剂)	194	1464	61.5
a	未鉴定		–	1560	4.4
b	未鉴定		–	1728	0.7
MP	棕榈酸甲酯	(增塑剂)	270	1923	9.4
BP	邻苯二甲酸二丁酯	(增塑剂)	278	1971	7.3
MS	硬脂酸甲酯	(增塑剂)	298	2125	2.5
P	棕榈酸丁酯	(增塑剂)	312	2143	1.5

R30 [152]

MA：甲氧基乙醛

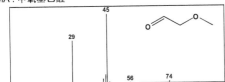

DC：碳酸二甲酯

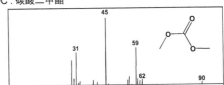

MPr：丙酸甲酯

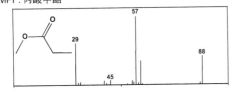

B：1-丁醇

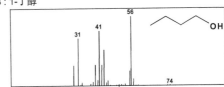

DP：邻苯二甲酸二甲酯（增塑剂）

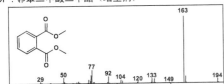

a：未鉴定

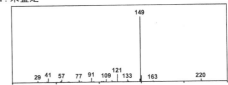

b：未鉴定

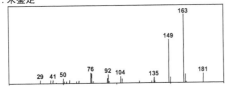

MP：棕榈酸甲酯

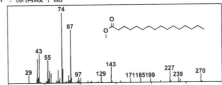

BP：邻苯二甲酸二丁酯

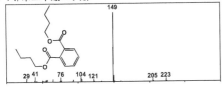

MS：硬脂酸甲酯

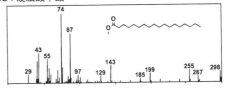

P：棕榈酸丁酯

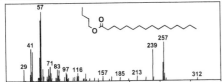

R31〔153〕 乙酸 - 丁酸纤维素；CAB

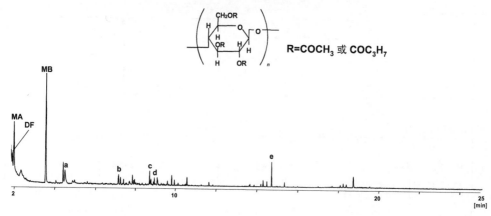

R=COCH₃ 或 COC₃H₇

峰标记	主要峰的归属	分子量	保留指数	相对强度
DF	二甲基缩甲醛	76	471	10.6
MA	乙酸甲酯	74	487	52.2
MB	丁酸甲酯	102	724	100.0
a	未鉴定	100	800	31.3
b	未鉴定	128	1040	4.3
c	未鉴定	158	1225	7.4
d	未鉴定	154	1256	4.0
e	未鉴定	205	2277	12.8

R31 [153]

DF：二甲基缩甲醛

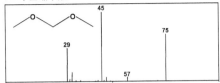

MA：乙酸甲酯

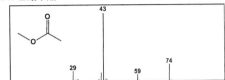

MB：丁酸甲酯

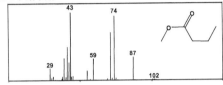

a：未鉴定

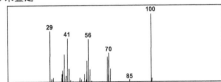

b：未鉴定

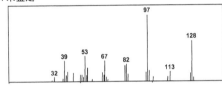

c：未鉴定

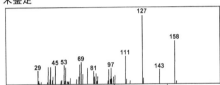

d：未鉴定

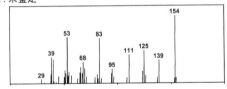

e：未鉴定

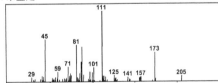

R32 [157]   紫胶

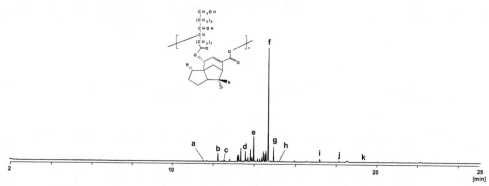

峰标记	主要峰的归属	分子量	保留指数	相对强度
a	$CH_3O(CH_2)_{12}COOCH_3$	242	1725	0.5
b	$CH_3(CH_2)_7\overset{OCH_3}{CH}(CH_2)_4COOCH_3$	272	1861	7.1
c	十六烯酸甲酯	268	1917	0.5
d		322	2131	9.2
e		336	2221	21.1
f	$CH_3O(CH_2)_6\overset{OCH_3}{CH}CH(CH_2)_7COOCH_3$	360	2384	100.0
g	$CH_3O(CH_2)_6\overset{OCH_3}{CH}CH(CH_2)_7COOCH_3$ OH	346	2447	12.6
h	未鉴定	–	2522	0.5
i	1-二十八醇	410	3029	3.1
j	1-三十醇	438	3231	1.7
k	1-三十二醇	466	3429	1.0

[相关文献]

1) Wang, L. ; Ishida, Y. ; Ohtani, H. ; Tsuge, S. ; Nakayama, T. *Anal. Chem.* 1999, **71**, 1316.

R32 [157]

a：十四酸甲酯

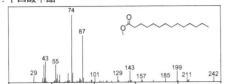

b：6-甲氧基十四酸甲酯

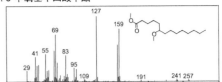

c：十六酸甲酯

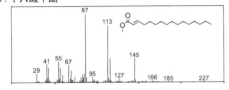

d：C$_{18}$H$_{26}$O$_5$

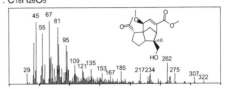

e：C$_{19}$H$_{28}$O$_5$

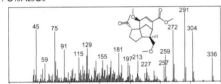

f：9,10,16-三甲氧基十六酸甲酯

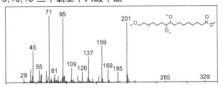

g：10-羟基-9,16-二甲氧十六烷

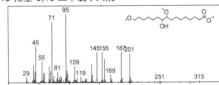

h：未鉴定

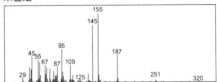

i：1-二十八醇

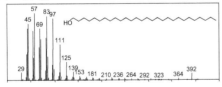

j：1-三十醇

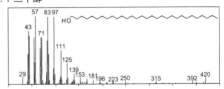

k：1-三十二醇

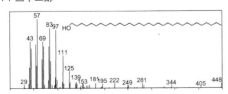

R33 ［161］ 合成木质素；DHP

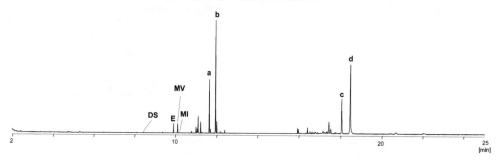

峰标记	主要峰的归属	分子量	保留指数	相对强度
DS	H₃CO—⟨⟩—CH=CH₂ (H₃CO)	164	1371	0.2
E	H₃CO—⟨⟩—CH₂OCH₃ (H₃CO)	182	1454	6.0
MV	H₃CO—⟨⟩—CHO (H₃CO)	166	1487	6.0
MI	H₃CO—⟨⟩—CH=CHCH₃ (H₃CO)	178	1502	0.2
a	H₃CO—⟨⟩—CH=CHCH₂OCH₃ (H₃CO)	208	1749	34.5
b	H₃CO—⟨⟩—CH(OCH₃)CH(OCH₃)CH₂OCH₃ (H₃CO)	270	1805	72.4
c	H₃CO—⟨⟩—CH=CH—⟨⟩—CH=CHCH₂OCH₃	370	3222	37.5
d	H₃CO—⟨⟩—CHCHCHCH—⟨⟩—OCH₃	386	3297	100.0

［相关文献］

1) Mckinney, D. E.; Carson, D. M.; Clifford, D. J.; Minard, R. D.; Hatcher, P. G. *J. Anal. Appl. Pyrolysis* 1995, **34**, 41.

2) del Rio, J. C.; Martin, F.; Gonzalez-Vila, F. J. *Trends Anal. Chem.* 1996, **15**, 70.

3) Vane, C. H.; Abbott, G. D.; Head, I. M. *J. Anal. Appl. Pyrolysis* 2001, **60**, 69.

4) Kuroda, K.; Nakagawa-Izumi, A. *J. Agric. Food Chem.* 2005, **53**, 8859.

5) Kuroda, K.; Nakagawa-Izumi, A. *Org. Geochem.* 2005, **36**, 53.

6) Klingberg, A.; Odermatt, J.; Meier, D. *J. Anal. Appl. Pyrolysis* 2005, **74**, 104.

7) Kuroda, K.; Nakagawa-izumi, A. *J. Anal. Appl. Pyrolysis* 2006, **75**, 104.

R33 [161]

DS：3,4-二甲氧基苯乙烯

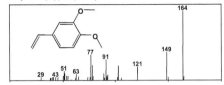

E：1,2-二甲氧基-4-甲氧甲基苯

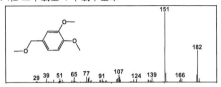

MV：3,4-二甲氧基苯甲醛

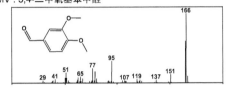

MI：1,2-二甲氧基-4-丙烯基苯

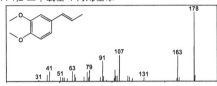

a：1,2-二甲氧基-4-(3-甲氧基-1-丙烯基)苯

b：1,2-二甲氧基-4-(1,2,3-三甲氧丙基)苯

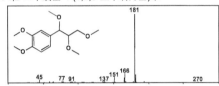

c：1-(3,4-二甲氧苯乙烯基)-2,3-二甲氧基-5-(3-甲氧丙烯基)苯

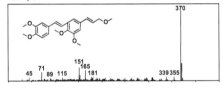

d：1,4-双(3,4-二甲氧苯基)六氢[3,4-c]呋喃

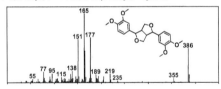

附 录

聚合物裂解色谱专著与综述

专著

M-1 Stevens MP. *Characterization and analysis of polymers by gas chromatography*. New York: Marcel Dekker; 1969.

M-2 May RW, Pearson EF, Scothern D. *Pyrolysis-gas chromatography (Anal. Sci. Monograph, No. 3) The Chemical Society*. London: Burlington Howe; 1977.

M-3 Berezkin VG, Alishoyev VR, Nemiraskaya IB. *Gas chromatography of polymers (J. Chromatogr. Library vol. 10)*. Amsterdam: Elsevier; 1977.

M-4 Jones CE, Cramers CA, editors. *Analytical pyrolysis (Proceedings of 3rd international symposium on analytical and applied pyrolysis, Amsterdam 1976)*. Amsterdam: Elsevier; 1976.

M-5 Voorhees KJ, editor. *Analytical pyrolysis*. London: Butterworths; 1984.

M-6 Liebman SA, Levy EJ, editors. *Pyrolysis and GC in polymer analysis (Chromatographic Science Series, vol. 29)*. New York: Marcel Dekker, Inc.; 1985.

M-7 Ohtani H, Tsuge S. Polymer characterization by high-resolution pyrolysis-gas chromatography. In: Mitchell Jr, II-H J, editor. *Applied polymer analysis and characterization*. Munich: Hanser Publisher; 1987.

M-8 Hammond T, Lehrle RS. Pyrolysis GLC. In: Booth C, Price C, editors. *Comprehensive Polymer Science*, vol. 1. Oxford: Pergamon Press; 1989. Chapter 27.

M-9 Irwin WJ. Pyrolysis technique. In: Winefordner JD, editor. *Treatise on analytical chemistry, part I thermal methods*. 2nd ed. vol. 13. New York: John Wiley & Sons; 1993.

M-10 Smith CG, et al., editors. *Pyrolysis gas chromatography (CRC handbook of chromatography polymers vol. 2, I.4, III.3, and IV.3)*. Boca Raton: CRC Press; 1994.

M-11 Wampler TP, editor. *Applied pyrolysis handbook*. New York: Marcel Dekker; 1995.

M-12 Irwin WJ. *Gas chromatography: pyrolysis gas chromatography (Encyclopedia of analytical science)*. Academic Press; 1995.

M-13 Moldoveanu SC. *Analytical pyrolysis of natural organic polymers*. Amsterdam: Elsevier; 1998.

M-14 Ohtani H, Tsuge S. Pyrolysis gas chromatography/mass spectrometry (Py-GC/MS). In: Montaudo G, Lattimer RP, editors. *Mass spectrometry of polymer*. CRC Press; 2002. Chapter 3.

M-15 Moldoveanu SC. *Analytical pyrolysis of synthetic organic polymers*. Amsterdam: Elsevier; 2005.

M-16 Kusch P, Knuppf G, Morrisson A. Analysis of synthetic polymers and copolymers by pyrolysis-gas chromatography/mass spectrometry. In: Bregg RK, editor. *Horizons in polymer research*. New York: Nova Science; 2005. Chapter 5.

M-17 Wampler TP, editor. *Applied pyrolysis handbook*. 2nd ed. Boca Raton: CRC Press; 2007.

综述

R-1 Irwin WJ, Slack JA. Analytical pyrolysis in biomedical studies. *Analyst* 1978;**103**:673–704.

R-2 Irwin WJ. Analytical pyrolysis - an overview. *J Anal Appl Pyrol* 1979;**1**:3–25.

R-3 Wolf CJ, Grayson MA, Fanter DL. Pyrolysis gas chromatography of polymers. *Anal Chem* 1980;**52**:348A–58A.

R-4 Wheals BB. Analytical pyrolysis techniques in forensic science. *J Anal Appl Pyrol* 1981;**2**:277–92.

R-5 Hu JC-A. Chromatography for polymer characterization. *Anal Chem* 1981;**53**:311A–8A.

R-6　Tsuge S. Structural characterization of polymers by pyrolysis-gas chromatography. *Tr Anal Chem* 1981;**1**:87–90.

R-7　Liebman SA, Levy EJ. Advances in pyrolysis GC systems: applications to modern trace organic analysis. *J Chromatogr Sci* 1983;**21**:1–10.

R-8　Liebman SA, Wampler TP, Levy EJ. Developments in pyrolysis capillary GC. *J High Res Chromatogr, Chromatogr Commun* 1984;**7**:172–84.

R-9　Jones ST. Application of pyrolysis gas chromatography in an industrial research laboratory. *Analyst* 1984;**109**:823–8.

R-10　Hu JC-A. Chromatopyrography. *Adv Chromatogr* 1984;**23**:149–97.

R-11　Hummel DO, Düssel H-J, Czybulka G, Wenzel N, Holl G. Analytical pyrolysis of copolymers. *Spectrochim Acta* 1985;**41**:279–90.

R-12　Levy EJ, Wampler TP. Identification and differentiation of synthetic polymers by pyrolysis capillary gas chromatography. *J Chem Educ* 1986;**63**:A64–8.

R-13　Tsuge S. Characterization of polymers by high-resolution pyrolysis-gas chromatography with fused-silica capillary columns. *Chromatography Forum* 1986;**1**:44–51.

R-14　Tsuge S, Ohtani H, Matsubara H, Ohsawa M. Some empirical consideration on the pyrolysis-gas chromatographic conditions required to obtain characteristic and reliable high-resolution pyrograms for polymer samples. *J Anal Appl Pyrol* 1987;**11**:181–94.

R-15　Hammond T, Lehrle RS. Pyrolysis-GLC Applied to composition analysis, general characterization and the detailed specification of polymers. *Br Polym J* 1989;**21**:23–30.

R-16　Tsuge S, Ohtani H. Structural characterization of polymeric materials by pyrolysis-GC/MS. *Polym Degrad Stab* 1997;**58**:109–30.

R-17　Haken JK. Pyrolysis gas chromatography of synthetic polymers - a bibliography. *J Chromatogr A* 1998;**825**:171–87.

R-18　Wampler TP. Introduction to pyrolysis-capillary gas chromatography. *J Chromatogr A* 1999;**842**:207–20.

R-19　Wang FC-Y. Polymer analysis by pyrolysis gas chromatography. *J Chromatogr A* 1999;**843**:413–23.

R-20　Moldoveanu SC. Pyrolysis GC/MS, present and future (recent past and present needs). *J Microcolumn Sep* 2001;**13**:102–25.

R-21　Challinor JM. Review: the development and applications of thermally assisted hydrolysis and methylation reaction. *J Anal Appl Pyrol* 2001;**61**:3–34.

R-22　Watanabe C, Hosaka A, Kawahara Y, Tobias P, Ohtani H, Tsuge S. GC-MS analysis of heart-cut fractions during evolved gas analysis of polymeric materials. *LC GC N Am* 2002;**20**:374–8.

R-23　R-23 Watanabe C, Sato K, Hosaka A, Ohtani H, Tsuge S. Development of a multifunctional pyrolyzer for evolved gas analysis, thermal desorption, and/or pyrolysis-GC of polymeric materials. *Am Lab News* 2002;**10**:14–5.

R-24　Tsuge S, Ohtani H, Watanabe C, Kawahara Y. Application of a multifunctional pyrolyzer for evolved gas analysis and pyrolysis-GC of various synthetic and natural materials. *Am Lab* 2003;**35**(1):32–7.

R-25　Tsuge S, Ohtani H, Watanabe C, Kawahara Y. Application of a multifunctional pyrolyzer for evolved gas analysis and pyrolysis-GC of various synthetic and natural materials; part 2. *Am Lab* 2003;**35**(3):48–52.

R-26　Tsuge S, Ohtani H, Watanabe C. Application of a multifunctional pyrolyzer for evolved gas analysis and pyrolysis-GC of various synthetic and natural materials: part 3. *Am Lab* 2003;**35**(12):16–8.

R-27　Tsuge S, Ohtani H, Watanabe C. Application of a multifunctional pyrolyzer for evolved gas analysis and pyrolysis-GC of various synthetic and natural materials: part 4. *Am Lab* 2004;**36**(2):22–6.

R-28　Sobeih KL, Baron M, Gonzalez-Rodriquez J. Recent trends and developments in pyrolysis-gas chromatography. *J Chromatogr A* 2008;**1186**:51–66.

R-29　Rial-Otero R, Galesio M, Capelo J-L, Simal-Gandara J. A review of synthetic polymer characterization by pyrolysis-GC-MS. *Chromatographia* 2009;**70**:339–48.

R-30　Shadkami F, Helleur R. Recent applications in analytical thermochemolysis. *J Anal Appl Pyrol* 2010;**89**:2–16.

索　引